应用型本科市场营销专业精品系列教材

商务谈判理论与实务

主　编　席庆高　陈兴淋　刘尧飞

副主编　杨　莹　田　娟

　　　　王丽君　鲜　飞

北京理工大学出版社

BEIJING INSTITUTE OF TECHNOLOGY PRESS

内 容 提 要

　　本书分为三个模块，共十个任务：第一篇为基础模块，共三个任务，任务一是了解商务谈判，任务二是理解商务谈判理论，任务三是熟悉商务谈判内容；第二篇为技能模块，共四个任务，任务四是了解商务谈判准备阶段，任务五是理解并运用商务谈判开局阶段策略，任务六是理解并运用商务谈判谈判阶段策略，任务七是理解并运用商务谈判成交阶段策略；第三篇为辅助模块，共三个任务，任务八是掌握商务谈判语言技巧，任务九是注重商务谈判礼仪，任务十是了解国际商务谈判。

　　本书可作为应用型本科院校经济管理类专业教材，也可供其他开设本课程的专业使用，还可作为相关院校进行本课程改革试点的重要参考书。

图书在版编目（CIP）数据

　　商务谈判理论与实务/席庆高，陈兴淋，刘尧飞主编 . —北京：北京理工大学出版社，2019.1（2022.7 重印）

　　ISBN 978－7－5682－6656－7

　　Ⅰ.①商⋯　Ⅱ.①席⋯　②陈⋯　③刘⋯　Ⅲ.①商务谈判－高等学校－教材　Ⅳ.①F715.4

　　中国版本图书馆 CIP 数据核字（2019）第 012038 号

出版发行 / 北京理工大学出版社有限责任公司	
社　　址 / 北京市海淀区中关村南大街 5 号	
邮　　编 / 100081	
电　　话 / （010）68914775（总编室）	
（010）82562903（教材售后服务热线）	
（010）68944723（其他图书服务热线）	
网　　址 / http：//www.bitpress.com.cn	
经　　销 / 全国各地新华书店	
印　　刷 / 北京紫瑞利印刷有限公司	
开　　本 / 787 毫米×1092 毫米　1/16	
印　　张 / 16	责任编辑 / 江　立
字　　数 / 388 千字	文案编辑 / 赵　轩
版　　次 / 2019 年 1 月第 1 版　2022 年 7 月第 3 次印刷	责任校对 / 周瑞红
定　　价 / 46.00 元	责任印制 / 李志强

商务谈判是商务活动中一个重要组成部分，是决定商务工作成败的关键，具有很强的实践性和技巧性。商务谈判课程是教育部确定的全国高等院校经济管理类专业的专业基础课程之一。为了适应中国特色社会主义现代化建设，经济管理类专业学生需要掌握商务谈判的必要理念、基本知识和基本技能，树立正确的谈判观，掌握一定的谈判方法和技巧，能处理谈判过程中遇到的错综复杂的风险、策略、利益关系等，并初步掌握国际商务谈判的程序和法律知识。因此，学好商务谈判课程是培养和造就高水平商务谈判人才的前提和基础。

本书力图扼要、透彻地阐述商务谈判的一些基本理论和原则，使学生了解谈判的基本知识；通过系统介绍谈判活动的内容、策略、要素及一般程序，使学生明确谈判的基本要领；结合大量的实践案例进行谈判策略和战术的分析，使学生掌握谈判所需的方法和技巧。总的来说，本书的主要特点如下。

1. 突出应用性

本书结合应用型本科人才培养方案以及教学大纲的需要，总结、分析、吸收了一些应用型本科院校商务谈判教学改革的经验，遵循"必需、够用"的原则编写。为了最大限度地体现应用型教育的特点及满足时代发展的要求，本书非常注重对学生职业技能的培养，力避传统教材"全而深"的编写模式，将"教、学、做"有机地融为一体，在传授学生理论知识的同时，以商务谈判的谈判技能为核心，突出以培养学生应用能力为主线的应用型教育特色，强化对学生实际操作能力的培养。

2. 结构新颖性

本书采用分模块、任务驱动的形式编写，这与当前应用型本科的教学方式相对应，共分三个模块。第一模块讲解商务谈判的基础知识；第二模块讲解商务谈判的技能，详细介绍了商务谈判中所涉及的策略、方法、手段等；第三模块为辅助模块，主要讲解商务谈判过程中涉及的谈判风格、国际谈判特点等，便于学生更全面地掌握谈判知识。

3. 内容实践性

对于应用型本科院校的学生来说，商务谈判的实践操作更为重要。因此，本书根据教学中的实际情况，从以下几个角度合理安排内容。

（1）本书每个任务均设立了数量不等的知识链接、思维拓展、案例分析、技能训练等板块内容。其中，知识链接板块主要是为了拓宽学生的知识面，思维拓展板块是为了考查学生思考问题的深度与广度，案例分析板块是为了考查学生的知识应用能力，技能训练板块是为了考查学生综合运用所学知识从事实践的能力。可以说，这些板块的设立，既增强了教学的趣味性，又提高了学生的实践能力。

（2）本书援引大量典型、实用的案例进行分析，不但可以方便老师授课，还可以启发学生思考，帮助学生吸收理论知识。

（3）本书每个任务均配有各种题型的练习题，同时安排了模拟谈判题，便于检验和巩固学生对理论知识的理解和运用能力。

本书由席庆高、陈兴淋、刘尧飞任主编，杨莹、田娟、王丽君、鲜飞任副主编。具体分工如下：任务一、任务三由南京工业大学浦江学院席庆高编写，任务二、任务十由泰州职业技术学院王丽君编写，任务四、任务五、任务六由南京中医药大学翰林学院田娟编写，任务七、任务八、任务九由南京师范大学泰州学院刘尧飞、南京科技职业学院杨莹、成都信息工程大学银杏酒店管理学院鲜飞编写，陈兴淋博士对本书进行了统稿并参与了部分章节的编写工作。本书在编写过程中，借鉴了国内外多位专家学者的研究成果，得到了有关院校的大力支持，在此一并致谢。

由于编者水平有限，书中疏漏或不足之处在所难免，恳请各位读者批评指正。

编　者

目 录

第三篇　辅助模块

第一篇
基础模块

了解商务谈判

★任务简介

本任务共分五节，主要介绍了商务谈判的含义与基本特征、商务谈判的类型、商务谈判的原则以及商务谈判的评价标准和成功的商务谈判模式，并阐述了商务谈判人员需具备的条件和基本素质。

★基本目标

在正确理解商务谈判含义与特征的基础上，了解商务谈判的基本类型，认真领会商务谈判的相关原则，掌握商务谈判成败的评价标准，并学会运用商务谈判的成功模式。

★升级目标

熟练掌握商务谈判的含义、特征、类型、原则、判断标准、成功模式等相关知识，把握其精髓，能在实际谈判中灵活运用。

★教学重点与难点

教学重点：

1. 商务谈判的含义和基本特征。
2. 商务谈判的原则。
3. 商务谈判成败的评价标准。
4. 商务谈判的成功模式。

教学难点：

商务谈判的评价标准。

商务谈判是在商品经济条件下产生和发展起来的，它已成为现代经济、现代生活中不可缺少的组成部分。应当说，没有商务谈判，经济活动就无法进行。大到国际贸易争端，小到企业之间的贸易，商务谈判无不起着不可替代的作用。

尽管商务谈判在经济生活中起着重要作用，人们也承认它的重要性，但人们对商务谈判活动的认识和重视程度远远不够，对商务谈判了解得也并不多，甚至存在着认识上的误区。

第一节　商务谈判的含义与组成要素

人们对事物的认识，一般首先是了解其基本概念，然后是了解其含义，这是认识万物的思维程序。商务谈判的概念十分简单，但含义却很广泛。

一、谈判的定义

谈判有广义和狭义之分。广义的谈判包括非正式场合的协商、交涉、磋商和商量等；狭义的谈判是在正式场合进行的谈判。谈判，简单来说，是当事人为满足各自需要和维持各自利益而进行的洽谈和协商的过程，也可以说，谈判是解决问题、维持关系、建立合作关系的一种方式。按照《辞海》的解释，所谓的谈，意为"彼此对话、讲话"；判，是"判断"。可见，"谈"意味着"过程"，"判"意味着"结果"。由于谈判所涉及的范围十分广泛，内容又很丰富，人们可以从不同的角度去诠释。迄今为止，理论界对谈判有着不同的解释和定义。随着时代的发展，人们对谈判还会有新的感悟和理解。

二、商务谈判的定义

商务谈判是谈判的一种。商务谈判中的"商务"一词是指商业实务，是指有形与无形资产的交换或买卖事宜。

按照国际惯例，商务活动可划分为以下4种。

（1）直接的商品交易活动，如批发、零售贸易等。

（2）直接为商品交易服务的活动，如配送、仓储、加工整理等。

（3）间接为商品交易服务的活动，如金融、保险、租赁等。

（4）具有服务性质的活动，如商品信息、会计、审计、咨询、广告、中介等。

从以上商务活动的分类看，商务活动十分广泛，而商务活动是离不开商务谈判的。那么，什么是商务谈判？对此，很多专家学者给出了不同的定义。

丁建忠在《商务谈判》一书中给出的定义为："为妥善解决国内及国际货物（商品）买卖（采购和销售）中的问题，并力争达成协议而彼此对话的行为或过程。"

方其主编的《商务谈判：理论、技巧、案例》认为："商务谈判是买卖双方为了促成交易而进行的活动，或是为了解决买卖双方的争端，并取得各自的经济利益的一种方法和手段。"

王淑贤编著的《商务谈判理论与实务》一书中把商务谈判定义为："在经济贸易中，买卖双方为了满足各自的一定需求，彼此进行交流、阐述意愿、磋商协议、协调关系、争取达到意见一致，从而赢得或维护经济利益的行为与过程。"

刘园在其主编的《国际商务谈判》一书中认为："商务谈判主要集中在经济领域，是参与各方为了协调、改善彼此的经济关系，满足贸易的需求，围绕标的物的交易条件，彼此通过信息交流、磋商协议，达到交易目的的行为过程。"

归纳和总结上述定义，本书对商务谈判的定义是：商务谈判是指经济交往各方为了寻求和达到自身的经济利益目标，彼此进行交流、阐述意愿、磋商协议、协调关系并设法达成一致意见的行为过程。

三、商务谈判的内涵

商务谈判的内涵十分丰富。只有了解商务谈判的内涵，才能把握好商务谈判的本质和精髓，从而为掌握和运用商务谈判方法打下基础。

（一）商务谈判是一门科学，也是一门艺术

在现代社会，商务谈判已被更多的人知晓，很多人都或多或少参与过商务谈判。但实际上，人们对商务谈判的内涵了解并不多，并没有了解和掌握商务谈判的基本理论、基本规律、基本策略和方法。商务谈判是研究商务活动中的谈判行为并阐明其规律的一门科学，是以为协调各种社会关系而进行的洽谈、磋商活动为研究对象的学问。因此可以说，商务谈判既是一门科学，也是一门艺术。

1. 商务谈判是一门科学

商务谈判作为一门综合性科学，其主要依据有以下三方面。

（1）商务谈判的复杂性。

（2）商务谈判的规律性。

（3）商务谈判的应用性和实践性。

2. 商务谈判是一门艺术

商务谈判是一种复杂的、需要运用多种技能与方法的专项活动。因此，说商务谈判是一门艺术，一点也不为过。

（1）商务谈判要求谈判人员具有较高的素质，包括道德素质、专业素质和心理素质等。实践表明，每一次谈判都是不一样的，因为谈判的对手不一样、环境不一样、时间不一样、条件不一样、目的不一样。谈判是否顺利、能否成功，在很大程度上取决于谈判双方人员的素质、修养和能力。商务谈判具有灵活性、变通性和创造性，而这些能力的组合和发挥是需要技巧的。

（2）谈判主要通过语言来进行，在语言交流的过程中，一方面，需要谈判人员具有一定的语言表现力和吸引力，做到既清晰、准确地表达自己的立场、观点，又能引起对方的注意；另一方面，需要通过了解对方需求、利益和诉求点，巧妙地说服对方。此外，大量的实践经验证明，良好的语言质量和语言表达能力对谈判的顺利进行有着相当大的作用。

★ 案例链接

一位年轻人烟瘾很大。一天，他对牧师说："牧师先生，我在祈祷时能抽烟吗？"牧师批评年轻人说："不行，你对上帝这么不尊重，连祈祷时还想着抽烟。"过了些天，年轻人又问这位牧师："牧师先生，我抽烟时能祈祷吗？"牧师高兴地表扬这位年轻人："当然可以，这说明你很虔诚，在抽烟时还想着上帝。"

这个例子当然只是个笑话，但说明了语言艺术对解决问题的作用。

（3）商务谈判过程中，沟通是一门艺术，这一点也是不可忽视的。在实际谈判过程中，

我们会发现，即使谈判双方的目标一致，也有可能无法达成协议。其中，有的是由于谈判双方错误的理解或沟通无效导致的。沟通的内容十分广泛，包括双方的情况交流、有效提问、积极倾听、角色互换、情绪控制、友谊与信任的建立等。此外，商务谈判还讲究策略和技巧，无论是沟通的技巧还是策略的运用，都需要艺术性地加以把握。既然是一门艺术，谈判就是"运用之妙，存乎于心"，很难完全套用公式，更多地要靠谈判人员去总结、掌控。

（二）商务谈判的结果是"互惠"而非"平等"

商务谈判是以价值谈判为核心的，从本质上讲，商务谈判的直接原因是参与谈判的各方都有自己的需要，或是代表着某个企业、组织的某种需要。谈判一方需要的满足，有可能涉及和影响另一方需要的满足。换言之，双方都是具有一定的需要才进行谈判的。

（三）商务谈判是针对人的心理进行的

谈判心理不仅影响谈判当事人的行为活动，也直接关系到谈判的成败。

谈判是由人的需要引起的，需要是人对客观事物的某种欲望。实践证明，当谈判一方满足了对方的心理需要时，谈判往往能取得成功。反之，即使物质条件很好，但心理需要没有得到满足，谈判效果也很难令人满意。

（四）商务谈判是一个协调行为的过程

谈判双方为实现某一个目的而进行谈判，如购销谈判，商务谈判作为沟通买卖双方的桥梁，使买卖双方的利益都能在协调一致的前提下实现，在谈判达成一致的条件下，各取所需，各获所得。但是在谈判中，双方是通过不断的"取"与"舍"而进行的。谈判一方不可能只是"取"，只向对方提出要求，而不"舍"，不去考虑对方的需求。如果一方大获全胜，对方全面溃败，即使达成了协议，对方也不会认真履行，而会寻找各种借口，延缓或破坏协议的执行。实际上，谈判形成的协议是存在一个区间的，在这个区间内，谈判双方都想方设法为自己争取更多的经济利益，而争取更多的利益，就是通过讨价还价、沟通、磋商等手段来实现的。从一方的角度看，是"要求—让步—要求—让步"的过程；从双方的角度看，是"争论—妥协—争论—妥协"的过程。我们可以通过以下案例了解谈判的这个过程。

★案例链接

南美某公司（卖方）欲向中国某公司（买方）推销智利松木原木。在中国某城市的谈判中，买方向卖方详细询问了智利松木原木的规格、直径、疤节以及虫害等情况，卖方一一做了解答。双方就港口装运、码头吃水等情况进行了反复讨论。结合上述因素，双方就原木的价格进行了谈判。

由于买方不了解（没有使用经验）智利松木原木，对价格心里没底，因而提出的要求趋于保守。卖方则认为条件过于苛刻，一再说其松木原木质量很好，码头现代化，两万吨的船停靠不成问题。但买方仍不松口，坚持要卖方将价格放到市场同类松木原木价格之下，而且要保证码头装车，否则要承担延误造成的滞期费。

卖方咬牙同意考虑买方意见，但比市价低多少仍是问题。是5%、10%，还是更多？双方争论得十分激烈。这时，卖方提出："别争了，不妨先定个原则，细节问题待贵方赴南美考察智利松木原木和相关码头后再定。看贵方是否有时间？"买方一听卖方的建议正合其意，就答应了这个安排。可考察组的人数、时间、费用又引起了争论，这些问题与合同价相关联。卖方又提出，买方可以去3人，时间为一个星期，往返机票由买方承担，在考察现场的交通、食宿费用由卖方承担。这个条件让买方迅速定下了日程。于是谈判的僵局化解了，双方拟定了谈判备忘录。

买方人员到了南美之后，经过参观考察，增加了对松木原木的认识。卖方尽了地主之谊，接待热情周到，让买方很满意。最终双方在现场敲定了价格条件，签了合同。

四、商务谈判的要素

商务谈判的要素是指构成商务谈判活动的必要因素。研究商务谈判的构成要素，有助于进一步认识商务谈判，正确运用商务谈判技巧与策略。一般认为，商务谈判由谈判当事人、谈判议题和谈判背景三个要素构成。

（一）谈判当事人

谈判当事人是指参与谈判的当事人，它是谈判的主体要素，起着至关重要的作用。根据谈判的需要，谈判当事人可以是一个人，也可以是一个群体。根据在谈判中所承担的工作内容不同，谈判当事人可以分为台前谈判人员和台后谈判人员。

1. 台前谈判人员

台前谈判人员是指直接上谈判桌的谈判人员。依据谈判内容和职责划分，台前谈判人员分为主谈人、谈判负责人和陪谈人。

2. 台后谈判人员

台后谈判人员主要是指负责该项业务的主管公司、企业或部门的领导，以及为台前谈判准备资料的辅助人员。

（二）谈判议题

谈判议题是商务谈判的具体问题，是谈判的核心，也是一切谈判各方讨论的中心。谈判的任务就是通过协调解决问题，没有需要解决的问题，就没有进行谈判的必要和可能。所以，谈判议题是商务谈判必不可少的要素。谈判议题非常广泛，类型繁多。

（三）谈判背景

谈判背景是指谈判所处的环境，是进行谈判的客观条件。它是影响谈判的重要因素，是谈判思想不可缺少的成分。谈判背景主要包括政治背景、社会环境背景、经济环境背景和人员背景等，每项背景都对谈判有着不同的影响。谈判背景资料是商务谈判前需要准备的重要内容。

第二节　商务谈判的基本特征、影响因素和类型

在现代社会，商务谈判几乎涉及现实经济生活的所有方面，可以说，商务谈判无所不谈，无所不可谈。作为谈判的一种类型，商务谈判具有明显的不同于其他谈判的特征和作用。

一、商务谈判的基本特征

（一）经济利益性

一般来说，谈判的类型不同，谈判的目的就会不同。外交谈判涉及的是国家利益；政治

谈判追求的是政党、集团的根本利益；军事谈判关心的是敌我双方的安全利益。虽然这些谈判都不可避免地会涉及经济利益，但获取经济利益不是其直接目的。与其他谈判不同，商务谈判是以获得经济利益为直接目的的。在商务谈判中，人们通常以获取经济利益的多少来评价一项商务谈判的成功与否。不讲求经济利益的商务谈判没有任何价值和意义。商务谈判双方只有在满足各自经济利益的前提下才会开展其他非经济利益的谈判。在商务谈判过程中，商务谈判人员常常以商业利益为基础，充分运用各种策略和技巧进行谈判，以追求其经济利益的最大化。谈判人员在谈判过程中会调动和运用各种因素，包括各种非经济利益因素来影响谈判，以达成交易，但达成交易的最终目标始终指向经济利益。

商务谈判的经济利益性决定了商务谈判是以价格为核心的谈判。因为价格能最直接地表现谈判双方的经济利益，谈判双方在利益上的得失及利益大小，常常可以折算成一定的价格，通过价格的高低表现出来。当然，商务谈判人员一方面以价格为核心坚持自己的利益，另一方面也可以从其他利益因素上赢得相应的利益，使双方达成协议。例如，对方在价格上不肯让步，那就可以要求对方在售后服务、维修等方面提供优惠条件，以此让对方易于接受。

（二）互利互惠性

商务谈判的各方不论组织大小还是实力强弱，在市场面前和相互关系上是平等的，这一事实决定了商务谈判是在"互惠""公平"的基础上进行的，即商务谈判是双方在遵循市场经济规律的前提下自愿互通有无的行为。商务谈判的双方只有"给出"，才能同时"取回"，这是由交换的基本条件决定的。不过，由于谈判人员的组织的实力和谈判实力上存在差异，双方在商务谈判中利益的分配上不可能绝对平均，得到的满足程度也不可能一样。但是，从各方都能通过谈判得到各自利益的满足这一点来看，商务谈判是互利互惠的。否则，只有利他性或利己性，谈判是不可能成功的。

（三）环境制约性

商务谈判在内容和结果上都要受到外部环境的制约。一般来说，政治法律环境对国际商务谈判影响最大；而经济环境中的市场供求变化和竞争状况对商务谈判的约束性最强；社会环境如风俗习惯、宗教信仰、教育程度等因素则制约着谈判各方的交流与沟通。因此，作为商务谈判人员，不仅要掌握大量的商务知识、谈判策略和技巧，更要了解国家的政策和法规、社会文化风俗，把握经济规律，只有这样才能控制复杂的谈判局势，实现谈判目的。

（四）内容多样性

商务谈判的内容多样性，主要是指商务谈判涉及贸易、金融、会计、保险、运输、争议与索赔等一系列的问题。这些问题十分复杂，专业性也很强。随着商品经济的发展，企业之间的经济往来日益频繁。在进行商务活动的过程中，商务谈判发挥了多种功能，具有极其重要的地位。

二、商务谈判的影响因素

谈判是为了解决彼此之间的冲突纷争，人们关注的是问题如何解决、解决的成果如何。但是，谈判活动往往是在复杂的背景下进行的，诸多因素影响着谈判的结果。英国谈判专家加文·肯尼迪在其所著的《万事皆可谈判》一书中，把实力（Power）、时间（Time）和信息（Information）列为谈判成功的三大要件。

（一）实力

实力是指谈判过程中各方力量的比较。在谈判中，参与谈判各方的力量往往有强有弱，表现出不均衡性。这种力量对比常常决定了谈判的趋势和结果。同时，谈判策略、技巧的选择和运用，在很大程度上也取决于谈判双方实力的大小、强弱。在谈判中，双方的力量对比主要表现在实力方面，双方实力的大小或强弱，是由其拥有的资源决定的。在谈判中，这些资源就是谈判的筹码。作为商务谈判筹码的资源主要有竞争力、决策力、专业知识、投入程度、认同与先例。其中，竞争力是参与者双方或多方的一种角逐或比较而体现出来的综合能力，它是一种相对指标，必须通过竞争才能表现出来；决策力通常是指对谈判过程的选择和调整能力，主要体现的是谈判领导者的综合能力；专业知识是指对谈判所涉及对象的了解程度；投入程度是指谈判人员所付出的努力；认同与先例通常是谈判的经验。

★ 能力展示

竞争力、决策力、专业知识、投入程度、认同与先例对商务谈判的影响程度分别有多大？请按影响程度大小排序。

（二）时间

时间就是力量，谈判人员进行任何谈判，都会感到时间的压力。时间是谈判实力的源泉，谁拥有更多的时间，谁就将获得谈判的成功。例如，一个急着去托儿所接孩子的青年父亲，停下自行车问路旁的烟贩："万宝路多少钱一盒？"烟贩不急不忙地说："20元。"青年掏出钱来递过去，拿到烟后骑车而去。青年之所以不讨价还价，是因为他没有讨价还价的时间。

（三）信息

信息是指那些与谈判活动有密切联系的条件、情况及其属性的一种客观描述，是一种特殊的人工信息。信息是影响谈判结果的重要因素之一。信息的力量源于谈判人员集中运用信息的能力，这种能力有助于谈判人员巩固谈判地位，支持自己的观点，最终获得理想的谈判结果。信息还可以作为一种工具，来挑战谈判对方的地位，从而削弱对方论点的有效性。信息的力量还在于可以改变对方的观点和立场。

（四）谈判人员素质

谈判是由企业的谈判人员进行和完成的，因此，谈判人员的作用极其重要。同时，谈判人员的素质又是构成其具体谈判能力的最基本的要素，是影响谈判成功最重要的因素之一。

关于谈判人员应具有哪些素质，国内外许多学者对此都有论述。谈判人员应该具备的素质受谈判的目标、谈判人员心理、谈判的专业知识等因素影响，一般来说，谈判人员应具备良好的心理素质和过硬的专业素质。

★ 能力展示

你认为谈判人员应具备哪些谈判的素质？

三、商务谈判的类型

商务谈判分类的目的，在于有的放矢地组织谈判，提高谈判人员分析问题的能力，增加自觉能动性，减少盲目性，争取谈判的主动权。可以说，对商务谈判类型的正确把握，是商务谈判成功的起点。

按照不同的分类方法，商务谈判可以划分为不同的类型。

（一）按商务谈判的规模划分

按商务谈判的规模划分，商务谈判可分为一对一谈判、小组谈判和大型谈判。

商务谈判规模，取决于谈判议题的复杂程度及谈判人员的数量。谈判议题越复杂，涉及的项目内容越多，各方参加谈判的人员数量也会越多，商务谈判的规模也就越大。

1. 一对一谈判

一对一谈判是指在一个买主与一个卖主之间进行的商务谈判。交易额小的商务谈判，往往是一对一的。

一对一谈判的主要特点，在于它往往是一种最困难的谈判类型，因为谈判双方各自为战，得不到助手的及时帮助。因此，这类谈判一定要选择有主见、有判断力和决断力、善于单人作战的人员参加，并做好充分的准备，而性格懦弱、优柔寡断的人是不能胜任的。规模大、人员多的谈判，有时根据需要，也可以在首席谈判代表之间一对一进行，以便仔细地磋商某些关键问题或微妙、敏感的问题。

2. 小组谈判

小组谈判是指买卖双方各有数人参加的商务谈判。这是最常见的一种商务谈判类型，一般适用于项目较大或议题较为复杂的谈判。小组谈判的前提是正确选择谈判小组成员和主谈人。小组谈判的主要特点，在于各方同时有数人参加商务谈判，小组成员彼此分工合作，取长补短，这样可以缩短谈判时间，取得较好的谈判效果。

3. 大型谈判

大型谈判是指项目重大、各方谈判人员多、级别高的商务谈判。大型谈判的主要特点：一是谈判班子阵营强大，是拥有各种高级专家的顾问团；二是谈判程序严密，时间较长，有时还要把整个谈判分成若干个层次和阶段来进行。这是因为，大型谈判一般关系重大，有的可能关系国计民生，有的将直接影响地方乃至国家的经济发展。

（二）按商务谈判参与方的国别划分

按商务谈判参与方的国别划分，商务谈判可分为国内商务谈判和国际商务谈判。

1. 国内商务谈判

国内商务谈判是指谈判参与方均在一个国家内的谈判。

2. 国际商务谈判

国际商务谈判是指谈判参与方分属两个以上的国家或地区，也就是不同国家或地区的商务人员之间的谈判。

国际商务谈判和国内商务谈判相比，具有如下特点。

（1）谈判双方具有不同的文化背景和习俗。对于国际商务谈判，谈判人员谈判前必须认真研究对方国家或地区相关的政治、法律、经济、文化等社会环境背景。同时，也要认真研究对方国家或地区谈判人员的个人阅历、谈判作风等人员背景。谈判中要特别注意礼仪、礼节。

★**案例链接**

中国某公司与阿拉伯某公司谈判出口纺织品的合同，中方给阿方提供了合同，规定了纺织品的报价条件，阿方说需研究，定于次日早9点30分到某饭店咖啡厅谈判。第二天9点20分，中方小组到了阿方指定的饭店咖啡厅，等到10点还未见阿方人影，咖啡已喝了好几杯了。这时有人建议："走吧!"有人抱怨："太过分了。"组长讲："既然按约到此，就等下去吧。"一直等到10点30分，阿方人员才晃晃悠悠来了，一见中方人员就高兴地握手致敬，但未讲一句道歉的话。

双方在咖啡厅谈了一个小时，没有结果，阿方要求中方降价。组长让阿语翻译告诉对方，己方按约定9点20分来到此地，已经等了一个小时，桌上的咖啡杯的数量可以作证，说明己方是诚心与对方做生意，价不虚（尽管有余地）。对方笑了笑说自己昨天睡得太晚了，谈判条件仍难以接受。中方建议双方再回去认真考虑后再谈。阿方沉思了一下，提出下午3点30分到他家去谈。

下午3点30分，中方小组准时到了他家，并带了几件高档丝绸衣料作礼品，在对方西式的客厅坐下后，他招来他的三个妻子与客人见面，说："这是从中国来的贵客。"三个妻子年岁不等，脸上没有平日阿拉伯妇女的面罩。中方组长让阿语翻译表示问候，并送上事先准备好的礼品。三位妻子很高兴，见面之后，就退下了。

这时，阿方代表说："我让她们见你们，是把你们当朋友。不过，你们别见怪，我知道中国是一夫一妻制。按穆斯林的规定，我还有权再娶一个，等我赚了钱再说。"中方人员趁机祝愿他早日如愿，并借此气氛把新的价格条件告诉对方。对方很高兴，"中方说考虑，就拿出了新方案"，于是他也顺口讲了自己的条件。中方一听，条件虽与自己的新方案仍有距离，但已进入了成交线。

翻译看着组长，组长很自然地说："贵方也很讲信用，考虑了新方案，但看来双方还有差距。怎么办呢? 我有个建议，既然来了您的家，我们也不好意思只让您让步，我们双方一起让一步怎么样?"阿方看了中方组长一眼，讲："可以考虑，但其他价格条件呢?"中方讲："我们可以先检查文件，然后谈价。"于是双方把合同其他条件以及产品规格、交货期、文本等扫了一遍并加以确认、廓清和订正。阿方说："好吧，我们折中让步吧，将刚才贵方的价与我的价进行折中成交。"中方说："贵方的折中是个很好的建议，不过该条件对我还是过高，我建议将我方刚才的价与贵方同意折中后的价再进行折中，并以此价成交。"阿方笑了，说："贵方真能讨价还价，看在贵方昨天等我一个小时的诚意上，我们成交吧!"

（2）在国际商务谈判中，时间是一个重要因素。旷日持久的谈判对双方都是不利的，但是，时间压力有时可以成为一方讨价还价的机会和手段。

（3）国际商务谈判对谈判人员的外语水平、外事或外贸知识与纪律等都有相应的要求。

（三）按商务谈判所在地划分

按商务谈判所在地划分，商务谈判可分为主场商务谈判、客场商务谈判和第三地商务谈判。

1. 主场商务谈判

主场商务谈判是指在自己一方所在地，由自己一方做主人组织的商务谈判。主场商务谈判占有"地利"优势，会给主方提供诸多便利，如熟悉的工作和生活环境利于谈判的各项准备，便于问题的请示和磋商。因此，主场商务谈判在增强谈判人员的自信心、应变能力及应变手段方面均具有天然的优势。如果主方善于利用主场谈判的便利和优势，往往会对谈判带来有利影响。当然，作为东道主，谈判的主方应当礼貌待客，做好谈判的各项准备。

2. 客场商务谈判

客场商务谈判是指在谈判对手所在地进行的谈判。客场商务谈判，由于客居他乡，谈判人员会受到各种条件的限制，也需要克服种种困难。客场谈判人员面对谈判对手，必须审时度势，认真分析谈判背景，以便正确运用并调整自己的谈判策略，发挥自己的优势，争取满意的谈判结果。这种情况在外交、外贸谈判中，历来为谈判人员所重视。

3. 第三地商务谈判

第三地商务谈判，是指在谈判双方（或各方）以外的地点安排的谈判。第三地商务谈判可以避免主、客场对谈判的某些影响，为谈判提供良好的环境和平等的气氛，但是，也可能由于第三方的介入而使谈判各方的关系发生微妙的变化。

（四）按商务谈判的指导思想划分

按商务谈判的指导思想划分，商务谈判可分为强硬型商务谈判、温和型商务谈判和原则型商务谈判。

1. 强硬型商务谈判

强硬型商务谈判是指视对方为劲敌，强调谈判立场的坚定性，强调针锋相对；认为谈判是一场意志力的竞赛，只有按照己方的立场达成协议才是胜利的谈判。采用强硬型谈判方式，常常是互不信任、互相指责，谈判也往往旷日持久，容易陷入僵局，无法达成协议。而且，这种谈判即使达成某种妥协，也会由于让步的某方履约消极，甚至想方设法撕毁协议、予以反击而陷入新一轮的对峙，最后导致相互关系的完全破裂。当然，在对方玩弄谈判工具，其阴谋需要加以揭露或者在事关自身的根本利益而无退让的余地时，或者出于一次性交往目的而不考虑今后的合作时，或者对方想法天真并缺乏洞察利弊得失之能力等场合，运用强硬型谈判是必要的。

2. 温和型商务谈判

温和型商务谈判是指视对手为朋友，强调的不是要占上风，而是要建立和维持良好的关系的谈判。一般做法是：信任对方—提出建议—做出让步—达成协议—维系关系。当然，如果当事各方都能视"关系"为重，以宽容、理解的心态，互谅互让、友好协商，那么，温和型谈判能取得成本低、效率高的结果，同时谈判双方的相互关系也会得到进一步加强。然而，由于价值观念和利益驱动等原因，有时建立和维持良好的关系只是一种善良的愿望和理想化的境界。事实上，对某些强硬者一味退让，最终往往只能达成不平等甚至屈辱的协议。在有着长期友好关系的互信合作伙伴之间，或者在合作高于局部近期利益，今天的"失"是为了明天的"得"的情况下，温和型谈判的运用是有意义的。

3. 原则型商务谈判

原则型商务谈判是指视谈判为解决问题的手段，重点放在利益上，根据价值达成协议的谈判。这种类型的谈判，最早由美国哈佛大学谈判研究中心提出，故又称哈佛谈判术。原则型谈判吸取了温和型谈判和强硬型谈判之所长，又避免了两者之所短，它强调公正原则和公平价值，其主要特点是把人与事分开，重点放在利益而不是立场上。原则型商务谈判中对人温和、对事强硬。在做决定之前，先构思各种可能的选择，坚持根据公平的客观标准来做决定，并以此为前提，争取最后结果。

★知识链接

三种谈判方式的特点

强硬型	温和型	原则型
非信任	良好意愿	公正
对手	朋友	问题解决者
对人对事硬	对人对事软	对事不对人
提出威胁	提出建议	寻求利益
取得胜利	达成协议	公正结果
施加压力	顺让	服从原则

（五）按商务谈判的方式划分

按商务谈判的方式划分，商务谈判可分为纵向商务谈判和横向商务谈判。

1. 纵向商务谈判

纵向商务谈判是指在确定商务谈判的主要问题后，双方逐个讨论每一问题和条款，讨论一个问题，解决一个问题，一直到谈判结束的谈判。例如，一项产品交易谈判，双方确定价格、质量、运输、保险、索赔等几项主要内容后，开始就价格进行磋商。如果价格确定不下来，就不谈其他条款；只有价格谈妥之后，才依次讨论其他问题。

纵向商务谈判的优点在于：程序明确，把复杂问题简单化；每次只谈一个问题，讨论详尽，解决彻底；避免多头牵制、议而不决的弊病。

纵向商务谈判也有其不足：议程确定过于死板，不利于双方沟通交流；讨论问题时不能相互通融，当某一问题陷入僵局后，不利于其他问题的解决；不能充分发挥谈判人员的想象力、创造力；不能灵活、变通处理谈判中的问题。

这种类型的谈判适用于原则型谈判。

2. 横向商务谈判

横向商务谈判是指在确定谈判所涉及的主要问题后，开始逐个讨论预先确定的问题，当在某一问题上出现矛盾或分歧时，就先把这一问题放在后面，讨论其他问题，如此周而复始地讨论下去，直到所有的内容都谈妥为止的谈判。

横向商务谈判的优点在于：议程灵活，方法多样，不过分拘泥于议程所确定的谈判内容，只要有利于双方的沟通与交流，就可以采取任何形式；多项议题同时讨论，有利于寻找变通的解决办法；有利于更好地发挥谈判人员的创造力、想象力，更好地运用谈判策略和谈判技巧。

横向商务谈判的不足在于：加剧了双方的讨价还价，容易促使谈判双方做对等让步；容易使谈判人员纠缠在枝节问题上而忽略了主要问题。

（六）按商务交易的地位划分

按商务交易的地位划分，商务谈判可分为买方谈判、卖方谈判、代理谈判。

1. 买方谈判

买方谈判是指以求购者（购买商品、服务、技术、证券、不动产等）的身份参加的商务谈判。显然，这种买方地位不以谈判地点而论。买方谈判的特征主要为：

（1）重视收集有关信息。这种收集信息的工作应当贯穿商务谈判的各个阶段，并且其目的和作用应有所不同。

（2）极力压价。买方是掏钱者，一般不会"一口价"随便成交。即使是重复购买，买方也总要以种种理由追求更优惠的价格。

（3）以势压人。买方作为谈判方，往往会有一定的优越感，甚至盛气凌人，常常以挑剔者的身份参与谈判。只有在某种商品处于短缺或垄断地位时，买方才可能"俯首称臣"。

2. 卖方谈判

卖方谈判是指以供应者（提供商品、服务、技术、证券、不动产等）的身份参加的商务谈判。同样，卖方地位也不以谈判地点为转移。卖方谈判的主要特征为：

（1）主动出击。

（2）虚实相映。

（3）"打""停"结合。

3. 代理谈判

代理谈判是指受当事方委托参与的商务谈判。代理又分为全权代理和只有谈判权而无签约权的代理。代理谈判的主要特征为：

（1）谈判人权限观念强，一般都谨慎并准确地在授权范围之内行事。

（2）由于不是交易的所有者，谈判地位超脱、客观。

（3）由于受人之托，为表现其能力，取得佣金，谈判人的态度积极、主动。

第三节　商务谈判的原则

商务谈判的原则，是指在商务谈判中彼此交换意见、解决分歧而进行磋商讨论时所依据的法则。商务谈判的原则是商务谈判内在的、必然的行为规范，是商务谈判的实践总结和制胜规律。因此，认识和把握商务谈判的原则，有助于维护谈判各方的权益，提高谈判的成功率和指导谈判策略的运用。许多学者都对商务谈判的原则做了分析和归纳。

宋贤卓所著的《商务谈判》将商务谈判的原则归纳为目标原则、自愿原则、平等原则、弹性原则、诚信原则、双赢原则、倾听原则、合法原则。

方其所著的《商务谈判、理论、技巧、案例》提出商务谈判的原则为合作原则、互惠互利原则、立场服从利益原则、对事不对人原则、坚持使用客观标准原则、遵守法律原则。

王海云、隋宇童、徐益峰所著的《商务谈判》提出商务谈判的原则为自愿原则、平等原则、互利原则、求同原则、合法原则。

王淑贤所著的《商务谈判理论与实务》提出商务谈判的原则为平等原则、互利原则、合法原则、事人有别原则、信用原则。

本书认为商务谈判的原则包含以下内容。

一、自愿原则

自愿原则是指作为谈判当事人的双方，是在没有外来人为强制压力的情况下，出于自身意愿来参加谈判的。谈判是一种自愿的活动，任何一方在任何时候都可以退出或拒绝进入谈判。这犹如维系夫妻关系靠的是感情而不是"捆绑"，谈判任何一方都没有权力以强制的手段挟制另一方必须参与谈判或不得中途退场，谈判任何一方对谈判结果的接受与否都是谈判方权衡利弊后自愿做出的决定。在商务谈判的过程中，强迫行为是不可取的，一旦出现这种行为，自愿原则就会遭到破坏，被强迫的一方势必退出谈判，谈判也就会因此破裂。

二、平等原则

平等原则是指在商务谈判中各方无论经济实力强弱、规模大小，其地位都是平等的。在商务谈判中，交易的各方拥有相等权力，任何一方提出的议案都需要得到他方的认可，或经过各方的协商取得一致方可确立。从某种意义上讲，双方力量、人格、地位等的相对独立和对等，是谈判行为发生与存在的必要条件。如果谈判中的某一方由于某些特殊原因而丧失了与对方对等的力量或地位，那么另一方可能很快就不再把他作为谈判对手，并且可能试图去寻找其他的非谈判的途径来解决问题，这样，谈判也就失去了它本来的面目。在商务谈判中，确立平等的原则并对此达成共识似乎并不难，而真正贯彻落实好这一原则还需要努力。贯彻平等原则，首先要求谈判各方互相尊重、以礼相待，任何一方都不能仗势欺人、以强凌弱，更不能把自己的意志强加于人。只有坚持平等原则，商务谈判才能在互信合作的气氛中顺利进行，才能达到互助互惠的谈判目标。可以说，平等原则是商务谈判的基础。

三、双赢原则

双赢原则是指谈判达成的协议对各方都是有利的。要知道，谈判不是竞赛，不是对弈。视谈判为竞赛游戏，只会让谈判人员陷入反复讨价还价、彼此竞争的状态中，这种尽力压制对手求胜的行为，往往会导致即使赢了谈判自己也是输家的结局。

★ 案例链接

美国谈判学会会长、著名谈判大师尼尔伦伯格举过这么一个例子：20世纪70年代初期，纽约发生了大规模的报业风波，纽约市印刷工会主席柏纯·鲍尔发起了几次报业工人罢工，为工人争得了一份非常好的工作，同时也限制了报社的许多权力。报社因此财务紧缩、经营困难，不得已只好三家合并成一家，最终纽约市只剩下两份早报及一份晚报，以及成千上万名失业的印刷工人，谈判是否成功了？双赢绝非摒弃竞争，恰恰相反，只有通过竞争、通过谈判参与各方的较量、通过各方对共同感兴趣的目标的不懈追求，寻找到一个能满足各自利益目标的最佳契合点，谈判才算是真正成功。

可以说，成功的谈判是建立在充分竞争基础之上的，没有了竞争，谈判的预期利益目标也就无法实现。当然，竞争不是无限度的拼杀，更不是你死我活式的搏斗，而是如何把握好实质利益和关系利益之间的平衡，尤其要注意"当止即止，过犹不及"。双赢原则的另一个含义是指参与谈判各方应本着互惠合作的原则，通过谈判追求双方利益的更大化而不是简单意义上的眼前利益分割，即追求"1+1＞2"的利益效应。

四、诚信原则

谈判大师尼尔伦伯格在其《谈判的艺术》一书中明确指出："从本质上讲，谈判是一项诚实的活动。"确实，要达成一项双赢的协议，谈判的诚实原则是首先必须遵守的，只图眼前利益，不惜损害组织主体社会形象，甚至视谈判对手为蠢货的谈判，无异于一种饮鸩止渴的行为，他们根本不懂得诚实在谈判乃至在人际交往中的重要性，最后吃亏的往往还是自己。很多商人以善于经商理财、精于谈判而闻名于世，但他们的诚实、他们对协议的尊重与信守也同样举世皆知，在签约前他们会运用各种策略与你周旋，争取目标利益最大化，但一旦签约就会充分信守合同，绝不反悔。实际上，诚实守信也是市场经济体系渐趋完善的一种标志，当每个市场参与者都能遵守市场经济的游戏规则时，诚信才会成为人人都能遵守的基本守则。当然，诚信并不是老实可欺，更不能理解成脱离现实的乌托邦，我们主张在谈判中以诚实守信为前提，最大限度地维护自身根本利益，运用各种策略与技巧追求预期收益目标的最大化。

五、客观原则

无论是把谈判看成双方的合作，还是双方的较量，都无法否认谈判中双方利益冲突这一严酷现实。买方希望价格低一点，而卖方希望价格高一些；贷方希望高利率，借方希望低利率，双方都希望得到对自己有利的结果。这些分歧在谈判中时时刻刻存在着，谈判双方的任务就是消除或调和彼此的分歧，达成协议。消除或调和彼此的分歧有多种方法，一般是通过双方的让步或妥协来实现的。而这种让步或妥协是基于双方的意愿，即愿意接受什么，不愿意接受什么。坚持客观原则，运用客观标准，有利于调和或消除谈判双方的分歧，从而使谈判达成一个明智而公正的协议。所谓客观标准，是指独立于各方意志之外的合乎情理且切实可行的准则。它既可能是一些惯例、通则，也可能是职业标准、道德标准、科学鉴定等。贸易谈判所涉及的内容极其广泛，客观标准也多种多样。

例如，在大米交易谈判中，卖方报价是每吨1 000美元，而买方出价是每吨900美元，那么调和的标准是什么呢？这时，市场上同类商品的价格就是参照物，就是谈判的客观标准。当然，这里的客观标准只是谈判双方参照的依据，不是商定的价格。这是因为价格议定还要考虑交货期限、交易数量、商品质量等多种因素。如果双方都能从坚持客观标准这一原则出发，那么，所提出的要求和条件就比较客观、公正，而不是漫天要价、不着边际，调和双方的利益也就变得可能和可行。

六、求同原则

求同原则也叫协商的原则，是指谈判中面对利益分歧，从大局着眼，努力寻求共同利益。求同原则要求谈判各方首先要立足于共同利益，要把谈判对象当作合作伙伴，而不仅视为谈判对手。同时，要承认利益分歧，正是由于需求的差异和利益的不同，才可能产生需求的互补和利益的契合，才会形成共同利益。贯彻求同原则，要求在商务谈判中善于从大局出发，要着眼于自身发展的整体利益和长远利益的大局，着眼于长期合作的大局；同时，要善于运用灵活机动的谈判策略，要求大同存小异，也可以为了求大同而存大异。可以说，求同原则是商务谈判成功的关键。善于求同，历来是谈判高手具有智慧的表现。贯彻求同原则，首先要正确对待分歧。要正确对待谈判各方的需求和利益上的分歧，不要"谈虎色变"，不要只想自己"狮口大开"。要记住，谈判的目的不是扩大矛盾，而是弥合分歧。其次要善于探求各自的利益，要把谈判的重点放在探求各自的利益上，而不是放在对立的立场观点上，通过利益的揭示，调和矛盾，达成协议。最后要寻求双方的契合利益。表面上看，参与谈判的各方，其价值观、需求、利益的不同会带来谈判的阻力，事实上并非如此，因为正是由于利益需求上存在分歧，才使得各方可能在利益需求上相互补充、相互满足，此所谓谈判各方的互补效应和契合利益。

七、立场与利益分开原则

谈判人员所持的立场与其所追求的利益是密切相关的。立场反映了谈判人员追求利益的态度和要求，而谈判人员的利益则是使其采取某种立场的原因。谈判人员持有某种立场为的是争取他所期望的利益，立场的对立无疑源于利益的冲突。虽然每个谈判人员都明白，在谈判中所做的一切都是要维护己方的利益，坚持立场的出发点是为了维护利益，但维护利益与坚持立场是完全不同的。为了捍卫立场而进行磋商，会给谈判带来难以克服的困难，造成无法弥补的损失。

美国和苏联两国关于全面禁止核试验谈判的破裂就是一例。谈判的双方僵持在一个关键的问题上，即美国和苏联每年允许对方在自己的领土上设立多少监视站以调查地震情况。美国坚持不能少于10个，而苏联则只同意设立3个，结果由于双方都不放弃自己的立场，致使谈判破裂。但没有人考虑：是一个监视站每人观察一天，还是100个人在一天内任意窥探。双方都没有在观察程序的设计上做努力，而这恰恰符合两国的利益——希望把两国的冲突限制在最低限度内。为了克服立场上讨价还价带来的弊端，我们应当在谈判中着眼于利益，而不是立场，在灵活变通的原则下，通过深入观察和分析，找到在立场背后隐藏的共同利益，寻找增进双方利益和协调利益冲突的解决办法。

八、事人有别原则

事人有别原则是指在谈判中，把对人，即谈判对手的态度和对所谈论的问题的态度区分开来。商务谈判所涉及的是有关双方利益的事物，如货物与服务的价格、成本等，而不是谈判人员，参加谈判的人只是事物的载体，谈判桌上发生冲突的是事物。所以，对事应是强硬的，当仁不让，坚持原则；而对人则应是友好的、温和的，关系融洽。在商务谈判过程中，当双方互不了解，出现争执，以及因人论事时，想解决问题达成协议是极其困难的。这是因为参加谈判的是有血有肉、有感情、有自我价值观的人。人与人之间可以经由信任、了解、尊敬和友谊建立起良好的关系，从而使一项谈判活动变得顺利、有效。相反，发怒、沮丧、疑惧、仇视和抵抗心理，会将个人的人生观与现实问题结合在一起，使之产生沟通障碍，从而导致双方相互误解加深，强化成见，最后使谈判破裂。因此，将谈判个人的因素与谈判所涉及的目标分离开，是商务谈判的重要原则之一。把人与问题分开，并不意味着可以完全不考虑有关人性的问题。事实上，谈判人员要避免的是把人的问题与谈判的问题混杂在一起，而不是放弃对这一问题的处理。在处理人的问题时，应该注意每一方都应设身处地去理解对方观点的动因，并尽量弄清这种动因所包含的感情成分；谈判人员应明确那些在谈判中掺杂的感情问题，并设法进行疏通；谈判双方必须有清晰的沟通，讲清双方的利益关系。总之，把人与问题分开，就意味着谈判双方肩并肩地处理问题。这对于消除感情因素可能引发的不利影响，变消极因素为积极因素，有着非常重要的实践意义。

九、效益原则

在谈判过程中，应当讲求效益，提高谈判的效率，降低谈判成本，这是经济发展的客观要求。如今科学技术的发展可谓日新月异，新产品从进入市场到退出市场的周期日益缩短。因此，企业往往在产品还没有上市之前就开始进行广泛的供需洽谈，以尽早打开市场，多赢得顾客，取得较好的经济效益。这就从客观上要求商务谈判人员要讲求谈判效益，提高谈判效率。同时，商务谈判也要重视社会效益，要综合考虑合作项目对社会的影响，重视谈判主体的社会角色和社会责任，努力实现组织自身效益和社会效益的统一。例如，某一项投资谈判进行得很顺利，但该项目投产将严重污染环境，显然这一谈判结果最终会受到社会的抵制。所以，只有在实现谈判自身经济效益的同时实现良好的社会效益，才能保证谈判的成功。

十、合法原则

合法原则是指商务谈判必须遵守国家的法律、政策。国际商务谈判还应当遵循有关的国际法和对方国家的有关法规。商务谈判的合法原则，具体体现在以下三个方面：一是谈判主体合法，即谈判参与的各方组织及其谈判人员具有合法的资格；二是谈判议题合法，即谈判所要磋商的交易项目具有合法性，对于法律不允许的行为，如买卖毒品、贩卖人口、走私货物等，其谈判显然是违法的；三是谈判手段合法，即应通过公正、公平、公开的手段达到谈判目的，而不能采取某些不正当的，如行贿受贿、暴力威胁等手段来达到谈判的目的。总之，只有在商务谈判中遵守合法原则，谈判及其协议才具有法律效力，当事人各方的利益才能受到法律的保护。随着商品经济的发展，各方的交易将会在越来越广的范围内受到法律的保护和约束，离开经济法规，任何交易谈判都将寸步难行。

除了上述基本原则外，商务谈判还应遵循理智灵活的原则、时间与地点的原则、最低目标的原则、信息原则、科学性与艺术性相结合的原则等。

第四节　商务谈判的评价标准

商务谈判以经济利益为目标，以价格谈判为核心。但是，并不能简单地认为能够取得最大的经济利益，特别是最大的短期利益，就是成功的商务谈判。那么，什么样的商务谈判才可以称为成功的商务谈判，如何来衡量商务谈判的成功与否呢？

美国谈判学会会长、著名谈判专家尼尔伦伯格认为，谈判不是一场棋赛，不要求决出胜负；也不是一场战争，要将对方消灭。恰恰相反，谈判是一项互利的合作事业。谈判中的合作是互利互惠的前提，只有合作才能谈及互利。因此，从这一观点出发，笔者认为，商务谈判的评价标准可归纳为以下三点。

一、谈判目标的实现程度

谈判目标把谈判人员的需要具体化，通过某些量化的指标来体现。而且，谈判目标还是驱动谈判人员行为的基本动力，引导着谈判人员的行为，使之始终朝向预期的方向。因此，谈判目标是否实现是衡量商务谈判是否成功的首要标准。商务谈判的目标是与经济利益直接相关的，是指谈判人员预期从谈判中获得的经济利益。由于参与谈判的各方都存在一定的利益界限，谈判目标应至少包括两个层次的内容，即努力争取的最高目标以及必须确保的最低目标。如果一味地追求最高目标，把对方逼得无利可图甚至导致谈判破裂，就不可能实现预期的谈判目标。同样，为了达成协议而未能守住最低目标，预期的谈判目标也是无法实现的。因此，成功的谈判应该是既达成了某项协议，又尽可能接近本方所追求的最佳目标。

二、谈判是否富有效率

谈判效率是指谈判人员通过谈判所取得的收益与所付出的成本之间的对比关系。商务谈判是一个"给"与"取"兼而有之的过程，为了获得期望的交易利益，也需要一定的投入，这个投入就是谈判所付出的成本。谈判成本可以从以下三部分加以衡量计算：第一部分成本是为了达成协议所做出的所有让步之和，其数值等于该次谈判预期谈判收益与实际谈判收益的差值，第二部分成本是指为洽谈而耗费的各种资源之和，其数值等于为该次谈判所付出的人力、物力、财力和时间的经济折算值之和，第三部分成本是指机会成本，由于企业将部分资源投入该次谈判，即该次谈判占用和消耗人力、物力及时间，于是这部分资源就失去了其他的获利机会，因而就损失了可望获得的价值，这部分成本的计算，可用企业在正常生产经营情况下这部分资源所创造价值的大小来衡量，也可用事实上由于这些资源被占用和耗费，某些获利机会的错过所造成的损失的大小来计算。以上三部分成本之和构成了该次谈判的总成本。通常情况下，人们往往认识到的成本只是第一部分，即对谈判桌上的得失较为敏感，而对第二种常常比较轻视，对第三种成本考虑更少。他们致力于降低谈判桌上的成本，最终却导致了谈判总成本的增加。计算出谈判成本，就可看出谈判效率的情况了。如果谈判所费成本很低，而收益却较大，则本次谈判是成功的、高效率的。反之，如果谈判所费成本较高，收益很少，则本次谈判是低效率的、不经济的，只有高效率的商务谈判，才能称为成功的谈判。

三、人际关系的建立

商务谈判是两个组织或企业之间经济往来活动的重要组成部分，它不仅从形式上表示业务人员之间的关系，而且更深层地代表着两个企业或经济组织之间的关系。因此，在评价一场谈判成功与否时，不仅要看谈判各方市场份额的划分、出价的高低、资本及风险的分摊、利润的分配等经济指标，而且还要看谈判后双方人际关系如何，即通过本次谈判，双方的关系是得以维持，还是得以促进和加强，抑或遭到破坏……商务谈判实践经验告诉我们，一个能够使本企业业务不断扩大的精明的谈判人员，往往将眼光放得很远，而从不计较某场谈判的得失，因为他知道，良好的信誉、融洽的关系是企业得以发展的重要因素，也是商务谈判成功的重要标志。任何只盯住眼前利益，并为自己某场谈判的所得大声喝彩者，这种喝彩也许是最后一次，至少有可能与本次谈判对手是最后一次，结果是"捡了眼前的芝麻，丢了长远的西瓜"。

根据以上三个方面的评判标准，一项成功的商务谈判应该是这样的谈判，即谈判双方的需要都得到了最大限度的满足，双方的互惠合作关系有了进一步的发展，任何一方的谈判收益都远远大于成本，整个谈判是高效率的。

第五节　商务谈判的成功模式

严格地说，商务谈判总是变化的，没有什么固定的方法一定能够保证谈判的成功，所以也就不存在所谓的成功模式。这里所讲的成功的谈判模式是由中西方学者通过大量的理论和实践研究，找到的一种很大程度上能够帮助谈判人员顺利达成谈判目标的商务谈判流程。这里着重介绍 PRAM 模式，PRAM 由 4 个英文单词的首字母组成，即 Plan（制定计划）、Relationship（建立关系）、Agreement（达成协议）、Maintenance（维持协议与关系）。

一、Plan

制定谈判计划是行动的基础，通过制定计划有助于达到两个目的：一是"知己知彼"；二是"有的放矢"。谈判人员对双方的情况和谈判过程的变化越了解，准备得越充分，谈判过程中占据主动的机会就会越大。制定谈判计划时，需要明确两个目标——己方的谈判目标以及对方的谈判目标。在确定了双方的目标之后，应该把两者加以比较，找出在本次谈判中双方利益一致的地方。对于双方利益一致的地方，应该在以后的正式谈判中首先提出来，并且由双方加以确认。这样做能够提高和保持双方对谈判的兴趣和争取成功的信心，同时，也为后面解决利益不一致的问题打下良好的基础。对于双方利益不一致的问题，则要通过发挥双方的创造性思维和灵活应变的能力，根据"成功的谈判应该使双方的利益需要都得到满足"的原则，积极寻找令双方都满意的办法并加以解决。

二、Relationship

一般情况下，在与一个从未见过、听说过的人做交易时，人们在行动之前往往存在很强的戒备心理，谈判过程中也不会轻易许诺。因为人们是不大愿意向自己不了解、不信任的人轻易下保证、订合同的。反之，如果双方都已相互了解，建立了一定程度的信任关系，那么，谈判过程中的沟通就能够得到有效实施，而谈判的难度自然会随之降低，谈判成功的可能性也将大大提高。因此可以说，谈判双方之间的相互信赖是谈判成功的基础。但要如何建立谈判双方之间的信任关系，增加彼此的信赖感呢？经验证明，做到以下三点是至关重要的：一是树立使对方相信自己的信念。对对方事业与个人的关心、周到的礼仪、工作上的勤勉都能使对方相信自己。二是表明自己的诚意。在与不熟悉的人进行谈判时，向对方表示自己的诚意是非常重要的。为了表明自己的诚意，可以向对方列举一些在过去的交易中，本方诚实待人的例子。三是最终使对方信任自己的行动，要做到有约必行、信守诺言。必须时刻牢记，不论自己与对方之间的信赖感有多强，只要有一次失约，彼此之间的信赖感就会崩溃，而信赖感一旦崩溃是难以修复的。由此可以得出这样一个结论：如果还没有与对方建立足够良好的信任关系，就不应匆忙进入实质性问题的谈判阶段，勉强去做的话将会适得其反，不仅达不到期望的效果，反而会将事情搞砸。

三、Agreement

在谈判双方建立了充分的信任关系之后，即可进入实质性事务的谈判阶段。在这里，首先应该核实对方的谈判目标。其次，对彼此意见一致的问题加以确认，而对彼此意见不一致的问题则要通过充分的意见交流，寻找一个有利于双方利益需要、双方都能接受的方案来解决。对于谈判人员来讲，应该清楚地认识到达成满意的协议并不是协商谈判的终极目标，谈判的终极目标应该是协议的内容能得到圆满的贯彻执行。因为，写下来的协议无论对己方多么有利，如果对方感到自己在协议中被置于不利地位，那么他就很少或者根本没有履行协议条款的动机。只要对方不遵守协议，那么，协议也就变成了一文不值的东西。虽然可以依法向对方提起诉讼，但是解决它可能需要花费相当长的时间，并且要为此投入大量的精力。此外，在提起诉讼期间，己方所希望对方办到的事情依然得不到实现。因此，最后虽然己方可以胜诉得到赔偿，但是同样付出了沉重的代价。

四、Maintenance

在谈判中，人们最容易犯的错误是：一旦达成了令自己满意的协议就认为谈判结束，认为对方会马上不折不扣地履行他的责任和义务，这实在是一个错误的想法。因为，履行职责的是人而不是协议书，协议书不管规定得多么严格，它本身并不能保证得到实施。因此，签订协议书是重要的，但维持协议、确保其得到贯彻实施更加重要。因此，不论是从本次交易还是从以后继续进行交易往来的角度考虑，对于在本次交易协商中形成的与对方的关系，应尽力予以保持和维护，避免以后与对方进行交易时，再花费力气重新建立与对方的关系。而维持与对方关系的基本做法是：保持与对方的接触和联络。

★ 知识链接

PRAM 实施的前提

PRAM 的实施是有前提条件的，那就是必须树立正确的谈判意识。这种意识是 PRAM 的设计与实施原则、指导思想和灵魂。这种谈判意识的内涵主要包括以下几点。

（1）要将谈判看成各方之间的一种协商活动，而不是竞技体育项目的角逐。将谈判视为一种友好协商，就比较容易达到目的，而将谈判视为竞技角逐就很难实现愿望。

（2）谈判双方之间的利益关系是一种互助合作的关系，而不是敌对关系。

（3）人际关系是双方实现利益关系的基础和保障。

（4）谈判人员要有战略眼光，将眼前利益和长远利益结合起来，抓住现在，放眼未来。

（5）谈判的重心是避虚就实，要在实质问题上多下功夫，而不要在非实质性问题上大做文章，要将精力集中在双方各自的需求上。

（6）谈判的结果需要双方都是胜利者，谈判的最后协议要符合双方的利益需求。

商务谈判中，上述谈判意识会直接影响决定谈判断人员在谈判中所采取的方针和政策，从而决定在谈判中的所有行为。只有树立了这种意识，才能缩短理想与现实之间的距离，取得洽谈的成功。

课后习题

【基本目标题】

一、单项选择题

1. 商务谈判是(　　)。
   A. 商业企业之间进行的谈判　　　　B. 与商业企业进行的谈判
   C. 为协商交易条件而进行的谈判　　D. 为实现交易目标而进行的谈判

2. 商务谈判中，若交易条款存在"难题"，明智之举是(　　)。
   A. 按条款顺序依次耐心磋商　　　　B. 从易到难跳跃
   C. 从难到易跳跃　　　　　　　　　D. 视具体情况选择跳跃

3. 商务谈判成功的标志是(　　)。
   A. 不惜一切代价，争取己方最大的经济利益
   B. 使对方一败涂地
   C. 以最小的谈判成本，获得最大的经济利益
   D. 既要实现最大的经济效益，也要实现良好的社会效益

4. 先集中解决某一个议题，而在开始解决其他议题时，已对这个议题进行了全面深入的研究讨论的商谈方式是(　　)。
   A. 横向谈判法　　B. 纵向深入法　　C. 先易后难法　　D. 各个击破法

5. 因谈判双方陷入立场性争执的泥潭而难以自拔，不注意尊重对方的需求和寻找双方利益的共同点，所以很难达成协议。此种谈判属于(　　)。
   A. 客场谈判　　　B. 让步型谈判　　C. 立场型谈判　　D. 原则型谈判

二、多项选择题

1. 谈判的成本包括(　　)。
   A. 谈判所带来的利益　　　　　　　B. 谈判桌上的成本
   C. 谈判过程的成本　　　　　　　　D. 谈判的机会成本

2. 判断商务谈判成功的标准是(　　)。
   A. 谈判目标的实现程度　　　　　　B. 建立谈判关系
   C. 是否建立并改善了人际关系　　　D. 履行协议

3. 成功的谈判模式包括(　　)。
   A. 制定谈判计划　　　　　　　　　B. 谈判是否富有效率
   C. 达成协议　　　　　　　　　　　D. 谈判对手是否失败
   E. 维持良好关系

4. 影响商务谈判模式的基本因素是(　　)。
   A. 谈判人员经验　　B. 时间进行速度　　C. 条款进行速度　　D. 谈判环境

三、简答题

1. 什么是商务谈判？
2. 商务谈判的主要特征有哪些？
3. 商务谈判应遵循哪些原则？
4. 如何评价商务谈判的成败？

5. 商务谈判的基本模式有哪些?

6. 成功的谈判模式包括哪几个流程?

【升级目标题】

四、案例分析

大明电机厂需要购进一批电工器材,此种器材属于首次采购。经网上调研,采购员小刘得知多年的交易伙伴——民生电器批发商城的销售价格最低,为每箱 660 元,且电器质量可靠,于是上门谈判。谈判中小刘了解到该商城此器材是从上海某生产厂家进的货,28 日价为每箱 600 元。尽管谈判中该商城将每箱销售价由 660 元降为 650 元,后又降至 645 元,但小刘坚持以略高于商城进货价的 605 元采购,最终商城断然拒绝,交易未达成。

(1)作为多年交易伙伴的民生电器批发商城这次为何断然拒绝交易?

(2)采购员小刘此次谈判失误在何处?

(3)你认为应如何使此次谈判成功?

五、技能测试

进行谈判人员心理素质测试。

目的:通过测试使谈判人员了解自己的谈判心理素质,不断培养和提高自己的谈判心理素质。

要求:建议在老师的指导下,在本课程开始时进行一次测试,在全书学习结束之后再做一次测试,比较结果,看是否有所提高(心理素质测试题及评分表由教师自拟)。

在学习过程中,学生可以不定期地进行自测。如果还想更客观地了解自身的谈判心理素质,可以与了解你的人一起测试。双方相互提问并回答,并指出对方的答案与事实不符的地方,相互打分。这样可以更准确地了解自己的谈判心理素质。

六、谈判实训

全班分成若干小组,每个小组选出组长一名。由组长主持讨论,假设你们小组准备利用假期到外省某旅游胜地去旅游,在旅游之前要与旅行社进行谈判,那么,你们如何分工?如何准备?准备哪些信息?到哪里搜集信息?如何谈判?下节课由各小组选派代表向全班同学汇报。

★补充阅读

中美合作谈判

中国上海仪表公司(SIIC)和美国福克斯波罗公司进行合作谈判后,双方于 1982 年 4 月 12 日在北京签订了为期 20 年的合资协议。上海福克斯波罗有限公司(SFCL)作为这一谈判的成功结晶,成了美国和中国最早成立的技术转让合资企业之一。而且更值得一提的是,它是首家涉及高技术转让的中美合资企业。

应该说,这场谈判从一开始,双方实力和地位的差距是悬殊的。美国福克斯波罗公司创建于 1908 年,到 1985 年它已成为在各种型号和不同复杂程度的汽动和电子操纵仪器以及计算机控制系统方面领先的全球供应商。1984 年福克斯波罗公司销售额超过 5 亿美元,业务范围涉及全球 100 多个国家,是一家规模巨大的跨国公司。而 20 世纪 80 年代初期的中国,刚刚走上改革开放的道路,市场机制还很不健全,高新技术机械产品领域尚处在落后状态。并且,由于这一谈判涉及极为敏感的高技术转让,美国出口管理部门严格限制福克斯波罗公司向中国转让的产品和技术的种类。因此，对于中方谈判人员来说，谈判对手的实力是强大的，谈判中所存在的阻力与障碍又将使谈判的进行困难重重，要想取得谈判的成功是非常不容易的。

　　为了将谈判一步步地向成功的方向引导，中方谈判人员在充分了解对手和分析对手需要的基础上，首先向美方抛出了第一个"香饵"——中国国家仪表和自动化局与美方初步接触并向美方发出邀请，请他们组成代表团到中国进行实地考察。在考察过程中，中国方面巧妙地利用各种方式向美方展示了中国机械和汽动产品领域的光辉前景。中国力求使美方确信，双方如果合作成功，将会使福克斯波罗公司顺利占据这一世界上最后一个，同时也是最大的一个在电子操纵设备和计算机控制系统等业务方面尚未被开发的市场，而这一点则是福克斯波罗公司迫切需要的。通过考察，他们已被这一诱人的"香饵"深深吸引。紧接着，中方谈判人员不失时机地抛出了第二个"香饵"——为了表示合作的诚意，中方特意为美方选择了一个最佳的合资伙伴——上海仪表工业公司，这使美方省了进行选择的成本费用，深感满意。随着谈判进入实质性磋商阶段，中方谈判人员又拿出第三个"香饵"——根据中国法律，合资企业将享受最优惠的税收减免待遇。正是这一系列"香饵"的作用，才使中方逐渐扭转谈判中的被动局面，并把这一历史性的谈判一步步推向成功。

　　付出了"香饵"，得到了"大鱼"，通过成立合资公司，中方获得了先进的控制仪器生产技术。这使中国在高技术机械产品方面达到一个新的水平，从而缩短了赶超世界先进水平的过程。

　　如果从谈判对手——福克斯波罗公司的角度出发，再来考察这一谈判，就会发现，美方在谈判中也同样巧妙地采用了这一策略。在双方刚刚接触的时候，福克斯波罗公司也不是没有竞争者。当时的霍尼韦尔（Honeywell）、费舍尔（Fisher）控制公司以及其他同行业的跨国公司也正虎视眈眈地盯着中国市场，但其仍达到了目的，其原因一方面是该公司在技术方面的领先地位和丰富的专业化管理经验，另一方面是该公司也抛出了诱人的"香饵"——福克斯波罗公司使中方相信，美方将保证使合资企业获得最先进的数字技术（而这恰恰是中方梦寐以求的），并且美方向合资企业提供的"学习产品"（最初转让的产品）是投入应用9年且仍旧处于更新中的先进产品——电子模拟生产线200型。正是这些中方迫切需要的诱人的"香饵"，才使福克斯波罗公司最终击败其他竞争对手，获得了中国内地这一富有潜力的巨大市场，为公司的长远发展开辟了道路。

任务二

理解商务谈判理论

★任务简介

谈判在社会活动中扮演的角色越来越重要，有关谈判的理论也在不断发展。谈判理论的发展，必将给谈判实践带来更广阔的空间。本章共分四节，主要介绍谈判需要理论、原则谈判理论、博弈论谈判理论和其他谈判理论。

★基本目标

通过本章的学习，在正确理解人类需求层次的基础上，掌握谈判需要理论的应用，认真领会原则谈判理论的四个要点，了解"囚徒困境"的内容，并学会运用博弈论分析商务谈判。

★升级目标

熟练掌握谈判需要理论、原则谈判理论、博弈论在谈判中的应用等相关知识，把握其精髓，能在实际谈判中灵活运用。

★教学重点与难点

教学重点：
1. 谈判需要理论。
2. 原则谈判理论。
3. 博弈论。
教学难点：
原则谈判理论的要点。

谈判是一门新兴学科，近几十年来，国际上有关谈判的著作颇为丰富，一些具有代表性的谈判理论对谈判实践活动的指导作用日益增强。同时，随着新兴学科的不断出现，有关谈判研究的理论也在不断发展，并开始将许多其他领域的研究成果应用到谈判活动中来。1968

年，谈判学家尼尔伦伯格的著作《谈判的艺术》奠定了用心理学方法进行谈判分析的基础；2005 年，诺贝尔经济学得主托马斯·谢林在其代表作《冲突的策略》中对讨价还价和冲突管理理论的分析，为后来用博弈的方法对谈判进行分析奠定了基础。

第一节　谈判需要理论

行为科学认为，人的各种行为都是由一定的动机引起的，而动机又产生于人们本身的需要。人们为了满足自己的需要，就要确定自己的行为目标。人都是为了达成一定的目标而产生行动的。谈判作为一种社会性活动，它的出发点也来自谈判人员所代表的组织和谈判人员自身的需要。

一、马斯洛需求层次理论

美国著名心理学家马斯洛在 1954 年发表了他的代表作《动机与个性》，书中提出了人类需要层次理论，把人的需要分为七个层次。

（1）生理的需要。这是人类生存和发展最基本的需要，如吃饭、饮水、睡眠等，人们总是在生理需要满足以后，再考虑其他的较高层次需要。

（2）安全的需要。这也是人类的一项基本需要，如环境安全、住宅安全、工作保障、医疗保障等。

（3）社交的需要。这是人类的一项基本需要，如爱情、友情、亲情、隶属某个集体等，当生理需要和安全需要得到满足以后，人们的情感需要就成为重要需要。

（4）尊重的需要。这是一种人们希望自己的人格、身份、能力等得到他人的尊重的需求，如希望他人尊重自己的讲话、尊重自己的地位、尊重自己的学识能力等。

（5）自我实现的需要。这是人们渴望实现自身价值的一项心理需求，如追求成功、追求成绩、渴望完成任务等。

（6）认识和理解的需要。这是人们认识事物、理解周围环境、探索未知世界的一种较高层次的需要，如寻求广泛知识，增进智慧，希望博学多才、能力超群等。

（7）美的需求。这是人们追求美好事物、寻求美好感受的一项需求，如喜欢打扮、喜欢漂亮、喜欢欣赏美的事物等。

马斯洛认为，人是有需要的动物，其需要取决于其已经得到了什么，还缺少什么，只有尚未满足的需要才能够影响行为。人的需要都有轻重层次，某一层需要得到满足后，另一层需要才会出现。

不同的需要促使人们采取各种行动满足自己的需要。一般而言，在谈判之初，谈判人员往往从获得最低层次的需要谈起，随着谈判的进行，谈判人员必将追逐较高层次的需要。由此可以看到，在谈判中做出金钱和资源上的让步固然重要，但表现出对对方的尊重、建立和谐的关系、充分肯定对方的名誉和声望等也同样重要。

二、谈判需要理论的应用

尼尔伦伯格在《谈判的艺术》一书中运用了大量的实例说明了需要理论在谈判中的运用，并把谈判需要理论的应用按照其对谈判控制的难易程度归结为六种方法。

1. 谈判人员顺从对方的需要

谈判人员顺从对方的需要是指谈判人员在谈判中根据对方的需要，采取相应的策略，主动为对方着想，促使谈判成功。在这种情况下，谈判人员要善于分析、发现对方尚未满足的最基本需要，然后思考采取一个适当的办法去满足对方，促使谈判成功。

★ 案例链接

米开朗琪罗的雕塑作品《大卫》举世闻名，该作品是他花费了三年的心血，用一块完整的大理石制作的5.3米高的男性裸体雕像。大卫左手拿着浴巾，右手握着肥皂，注视着前方。全身健壮有力的肌肉，象征着勇士战斗前的勇气和力量；炯炯有神的眼睛，闪烁着克敌制胜的决心。这尊雕像是意大利"鲜花之城"佛罗伦萨的标志之一。

关于这尊雕像还有一个故事。据说雕像完成之日，罗马市政厅长官对雕像的鼻子不满意，要求米开朗琪罗进行修改。米开朗琪罗答应了长官的要求，爬到雕像的头部，随后石头屑纷纷落下，市政厅长官终于点头认可，而事实上，米开朗琪罗爬上去的时候，手里就握了一把碎屑，他在上面只是做出雕琢的动作，却丝毫没有碰到雕像的鼻子。

(资料来源：黄卫平. 国际商务谈判［M］. 北京：机械工业出版社，2008.)

很显然，市政厅长官的需要层次是渴望受人尊重，对于米开朗琪罗来说，必须对长官的意见表现出充分的尊重，才能使自己的雕像得以完整保存。由此可见，米开朗琪罗从对满足尊重的需要出发，最终满足了自己的需要。

2. 谈判人员使对方服从自己的需要

谈判人员使对方服从自己的需要，是指谈判人员在谈判中使用各种策略说服对方满足自己的需要，所有的谈判活动都是从满足自身需要出发，这种方法在谈判中比较常见。

★ 案例链接

KT公司是一家电视机生产厂家，生产各种型号的电视机。宏达公司是一家销售电视机的商家。在商务谈判中销售商提出直销、代销和经销三种方案。直销是由厂家直接在商场内设立销售柜台，按月付给商家场地租用费；代销是由商家代为销售，售出一台结算一台；经销是由商家按批发价购进一批电视机自行出售。就宏达公司而言，比较愿意采用代销方式，这样风险较小。KT公司由于电视机积压较多，资金周转困难，迫切需要一笔运转资金，因此，在谈判中KT公司坚持要求以经销方式批发交易。KT公司用低价诱惑对方，当对方感到没有把握时，他们主动提出派技术人员协助宏达公司宣传和推销。当宏达公司提出搬运有困难时，KT公司立即承诺由他们负责搬运到商场。这样，在KT公司的进攻下，一笔上百万元的交易达成了。

(资料来源：夏圣亭. 商务谈判技术［M］. 北京：高等教育出版社，2010.)

KT公司从自身的需要出发，运用各种谈判技巧诱惑宏达公司，最终达到了自己的目的。谈判中能够从对方的利益出发提出建议固然很好，但在谈判中运用策略，引导对方满足自己的需要，也是难能可贵的。

3. 谈判人员同时满足对方和自己的需要

在谈判中采用这种方法比较明智，由于这种方法照顾双方的需要，谈判结果容易被双方接受，因此谈判容易成功。但这种方法的难点在于，要找到平衡双方利益的方案。

★ 案例链接

元旦到了，一位母亲为家里买了一箱鸭梨。她的一对双胞胎女儿都喜欢梨，可因为天气太寒冷，母亲怕她们多吃伤胃，先洗了一个，想切开让她俩分着吃，然而矛盾产生了，俩人都想要大的一半，于是，母亲让她们"谈判"，很快得出圆满的解决办法：一人先来切开鸭梨，认为怎么切好就怎么切；另一人先来挑选其中一半，愿意要哪一半就要哪一半。这样，鸭梨切开了，挑选也顺利进行，两人心安理得，各得其所，都觉得公平。

兼顾双方的利益就是从自己和对方的需要和利益角度出发，寻找双方共同接受的方案。

4. 谈判人员不顾自己的需要去满足对方的需要

在商务交往中，会看到这样的情况，为了满足对方的需要，比如为了满足老客户的加急订单，不计成本地高价买进原材料，安排加班生产，紧急订舱运输，而且并不在其他方面（价格等）要求对方相应补偿。表面上看来，是完全不顾自己的利益，一心满足对方要求，但我们都知道，这么做的目的只有一个，就是加强双方的友好合作，为今后关系的进一步发展奠定基础。此所谓舍眼前小利，顾长远大局。

5. 谈判人员不顾对方的需要仅考虑自己的需要

在谈判中，当谈判的一方处于非常强势的地位的情况下，有时会为了在交易中得到尽可能多的利益，而采用这种方法。显然这样的做法会给双方的再次合作造成障碍。

6. 谈判人员同时损害对方和自己的需要

这是一种损人不利己的方法，除非有特殊的目的，一般不宜采用。但是在市场经济的竞争中，有时会发生这种情况，如同类企业在商务谈判中竞相压价，甚至不计成本，既违背了自己的盈利需要，也损害了别人的利益。

上述六种不同类型的谈判谋略，都显示了谈判人员如何满足自己的需要。一般来说，谈判人员对第一种方法（顺从对方的需要）比对第二种方法（使对方服从自身的需要）更能加以控制。以此类推，第六种方法最难控制。同时，依照人的需求层次的高低，谈判人员抓住的需要越基本、越重要，在谈判中获得成功的可能性就越大。

三、谈判需要的发现

谈判需要理论认为，谈判需要的不同及人们对待谈判需要的态度不同，会导致谈判结果的不同。因而，发现谈判对手的谈判需要，进而调整己方对于双方谈判需要的立场和态度，就成为谈判的关键。尼尔伦伯格认为，发现对方的需要主要有以下几种方式。

1. 提问

提问是获得信息的最一般手段。在谈判中，谈判人员可以在适当的时候向对方提出这样一些问题，如"您希望通过这次谈判得到什么""您想达到什么样的目的"，并在对方的回答中，了解对方在追求什么。为了保证所得信息的质量和数量，在提问时必须讲究策略和技巧，要从自己的需要和对方回答问题的可能出发，决定提什么问题、如何表达所要提出的问题及在什么场合下提出这一问题。

2. 陈述

恰当的陈述也是获得谈判对方需要的一条重要途径，比如，在谈判出现僵局的情况下，如果说上一句"我认为，如果我们能妥善解决那个问题，那么这个问题也不会有多大的麻烦"，可以明确表示己方愿就第二个问题做出让步。将谈判信息传递给对方，既维护了自己的立场，又暗示了适当变通的可能。

3. 倾听

倾听是在对方陈述其观点和回答问题时，注意其语气、声调、措辞和表达方式，从中发现对方一言一语背后所隐含的需要的方式。特别是在某些谈判场合，谈判人员不便于把自己的需要简单而又直接地告诉听者，而是用比较婉转、含蓄的说法把自己的需要表示出来。因而，谈判人员在倾听的时候，应注意发掘对方言语中所隐含的真实动机和需要，以便有针对性地调整谈判策略，控制谈判局势。

4. 观察

观察是指通过仔细观察对方在谈判活动中的肢体语言，如手势、面部表情、身体动作等，发现它们所代表的无言信息，并辨别谈判人员的真实需要。

第二节 原则谈判理论

原则谈判理论即著名的哈佛原则谈判理论，美国哈佛大学教授罗杰·费希尔和威廉·尤里在其代表作《通往成功之路》和其他的著作中，发展了原则谈判理论并使之得到了广泛推广。

原则谈判理论的核心是通过强调各方的利益和价值，而非讨价还价本身，以及通过提出寻求各方各有所获的方案来取得谈判的成功。

原则谈判理论具有广泛的适用性，学习原则谈判理论对于各方取得双赢的结果具有十分积极的意义。其理论有四个要点：对待谈判对手应把人与问题分开；对待各方利益应着眼于利益而非立场；对待利益获取应制定双赢方案；对待谈判标准应引入客观评价标准。

一、人事区分

谈判中常常会遇到个人的面子、感情、价值观念方面的碰撞，有时会不由自主地把关系弄得很紧张，把人与问题纠缠在一起，给谈判造成灾难性的影响。原则谈判理论要求理性地把人与问题分开。要做到把人与问题分开处理，应从理解、情绪、沟通这三个方面着手。

（1）理解对方。在谈判的时候，由于先入之见、偏见、感情、知识和能力的限制等，总会产生一些误解，或人为地设置一些交流的障碍。因此，理解对方是必需的。应当做到：从对方的立场看待问题；避免因自己的问题而责备对方；协助对方参与解决问题。

（2）正确看待情绪。把人和问题分开所要注意的第二个方面，就是要控制情绪，尤其是在谈判处于极端对立的争执中，双方准备更多的是对抗而不是合作解决问题的时候一定要正确看待情绪。应当做到：允许对方发火；恰当看待情绪的爆发。

（3）加强沟通。沟通中常出现这样一些问题：谈判人员相互之间缺乏沟通，或者至少没有以理解信任的方式沟通。另外，即使一方在直接、清楚地说，但对方并不一定在认真地听。对同一句话，双方的理解可能各不相同，产生了歧义和误解。因此，在沟通中应设法避免上述问题。应当做到：注意倾听并总结听到的情况；避免给对方打分并将对方当作辩论的对手；不严厉指责对方的错误。

总的来说，要做到把人与问题分开的关键是使各方尽量相互理解，在气氛紧张时控制自己的情绪，并通过加强沟通和对话使各方相互了解，从而达到解决问题的目的。

二、利益与立场

利益的冲突将人们带到谈判桌前。谈判各方为了实现各自的利益，或者维护自己的利益，或者通过谈判获得更多的利益，因而在谈判中常常坚持自己的立场，以此来达到上述目的。然而，由于各方的利益在大多数情况下是矛盾的，因而他们的谈判立场也常常是对立的。成功的谈判是各方利益的给予和获取，而不是通过坚持自己的立场实现的。

原则谈判理论要求从利益需要而不是从立场出发来考虑，不仅要明确己方的需要，而且要了解和发现对方的需要，在此基础上寻求平衡或满足各方利益需要的解决方案。为了帮各方做到着眼于利益而非立场，可以从以下两个方面着手。

（1）明确利益。探寻妨碍己方的对方利益；从不同的角度审视对方的不同利益；透过对方的立场看到对方的需求。

（2）讨论利益。总结并接受对方的利益；在提出解决方案前表达自己的见解或提出问题；在解决问题时尽量不追究过去的矛盾而应朝前看。

★案例链接

许多发达国家对从发展中国家进口服装和纺织品都有配额限制，为此，发达国家和发展中国家之间不断有贸易摩擦发生，发达国家担心大量低价的服装纺织品进入本国会对本国的同类产品构成威胁，损害本国同类就业人员的利益。这种摩擦貌似不易调和，但事实上，从发展中国家进口服装和纺织品既可以满足各个层次的消费者，特别是中低收入人群的穿衣需求，又可以将本国有限的资源配置到获利更高的产业，是各方都获益的交易。事实上，发达国家的纺织业早已成为夕阳产业，被边缘化了。这也是为什么世界贸易组织不但要求成员国逐步取消配额，而且特别对发达国家在服装和纺织品进口配额上提出了明确的取消日期的原因。乌拉圭回合谈判中达成的《服装与纺织品贸易协议》要求在该行业已经失去竞争力的发达国家在10年内彻底取消对从发展中国家进口服装和纺织品的配额制度。取消发达国家对服装和纺织品进口配额的要求从根本上说是一个对发达国家和发展中国家都有利的双赢措施。

三、双赢方案

原则谈判理论的前两部分主要针对谈判人要做到把人与问题分开、着眼于利益而非立场进行的论述，从而使谈判各方正确对待彼此间的利益，找准谈判的重点和立足点。第三部分——制定双赢方案，则为各方实现自己的利益提供了一个可行的路径和方法。

人们往往把问题的解决方法限制在很窄的范围内，比较典型的做法是认为解决问题的方法只有一个，如果这个方案不能化解冲突，谈判就要陷于停顿。总的来说，阻止人们寻求建设性替代方案的原因主要有三个：一是认为分配方案保持一成不变；二是只寻求一种答案；三是提出方案时只考虑满足自己利益和需要的解决办法。针对以上问题，原则谈判理论认为可以从以下两个方面着手解决。

（1）诊断。放弃对方利益的满足一定是以己方的付出为代价的观念；鼓励各方共同解决问题；在对方未做好充分准备之前不预先锁定在一种方案上。

（2）提出建设性方案。将提出方案和评价方案分开；在确定最终解决方案之前先提出几个可供选择的方案；寻求各方的共同利益和互补利益；寻求使对方容易接受的方案。

制定双赢方案的要点是构思多种方案并且在此基础上选择可行的方案。在谈判处于困难的关键时刻，最重要的就是能够拿出多种方案来，如请有关方面的专家和专业人员共同讨论、集思广益，如果有可能也不妨与对方共同构思，通过共同探讨寻求一致。

在提出各种选择方案后，下一步就是选择一个切实可行的为各方所接受的方案。然而在选择方案的时候就存在着一个以什么标准来评价所选择的方案的问题，也就是说，怎样确定此方案优于其他方案。由于各方的评判标准往往存在分歧，因而以谁的标准来衡量各种方案就成为一个关键的问题。

四、客观标准

谈判中若各方使用各自的方案评判标准，容易产生分歧。原则谈判理论要求在谈判中坚持使用客观标准，这样不仅使谈判各方有共同的基础，而且容易说服对方接受己方的意见或建议。

所谓客观标准，就是谈判中所采用的独立于谈判各方主观意志之外、评判各方利益得失的准则，它具有公平性、有效性和科学性的特点。根据谈判议题的不同，客观标准可能是市场价值、先例、科学判断、职业标准、国际惯例、公德、传统、法律、效率等。例如，在和国外客户就产品的价格进行谈判时，对价格的衡量标准就应当包括产品的成本价、市场的变化、货币的稳定、竞争对手的情况以及其他必要因素。此外，专家的意见、国际协议和国际惯例、一国的法律和规章制度都可以作为客观标准。

评价某一标准是否客观、公平合理，应从两个方面去分析：一是从实质利益上看，要以不损害双方应有的利益为原则；二是从处理程序上看，要求解决问题的方法本身公平合理，即应当有公平的程序。例如，从程序上看，如果一方分割蛋糕，让另一方先挑选，这就是一个公平的程序。其他常用的被视为公平的程序还有轮流坐庄、抓阄、寻找仲裁人等。

★案例链接

美国汽车业"三驾马车"之一的克莱斯勒汽车公司是美国第十大制造企业，但自进入20世纪70年代以来，该公司却屡遭厄运。1978年，克莱斯勒汽车公司亏损额达2.04亿美元，在此危难之际，艾柯卡出任总经理，并请求政府给予紧急经济援助，提供贷款担保。但这一要求引起了美国社会的轩然大波，国会和社会舆论几乎众口一词：克莱斯勒赶快倒闭吧。

按照企业自由竞争原则，政府绝不应该给予经济援助。最使艾柯卡感到头痛的是，国会为此举行了听证会，那简直实在接受审判。

在听证会的最后，艾柯卡回答说："我这一辈子都是自由企业的拥护者，我是极不情愿来到这里的，但我们目前的处境是：除非我们能取得联邦政府的某种保证贷款，否则根本没办法去拯救克莱斯勒。"他接着说："其实在座的议员们比我清楚，克莱斯勒的请求贷款案并非首开先例。事实上，你们的账上目前已有4 090亿美元的保证贷款，因此，务请你们不要到此为止，请你们全力为克莱斯勒争取4 100万美元贷款吧！因为克莱斯勒乃是美国的第十大公司，它关系到几十万人的工作机会。"

艾柯卡随后指出日本汽车正乘虚而入，如果克莱斯勒倒闭了，国家在第一年里就得为所有失业人口支付27亿美元的保险金和福利金。所以他向国会议员们说："各位眼前有个选择，你们愿意现在付出27亿美元呢？还是愿意提供日后可全数收回的保证贷款呢？"艾柯卡的申诉使持反对意见的议员们无言以对，贷款终获通过。

（资料来源：刘文广. 商务谈判［M］. 北京：高等教育出版社，2011.）

艾柯卡以实际的客观标准还击对方的双重标准，以超公司利益的国家利益应对议员们的党派之争，终于保全了克莱斯勒。

原则谈判理论为我们提供了一个在艰苦的谈判中聪明地达成协议的方法。实践证明，原则谈判理论适用于几乎所有的谈判场合，从国内谈判到国际谈判，从简单事件到复杂事件，从日常商业交往到紧急突发情况。

人们每天进行着各种各样性质不同的谈判，可以说，没有内容相同的两场谈判，但是无论谈判内容怎么变化，谈判的基本要素都不变。在谈判中使用原则谈判理论是十分安全的，因为原则谈判理论不依靠谈判人员的计谋和随机应变，而是依靠公正、客观和相互理解。

第三节　博弈谈判理论

博弈论是从棋弈、扑克等带有竞赛、对抗与决策性质的游戏中借用的术语。其准确的定义是：博弈理论指研究一定环境和一定规则约束下，两个或多个参与者在互相影响、互相竞争中各自选择最佳应对方案的理论。

一、"囚徒困境"模型

两个人因盗窃被捕，警方怀疑他们有抢劫行为，但未获得确凿证据可以判定他们犯了抢劫罪，除非有一个人供认或两个人都供认。即使两个人都不供认，也可判他们犯有盗窃罪。

囚徒被分离审查，不被允许互通消息。警方向他们交代政策如下：如果两个人都供认，每个人都将因抢劫罪加盗窃罪被判2年监禁；如果两个人都拒供，则都将因盗窃罪可被判处半年监禁；如果一个人供认而另一个拒供，则供认者被认为有立功表现可免受处罚，拒供者将因抢劫罪、盗窃罪以及抗拒从严而被重判5年。"囚徒困境"如表2-1所示。

表 2-1   "囚徒困境"模型

乙囚徒 \ 甲囚徒	拒供	供认
拒供	0.5、0.5	5、0
供认	0、5	2、2

从这个模型可以看出，最终两人最有可能选择的策略是供认，因为每个囚徒都会发现：如果对方拒供，则自己供认便可立即获得释放，而自己拒供则会被判 0.5 年，因此供认是较好的选择；如果对方供认，则自己供认被判 2 年，而自己拒供则会被判 5 年，因此供认是较好的选择。

但从这个模型中明显能够看到存在一种对双方都有利的策略：两人都拒供。这种策略下两人会得到一个有利的结局：分别被判 0.5 年。

"囚徒困境"有着广泛而深刻的意义，体现了个人理性与集体理性的冲突。个人追求利己行为而导致的最终结局是一个"纳什均衡"（以其研究者数学家纳什命名），也是对所有人都不利的结局。甲、乙两人若都在选择供认或拒供策略时首先想到自己，那么他们必然要服较长时间的刑。只有当甲、乙两人首先替对方着想时，或者合谋（串供）时，才可以得到最轻的刑罚。从利己目的出发，结果是损人不利己，既不利己也不利他。

因此，我们从"纳什均衡"中可以悟出：合作是有利的"利己策略"，也就是人们所说的"己所不欲，勿施于人"。另外，"纳什均衡"是一种非合作博弈均衡，在现实中，商务伙伴之间非合作的情况要比合作的情况普遍，因此对非合作博弈的研究更具现实意义。

二、"囚徒困境"模型在谈判中的应用

在商务谈判中，采取何种谈判策略有时类似"囚徒困境"模型中囚徒的选择。谈判双方都有欺骗和合作两种策略可选，一方欺骗而另一方不欺骗时，能够给欺骗方带来额外利益，这种"诚信困境"如表 2-2 所示。

表 2-2   诚信困境

公司 A \ 公司 B	诚信	欺诈
诚信	3、3	-3、9
欺诈	9、-3	-1、-1

表 2-2 中的数字代表两家公司的交易结果：获得收益或者遭受损失。第一个数字是 A 公司的结果，第二个数字是 B 公司的结果。例如，当 A 公司诚信而 B 公司采取欺诈手段时，A 公司将遭受 3 个单位的损失，而 B 公司则获得 9 个单位的收益。

依据对"囚徒困境"模型的分析，可以很容易得出"诚信困境"模型的"纳什均衡"是双方都欺诈，结果双方都遭受损失。这显然不是最有利于双方的结果，也不是我们所提倡的在商务交往中应该遵循的诚信原则。事实上，商务交易与"囚徒困境"的最根本区别在于："囚徒困境"模型对双方来说都是一次性的，而现实商务交易多数不是一次性的。

之后数学家 Axelrod 多次对博弈谈判理论进行了研究，根据其研究成果，将谈判双方的交易分为以下四种类型。

（1）双方的合作是一次性的。在这种情况下，由于不考虑长期商务关系的维系，理性的谈判人员都是从自身的角度出发谋取最大利益，合作的可能性几乎为零。因此，类似"囚徒困境"模型中的双方都选择供认，谈判双方所采取的最佳策略是相互欺骗。这时双方都会认为自己在这种策略下的损失不会比对方大，甚至可以获得额外的利益。

这种情况多出现在谈判双方还没有建立起相互信任，社会还没有明确的商业信用观念的时候。在一次性的商务谈判中，为谋取最大的私利，欺骗就成为最佳的选择。但是这一类商务往来达成交易的可能性非常低。

（2）双方只有有限次数的商务往来。一般情况下，在谈判的最初阶段，由于考虑到以后的商务往来，双方都会尽量避免欺骗而寻求合作，但是随着双方的往来进入后期，欺骗的可能性逐渐增大。

（3）双方有长期无限次数的商务往来。由于谈判双方的商务往来是长期的，所以双方都清楚如果欺骗了对方，那么将来必然遭到对方同样的欺骗。同样是从私利出发，双方就有可能避免欺骗，而采取合作的态度以争取最大的谈判利益。此时就类似"囚徒困境"模型中串谋的情况。双方商务活动持续的时间越长，合作的可能性就越大。

（4）双方的商务往来期限不明确。由于不知道合作的期限，双方也都知道如果欺诈一次，未来会为此付出代价，双方采取合作的态度更符合双方的利益。

由此可见，商务往来的期限和谈判的轮次决定了双方在谈判中所采取的态度。由于多数商务往来的期限是不明确的，因此，诚信是最符合企业自身利益的策略。

三、在博弈基础上的谈判程序

通过博弈分析，我们可以将谈判过程分为三个步骤：一是建立风险值；二是确立合作的剩余；三是达成分享剩余的协议。

（一）建立风险值

建立风险值是指打算合作的双方对所要进行的交易内容的评估确定。例如，要购买某一商品，估计可能的价格是多少，最理想的价格是多少，最后的让步价格是多少，总共需要多少资金，其他的附带条件是什么，其中包括产品风险、资金风险、社会风险、舆论风险等。

比如，甲有一辆修理一新的旧车。假定甲拥有并使用这辆车的利益为 3 000 元，再假设乙一直渴望买一辆旧车，他年终发了 5 000 元奖金，便决定从甲那里买这辆旧车。当他检查了这辆旧车后，认为这辆车值 4 000 元。甲对该车 3 000 元的估价和乙对该车 4 000 元的估价就是二人各自确立的交易风险值。

（二）确立合作的剩余

风险值确定后，会形成双方合作的剩余。

仍旧以甲与乙的旧车交易为例，如果出售和购买旧车的两人要进行交易，甲的要价在 3 000 元以上，而乙愿付 4 000 元以内，双方之间有 1 000 元的差价，这就是合作剩余。但合作剩余如何进行分配是最为关键的问题，双方进行讨价还价、斗智斗勇，就是为了确定双方的剩余。假如交易完全是自愿的，就会在 3 000～4 000 元的某个点上成交。

（三）达成分享剩余的协议

谈判是一种不确定性行为，即使谈判是可能的，也无法保证谈判会成功。如果谈判不能坚持下去，各方就不能进行有效的合作，也就无法创造新的价值，实现更大的利益。阻止谈判顺利进行和各方有效合作的最大障碍，就是谈判各方难以在分割或分享价值的问题上达成一致，此即我们通常所说的确定成交价格。当然，这里的"成交价格"含义较广，包括以价格为主的一切交易条件。就上述甲与乙的旧车交易例子来讲，剩余是指甲对该辆车 3 000 元的估价和乙对该辆车 4 000 元的估价之间的 1 000 元差额，这一剩余究竟怎样分配，是平均还是不平均，取决于许多不确定因素。就公平理论来讲，有许多分配方法，如果他们都能认识到达成协议对他们彼此都有益的话，双方的谅解与合作是完全可能的。达成协议，是谈判各方分享合作剩余的保证，也是维系各方合作的纽带。

第四节 其他谈判理论

一、"黑箱"理论及其在谈判中的运用

"黑箱"理论源于 1948 年由美国科学家诺伯特·维纳创立的一门新兴学科——控制论。控制论的研究表明，无论是自动机器还是神经系统、生命系统，乃至经济系统、社会系统，都可以看作一个自动控制系统。控制论就是研究如何利用控制器，通过信息的变换和反馈作用，使系统能自动按照人们预定的程序运行，最终达到最优目标的学问。

控制的基础在于信息。没有信息，控制就会是盲目的，就不能达到控制的目的；而控制正是要从有关的信息中寻找正确方向和策略。信息不但是控制的基础，同时还是控制的归宿：改变控制对象的运动状态方式，使之适合于控制者设定的目的。控制论中，人们通常把未知的区域称为"黑箱"，而把全知的区域称为"白箱"，把介于两者之间的区域称为"灰箱"。

"黑箱"方法，就是指采用打不开系统的"活体"，即从系统的整体联系出发，通过系统的输入和输出关系的研究，从外部去认识和把握系统的功能性，探索其结构和机理的研究方法。

在商务谈判中，"黑箱"问题也经常出现。处理"黑箱"问题的关键在于多观察、少说话。

二、公平理论与谈判

谈判的实质就是人们相互间交换意见，协调行为，这就必须遵循一些原则，制定一些规章，才会使这种活动更有成效，而公平就是人们所要依据的一个重要原则。公平理论对谈判活动有着重要的指导意义。

公平理论最具有代表性的论述来自美国行为科学家亚当斯 20 世纪 60 年代的一系列研究成果。公平理论的建立，主要是从人们认知的心理感觉出发。其基本观点是：当一个人做出了成绩并取得了报酬以后，他不仅关心自己所得报酬的绝对量，而且关心自己所得报酬的相对量。因此，他要进行种种比较来确定自己所获报酬是否合理，比较的结果将直接影响他今后工作的积极性。

在谈判活动中，谈判各方在接触中，都会或多或少地对双方的心理产生影响。由于人们选择的角度和标准不同，人们对待公平的态度和所采用的公平分配方式也可能不同，因此，

要做到完全公平是不现实的。心理因素的影响越来越重要，因此，在谈判中要善于分析对手的心理状况，在掌握对方心理状况的情况下进行谈判，将会取得更好的谈判成果。

课后习题

【基本目标题】

一、单项选择题

1. 在谈判中，谈判人员希望自己的人格、身份、能力等得到谈判对手的尊重的欲求是马斯洛需求层次论中的(　　)。
    A. 生理的需要　　　　　　　　　　B. 尊重的需要
    C. 认识和理解的需要　　　　　　　D. 自我实现的需要

2. 由于谈判双方陷入立场性争执的泥潭而难以自拔，不注意尊重对方的需求和寻找双方利益的共同点，因而很难达成协议。此种谈判属于(　　)。
    A. 客场谈判　　　B. 让步型谈判　　　C. 立场型谈判　　　D. 原则型谈判

3. 提出谈判需要理论的人是(　　)。
    A. 马斯洛　　　B. 尼尔伦伯格　　　C. 罗杰·费希尔　　　D. 威廉·尤里

二、多项选择题

1. 原则谈判理论的要点有(　　)。
    A. 把人与问题分开　　　　　　　　B. 坚持使用客观标准
    C. 从利益需要而非立场考虑问题　　D. 制定双赢方案

2. "囚徒困境"模型对商务谈判有很大的启示，我们可以将谈判双方的交易类型分为(　　)。
    A. 双方的合作是一次性的　　　　　B. 双方只有有限次的商务往来
    C. 双方有长期无限次的商务往来　　D. 双方的商务往来期限不明确

3. 通过博弈分析，谈判过程的步骤有(　　)。
    A. 建立风险值　　　　　　　　　　B. 确立合作的剩余
    C. 达成分享剩余的协议　　　　　　D. 选择最佳方案

三、简答题

1. 尼尔伦伯格把谈判需要理论的应用按照其对谈判控制的难易程度归结为哪些方法？
2. 原则谈判的特征是什么？
3. 通过对博弈论的研究，可以将谈判双方的交易分为几种类型？

【升级目标题】

四、案例分析

在《华盛顿邮报》曾刊登的一篇题为《在全球环保首脑会议上，发展中国家意在让发达国家支付账单》的文章中，尤金·罗宾逊报道了发达国家和发展中国家在环境保护问题上就发展问题产生的冲突。

乌干达代表杰西卡·欧卡亚拉克迪代表了发展中国家的观点："我们还没有建立大工业。我们被远远地落在后面，所以我们还谈不上工业污染的问题。"

菲律宾的代表马克西姆·卡罗补充说："我们所要传达的信息就是，如果发达国家不帮我们解决债务问题，那就干脆忘记我们的森林环境保护，因为这对我们来说是过于沉重的负担。"

许多发展中国家将发达国家为环境保护而采取的债务与环境的交换行动看作对他们国家主权的一个潜在威胁。一种担心是债务与环境的交换是企图将这些保护区域脱离主权国家所辖的范围。

与发展中国家的态度形成对照的是，发达国家认为发展中国家应当协助负担起人类共同的职责。例如，只生长在马达加斯加的一种粉色灌木丛可以被用于治疗儿童白血病和恶性淋巴肉芽瘤病，并且已经被证明疗效显著；在非洲发现的植物遗传基因可以被用来增加小麦、玉米、水稻和西红柿的品种。由此可见，尽可能地保持生物的多样性是十分重要的，而这一目标的实现需要加强对自然资源的保护。一些公司已经采取了救助行动。例如，美洲银行减免了拉丁美洲国家600万美元的债务以换取负债国承诺保护具有重要生态意义的热带雨林。

（1）根据案例分析双方各自的立场是什么。

（2）双方共同的利益是什么？

（3）双方的冲突利益是什么？

（4）请拟订一个可行的双赢方案。

（5）以上方案得以形成的评判标准是什么？

★补充阅读

关于西奈半岛的和平谈判

1967年的中东战争以后，以色列占领了埃及的西奈半岛。埃及对此一直耿耿于怀，多年来一直试图通过各种手段收复失地，但始终没能成功。此后，美国为了排除苏联在中东的影响，致力于撮合埃及和以色列进行关于西奈半岛问题的和平谈判。

在开始谈判时，双方发现他们的立场是完全对立的：以色列同意归还西奈半岛，但必须保留其中的一部分，否则就不签约；埃及则坚持西奈半岛是埃及的领土，每寸土地都要回归主权，因此在领土问题上不可能妥协。谈判一度陷入僵局。

但是，如果审视一下双方的利益，而不只停留在立场上，打破这种僵局还是存在可能的。以色列坚持必须占领西奈半岛的部分地区，是因为他们不想埃及的坦克、大炮布置在邻近自己的边界地区，他们的根本利益在于国家安全利益；而埃及坚持要对方全部归还领土，是因为西奈半岛自古埃及时期就一直是埃及的一部分，但此后被希腊、罗马、土耳其、法国和英国占领了数十个世纪，直至近代才夺回完整的主权，他们绝不愿意再让渡任何一部分领土的主权给侵略者。他们的根本利益明显是在维护国家主权利益。

经过商讨，1975年9月2日，埃及总统萨达特与以色列总理贝京关于西奈达成协议并签字。协议规定：西奈半岛的主权完全归还给埃及，但大部分地区必须实行非军事化，不得在埃以边界地区布置和使用重型武器，以此保证以色列的安全。这是继1974年1月埃以达成两国军队脱离接触协议之后，关于西奈问题的第二项协议。在协议中，双方都做出了让步。同时，以色列从西奈部分领土上撤走并放弃了结束战争状态的要求，埃及则同意对以色列的非军事物资开放苏伊士运河。

双方从坚持立场僵持不下到重视利益、各取所需，使一场困难的谈判打破了僵局，达到了各自的目的。

（资料来源：黄卫平. 国际商务谈判［M］. 北京：机械工业出版社，2008.）

熟悉商务谈判内容

★任务简介

本任务共分四节，主要介绍商务谈判中商品的品名、质量、数量、包装等，在此基础上，阐述如何合理、科学、准确、经济地订立商务合同中的品名条款、质量条款、数量条款、包装条款。由于国内贸易谈判内容相对于国际贸易谈判内容来说容量较小，所以本任务的谈判内容以国际贸易谈判内容为主。

★基本目标

了解货物品名的构成；质量的表示方法；数量的定义和计量单位、计量方法；包装的分类，运输包装、销售包装与中性包装的定义和相关内容。

★升级目标

学会正确运用质量的表示方法，能合理地订立合同中的质量条款；理解并掌握订立买卖合同数量条款的注意事项，能正确订立商务谈判合同的数量条款；能运用包装的相关知识，订立正确合理的包装条款。

★教学重点与难点

教学重点：
商品的品名、质量、数量、包装。
教学难点：
商务合同中的品名条款、质量条款、数量条款、包装条款。

江苏某出口商 A 公司同新加坡进口商 B 公司签订合同，出口一批童装。洽谈中，B 看过 A 提供的样品，同意以此作为交货的品质标准。而出口合同的品质说明中只简单写明了规格、质量、颜色。商检条款为"货到港 30 天后外商有复检权"。货到新加坡后买家提出

"颜色不正、缝制工艺粗糙",并且提交了新加坡一家检验机构的检验证书作为依据要求退货和赔偿。A 公司辩解:货物是凭样品成交,样品经新加坡 B 公司确认过。B 指出合同中并没有写明"凭样品成交"字样,也没有写明样品编号,并且 A 公司没有封存样品作为证物。A 公司解释:纺织品按常识会存在色差问题。B 公司回应:合同的品质说明中没有注明所交货物会有色差。A 公司又表示不接受 B 公司的检验证书,认为 B 公司所找的检验机构不具有权威性,并且没有征得 A 公司的同意。B 公司辩解:合同上只承诺 B 有复检权,并没有指明检验机构的名称或者必须经由 A 公司同意。后新加坡 B 公司提出可以接受货物,但必须降价 20%。A 公司意识到即使提交仲裁机构,自己也无法提交有力证据,只好在价格上答应新加坡公司做出的降价要求,才使争议得以解决。

该案例中 A 公司最后之所以接受 B 公司的无理降价要求,就是因为 A 公司没有明确界定品质条款,服装类的产品只用简单的语言来描述是很容易引起歧义并被对方抓住把柄的,既然双方已经就样品达成一致协议并且按样品生产,那么 A 公司就应该在品质条款中注明交货品质同编号×××样品,允许×××色差。

由此可见,品质条款是合同中的一项重要条款,也是最容易引发争议和欺诈的条款。在国际贸易操作中,出口商一般用货物名称来笼统地代替这一项,殊不知货物的名称一般只能反映交易商品的一般特征,如某一工艺品、某种电器等,其实产品的具体品质则需要用更详细的描述加以界定。品质条款的内容如有疏漏,一方就很有可能对另一方进行欺诈,而且另一方很难有办法处理此种欺诈。

第一节　品　名

在商务合同中,首先要明确合同的标的。标的是合同当事人双方权利和义务所共同指向的对象。它是合同成立的必要条件,是一切合同的必备条款。合同标的是多种多样的,一般有四类:一是有形财产,指具有价值和使用价值并且法律允许流通的有形物,如生产资料与生活资料、货币和有价证券等;二是无形财产,指具有价值和使用价值并且法律允许流通的不以实物形态存在的智力成果;三是劳务,指不以有形财产体现其成果的劳动与服务,如运输合同中的运输行为,委托中的代理、行纪、居间行为等;四是工作成果,指在合同履行过程中产生的体现履约行为的有形物或无形物。

本节所指的标的是有形财产,即有形商品。买卖双方洽谈和订立合同时,必须就合同标的品名条件谈妥,并在合同中做出明确具体的规定,以利于合同的履行。

一、品名的含义

商品的品名(Name of Commodity)又称商品的名称,是指能使某种商品区别于其他商品的一种称呼或概念。品名在一定程度上体现了商品的自然属性、用途以及主要的性能特征。在国际贸易中,一般要凭借对所要进行买卖的货物做必要的描述,即通过列明品名来确定交易标的。

二、品名的命名方式

给商品命名的方法,主要有以下几种。

（1）以其主要用途命名。这种方法的目的在于突出商品用途，便于客户购买，如旅游鞋、助力车、太阳镜、防晒霜等。

（2）以其所使用的主要原料命名。这种方法能通过突出所使用的主要原料，以反映出商品的质量，如皮鞋、羊毛衫、纯棉内衣等。

（3）以其主要成分命名。这种方法一般用于由大众熟知的名贵原材料制造而成的商品，便于客户了解商品的有效内涵，有利于提高商品的知名度，如人参珍珠霜等。

（4）以其外观造型命名。这种方法有利于客户从字义上了解商品的特征，如红茶、奶茶、靴裤、吊带衫等。

（5）以其褒义词命名。这种方法能突出商品的使用效能和特性，有利于增加消费者的购买欲望，如黄金搭档、智多星、立洁净等。

（6）以人物名字命名。这种方法一般以著名的历史人物或现实中的人物命名，如李宁牌运动鞋等。

（7）以制作工艺命名。这种方法有利于客户了解该商品的制作特征，增强其对该商品的信任，如二锅头烧酒、精炼油等。

★ 知识链接

协调商品名称及编码制度

国际上为了在对商品进行统计征税时有共同的分类标准，早在 1950 年，联合国经济理事会就发布了《国际贸易标准分类》（SITC）。其后，世界各主要贸易国又在比利时布鲁塞尔签订了《海关合作理事会税则商品分类目录》（CCCN），又称《布鲁塞尔海关商品分类目录》（BTN）。CCCN 与 SITC 对商品分类有所不同，为了避免采用不同目录分类在关税和贸易、运输中产生分歧，在上述两个规则的基础上，海关合作理事会（现为世界海关组织）于 1983 年 6 月主持制定了《协调商品名称及编码协调制度》（*The Harmonized Commodity Description and Coding System*，HS 编码制度），该制度于 1988 年 1 月 1 日起正式实施。

HS 采用六位数编码，把全部国际贸易商品分为 22 类，98 章，章以下再分为目和子目。商品编码第一、二位数码代表"章"，第三、四位数码代表"目"，第五、六位数码代表"子目"。

在 HS 中，"类"基本上是按经济部门划分的，如食品、饮料和烟酒在第四类，化学工业原料及其相关工业产品在第六类，纺织原料及制品在第十一类，机电设备在第十六类，运输设备在第十七类，武器、弹药在第十九类等。"章"的分类基本采取两种办法：一是按商品原材料的属性分类，相同原料的产品一般归入同一章。章内按产品的加工程度从原料到成品顺序排列。例如，第 52 章棉花，按原棉—已梳棉—棉纱—棉布顺序排列。二是按商品的用途或性能分类。制造业的许多产品很难按其原料分类，尤其是可用多种材料制作的产品或由混合材料制成的产品（如第 64 章鞋、第 65 章帽、第 95 章玩具等）及机电产品等，这一类的"章"按商品功能或用途分，而不考虑其使用何种原料，章内再按原料或加工程序排列出目或子目。HS 的各章均列有一个起"兜底"作用、名为"其他"的子目，从而使任何进出口商品都能在这个分类体系中找到自己适当的位置。

我国于 1992 年 1 月 1 日起采用该制度。目前，我国的海关统计、普惠制待遇等都按 HS

进行。目前我国进出口税则采用十位编码，前八位等效采用 HS 编码，后两位是我国子目，它是在 HS 分类原则和方法的基础上，根据我国进出口商品的实际情况延伸的两位编码。所以，进出口商在采用商品名称时，应与 HS 规定的品名相适应。

例如，我国 HS 编码表示方法如下：

5401101000 非供零售用合纤长丝缝纫线

5401102000 供零售用合纤长丝缝纫线

5401201000 非供零售用人纤长丝缝纫线

5401202000 供零售用人纤长丝缝纫线

5402110000 芳香族聚酰胺纺制的高强力纱（非供零售用）

5402191000 聚酰胺－6（尼龙－6）纺制的高强力纱（非供零售用）

三、品名条款的意义

国际贸易与国内贸易不同。在国际贸易中，真正的一手交钱、一手交货的交易很少，一般在合同的实际履行之前，很少见到具体的商品。由此可见，在国际货物买卖合同中，品名条款是必不可少的条款。品名条款在法律和实践上都具有一定的意义。

（一）法律意义

按照有关部门的法律和惯例，对交易标的的描述是商品说明的一个主要组成部分，是买卖双方交接货物的一项基本依据，它关系到买卖双方的权利和义务。若出口商交付的货物不符合约定的品名或说明，进口商有权提出损害赔偿要求，直至拒收货物或撤销合同。因此，订立合同品名条款具有重要的法律意义。

（二）实践意义

商品的品名是具体交易的前提，没有品名的商品，将无法交易，同时商品的品名极大地影响商品的包装方式、运输方式。此外，商品的品名也是通关、报检、办理保险、托运等交易环节的重要依据。因此，订立合同品名条款具有重要的实践意义。

四、品名条款的基本内容

商务谈判合同中的品名条款一般比较简单，通常都是在"商品名称"或"品名"的标题下，列明缔约双方同意买卖的商品名称，故又称为"品名条款"。有时为了简洁起见，也可不加标题，只在合同的开头部分列明交易双方同意买卖某种商品的文句。

例：经买卖双方同意，本合同使用以下品名条款：品名：×××

品名条款的规定，还取决于成交商品的品种和特点。就一般商品而言，有时只要列明商品的名称即可，但是有的商品，往往具有不同的品种、等级和型号，因此，为了明确起见，也要把有关具体品种、等级或型号的概括性描述包括进去，做进一步限定。

例：货号：No. 20081226

品名及规格：泥螺，中等大小，每箱30千克

五、订立品名条款的注意事项

如前文所述，在商务谈判合同中，订立品名条款具有重要的法律意义和实践意义。因

此，在订立此条款时，应予以重视，一般应注意下列事项。

（一）明确、具体

品名条款应避免空泛、笼统的规定。例如，食品（Foods）就很笼统，必须具体到食品的种类，如方便面（Instant Noodles）、饼干（Biscuits）、巧克力（Chocolate）、冰红茶（Ice Red Tea）等。

（二）实事求是

品名条款所列商品必须是卖方能够供应而买方所需要的商品，应实事求是，凡做不到或不必要的描述性的词句，都不应列入，免得引起不必要的纠纷。例如，无害香烟、晒不黑防晒霜等，这些商品的品名过于夸张，容易使消费者产生联想，认为与商品的质量有关，如晒不黑防晒霜，消费者会认为涂了这种防晒霜会晒不黑。如果消费者购买了晒不黑防晒霜，使用后发现效果一般，就有可能追究卖方的责任，或产生对这种商品的不信任感，这样就会给以后的交易带来麻烦。

（三）科学合理

1. 尽可能使用国际上通用的名称

有些商品有学名、通用名称、俗名等不同名称，在订立品名条款时，应尽量使用国际上通用的名称，若使用地方性的名称，交易双方应事先就其含义取得共识，否则容易引起误解。例如，手机在国内曾称大哥大，但其英文 Mobile 与 Big Brother 完全是两回事；收音机在国内也称半导体，但其英文 Radio 与 Semiconductor 意思并不完全一致。

2. 选用经济的品名

有些商品具有不同的名称，但有时存在同一商品因名称不同而交付关税和运费不一样的现象，而且其所受的进出口限制也有可能不一样。例如，鸡块、鸡腿、鸡肉、鸡爪等商品差别并不是很大，一般都是以英文 Chicken 表示，但这几种品名所征收的关税、运输费用差异较大。所以，为了降低关税，减少运费和方便进出口，进出口商在订立品名条款时最好能查阅相关的商品关税标准以及运输公司的运价表，选择较为经济的品名。

★知识链接

外贸实务中品名的注意事项

商品品名在国际贸易中牵涉到中外文的对照，因此，若掉以轻心，有可能会造成纠纷和退货，有的时候，外商发来的订单上的商品外文名称所指货物，与我方翻译后认定的实际货物相去甚远，若等到发货后才得以澄清事实，则退货的损失会很大，如英语里面一些名词一词多义，所以有的时候要将商品的照片或样品发给进口商，经确认后才能确定品名。

有些商品的品名准确翻译成外文会有较大的困难，必要时需要咨询专家或查阅多本专业工具书。

★ 案例链接

韩国 KM 公司向我国 BR 土畜产公司订购大蒜 650 吨,双方当事人几经磋商最终达成了交易。但在缮制合同时,由于山东胶东半岛地区是大蒜的主要产区,通常我国公司都以此为大蒜货源基地,所以 BR 公司就按惯例在合同品名条款中打上了"山东大蒜"。可是在临近履行合同时,大蒜产地由于自然灾害导致歉收,货源紧张。BR 公司紧急从其他省份征购,最终按时交货。但 KM 公司来电称,所交货物与合同规定不符,要求 BR 公司做出选择:要么提供山东大蒜,要么降价,否则将撤销合同并提出贸易赔偿。

第二节 质 量

商品的质量是商务谈判合同中不可缺少的部分。无论是有形贸易还是无形贸易,所销售的货物都有其自身的质量,并且该质量决定该商品的市场占有率和市场价格。因此,质量是商务谈判合同中的重要条款,也是订立合同的重要基础。

一、质量的含义与重要性

(一) 质量的含义

商品的质量(Quality of Goods)是指商品的内在质量和外观形态的综合。商品的内在质量包括商品的化学成分、物理性能、生物特征、技术要求等;商品的外观形态有商品的外形、款式、色泽、味道和透明度等通过感觉器官可以直接获得的商品外形特征。在国际贸易中,商品的质量是个广义的概念,不能简单地以"好坏优劣"对其进行评价,尤其是商品的外观形态,诸如商品的颜色、款式等指标具有不确定性,只能根据合同来确定其质量是否符合要求。

(二) 质量的重要性

1. 法律性

在国际贸易中,商品的质量是交易的主要条件之一。商务谈判合同中的质量条款是买卖双方交接货物的依据。《联合国国际货物销售合同公约》规定,出口商交付货物必须符合合同约定的质量。如出口商交货不符合约定的质量条件,进口商有权索赔,也可以要求修理或交付替代物,甚至拒收货物和撤销合同。

★ 案例链接

我国青岛某公司向越南出口红枣一批,数量为 5 吨,合同规定为三级红枣。卖方在备货时发现,市场上三级红枣缺货。该公司担心合同不能按期履行,遂花高价购买了部分二级红枣来代替三级红枣,最后交货时三级红枣数量为 3 吨,二级红枣数量为 2 吨,并在发票上注明"二级红枣价格同三级红枣"。该公司原以为越南进口商一定感激涕零,谁知结果大相径庭,越南进口商只愿接收 3 吨三级红枣,拒收 2 吨二级红枣,并要求索赔。

注:二级红枣的质量和价格均高于三级红枣。

2. 形象性

商品质量的优劣关系到商品使用价值的发挥，影响到商业信誉和国家声誉。尤其是国际贸易，企业商品质量的高低，不仅代表了企业自身的形象，也代表了国家商品质量的整体形象。因此，我们要不断提高出口商品质量，同时把好进口商品质量关。

3. 价格性

商品的质量是影响商品价格的重要因素，在当前国际竞争空前激烈的环境下，许多国家都把提高商品质量、力争以质取胜作为非价格竞争的一个主要组成部分，它是加强对外竞销的重要手段之一。因此，在出口贸易中，不断改进和提高出口商品的质量，不仅可以增强出口竞争能力，扩大销路，提高销价，为国家和企业创造更多的外汇收入，而且还可以提高出口商品在国际市场的声誉，并反映出口国的科学技术和经济发展水平。在进口贸易中，严格把好进口商品质量关，使进口商品适应国内生产建设、科学研究和消费上的需要，是维护国家和人民利益，并确保企业经济效益持续提高的重要方面。

二、我国对出口商品质量的要求

我国的出口商品要面向全世界广大用户和消费者，为了适应他们的需要，我们必须贯彻"以销定产"的方针并坚持"质量第一"的原则，大力提高出口商品的质量，使其符合下列具体要求。

（一）针对不同市场和不同消费者的需求来确定出口商品质量

由于世界各国经济发展不平衡，各国生产技术水平、生活习惯、消费结构、购买力和各民族的爱好互有差异，因此，我们要从国外市场的实际需要出发，搞好产销结合，使出口商品的品质、规格、花色、式样等能够适应有关市场的消费水平和消费习惯。

（二）不断更新换代和精益求精

凡质量不稳定或质量不过关的商品，不可出口，以免败坏声誉。对于质量较好的商品，也不能满足现状，要本着精益求精的精神不断改进，提高出口商品品质，加速更新换代，以赶上和影响世界的消费潮流，增强商品在国际市场上的竞争能力。

（三）适应进口国的有关法令规定和要求

各国对进口商品的质量都有某些法令规定和要求，凡质量不符合法令规定和要求的商品，一律不准进口，有的还要就地销毁，并由卖方承担由此引起的各种费用。因此，我们必须充分了解各国对进口商品的法令规定和管理制度，以便使我国商品能顺利地进入国际市场。

（四）适应国外自然条件、季节变化和销售方式

由于各国自然条件和季节变化不同、销售方式各异，商品在运输、装卸、存储和销售过程中，其质量可能发生某种变化。因此，注意自然条件、季节变化和销售方式的差异，掌握商品在流通过程中的变化规律，使我国出口商品质量适应这些方面的不同要求，有利于增强我国出口商品的竞争能力。

三、表示质量的方法

在国际贸易中，表示商品质量的方法基本上分为三大类：第一类是用文字说明；第二类

是用实物表示；第三类是实物与说明相结合。至于在具体业务中使用何种方式，需根据商品的种类、特性及交易习惯等实际情况而定。

（一）用文字说明表示商品质量（Sale by Description）

在国际贸易中，大部分商品适宜以文字说明表示商品质量，具体又可分为下列几种。

1. 凭规格买卖（Sales by Specification）

商品的规格是指一些足以反映商品质量的主要指标，如化学成分、含量、纯度、性能、容量、长短和粗细等。交易时以规格来确定商品质量的方法称为"凭规格买卖"。该方法具有简单易行、明确具体的特点，应用非常广泛。

例：中国大米，水分不超过 14%，杂质不高于 1.5%

例：中国花生，湿度最高为 13%，杂质最高为 5%，油含量最低为 40%

2. 凭等级买卖（Sales by Grade）

商品的等级是指同一类商品按其质量、成分、外观或效能等的差异，用文字、数码或符号所做的分类。在凭等级买卖时，只需说明其级别，即可了解所要买卖商品的质量。例如，钨，按钨和氧化锡含量的不同，分为超、第一和第二共 3 个等级；中国生丝，按标准销售，其标准包括 12 个等级：6A\5A\4A\3A\2A\A\B\C\D\E\F\G。

3. 凭标准买卖（Sales by Standard）

标准是指统一制定和公布的规格或等级，一般由政府部门制定，也有的由商品交易所、同业公会或有关国际组织制定。值得注意的是，公布了的标准经常会修改变动。所以，当采用标准说明商品质量时，应注明采用标准的版本和年份，以免引起争议。此外，各国或企业在执行标准时由于理解或技术水平等差异，可能对标准会有不同的解释，最好在合同中说清楚，取得一致，避免不必要的法律纠纷。

国际贸易中常用的标准有各国的国家标准，如美国的 UL（Underwriter Laboratories），是美国保险商实验室安全认证标志；法国的 NF，是电器产品的标志；日本的 JIS，是一般工业技术品和食品的标志。还有区域标准和国际标准，如欧盟 CE、国际标准化组织 ISO 等。其中，目前在国际贸易中最有影响力的是 ISO。

★ 知识链接

国际标准化组织

国际标准化组织（International Organization for Standardization，ISO），是一个全球性的非政府组织，是国际标准化领域中一个十分重要的组织。ISO 的任务是促进全球范围内的标准化及其有关活动开展，以利于国际间产品与服务的交流，以及在知识、科学、技术和经济活动中发展国际间的相互合作。它显示了强大的生命力，吸引了越来越多的国家参与其活动。

国际标准化活动最早开始于电子领域，于 1906 年成立世界上最早的国际标准化机构——国际电工委员会（IEC）。其他技术领域的工作原先由成立于 1926 年的国家标准化协会的国际联盟（International Federation of the National Standardizing Associations，ISA）承担，重点在于机械工程方面。ISA 的工作由于第二次世界大战在 1942 年终止。1946 年，来自 25 个国家的代表在伦敦召开会议，决定成立一个新的国际组织，其目的是促进国际间的合作和工业标准的统一。于是，ISO 这一新组织于 1947 年 2 月 23 日正式成立，总部设在瑞士的日内瓦。ISO 于 1951 年发布了第一个标准——工业长度测量用标准参考温度。中国于 1978 年加入 ISO，在 2008 年 10 月的第 31 届国际化标准组织大会上，中国正式成为 ISO 的常任理事国。

ISO 的组织机构分为非常设机构和常设机构，包括全体大会、主要官员、成员团体、通信成员、捐助成员、政策发展委员会、理事会、ISO 中央秘书处、特别咨询组、技术管理局、标样委员会、技术咨询组、技术委员会等。通过这些工作机构，ISO 已经发布了 17 000 多个国际标准，如 ISO 公制螺纹、ISO 的 A4 纸张尺寸、ISO 的集装箱系列（目前世界上 95% 的海运集装箱都符合 ISO 标准）、ISO 的胶片速度代码、ISO 的开放系统互联（OS2）系列（广泛用于信息技术领域）和有名的 ISO 9000 质量管理系列标准。

ISO 的最高权力机构是 ISO 全体大会（General Assembly），它是 ISO 的非常设机构。1994 年以前，全体大会每 3 年召开一次。全体大会召开时，所有 ISO 团体成员、通信成员、与 ISO 有联络关系的国际组织均派代表与会，每个成员有 3 个正式代表的席位，多于 3 位代表的以观察员的身份与会；全体大会的规模为 200～260 人。大会的主要议程包括年度报告中涉及的有关项目的活动情况、ISO 的战略计划以及财政情况等。ISO 中央秘书处承担全体大会、全体大会设立的 4 个政策制定委员会、理事会、技术管理局和通用标准化管理委员会的秘书处的工作。自 1994 年开始，根据 ISO 新章程，ISO 全体大会改为一年一次。

在国际市场上，对于一些质量变化较大而且又难以统一规定标准的商品，还有两种较为特殊的标准，它们通常用于农副产品的交易。一种是"良好平均品质"（Fair Average Quality, FAQ），它是一定时期内某地出口商品的平均质量水平，一般指中等货。其具体含义在国际上并没有统一规定，基本上可概括为某个生产年度或季节在装运地发运同种商品的平均质量。我国习惯上称之为"大路货"，它是与"精选货"相对而言的。在我国出口农副产品的业务中，合同中除了标明大路货之外，还应有商品的具体规格约定。

例：木薯片，1998 年产，良好平均品质，水分最多 13%，杂质最多 5%

另一种是"上好可销品质"（Good Merchantable Quality, GMQ），一般指卖方交付的货物必须品质良好，合乎商销，在成交时无须以其他方式证明商品的质量。这种标准较为含糊，往往容易引起纠纷，大多数国家不采用。

4. 凭说明书和图样买卖（Sales by Description or Illustration）

在国际贸易中，机器、电器和仪表等技术密集型产品，因结构复杂，对材料和设计的要求严格，用以说明性能的数据较多，很难用几个简单的指标来表明品质的全貌，而且有些产品，即使名称相同，但由于所使用的材料、设计和制造技术的某些差别，也可能导致功能上的差异。因此，对这类商品的品质，通常以说明书并附以图样、照片、设计图纸、分析表及各种数据来说明具体性能和结构特点。按此方式进行交易，称为"凭说明书和图样买卖"。按这种表示品质的方法成交，卖方所交货物必须符合说明书和图样的要求，但由于对这类产品的技术要求较高，有时同说明书和图样相符的产品，在使用时不一定能发挥设计所要求的性能，买方为了维护自身的利益，往往要求在买卖合同中加订卖方品质保证条款和技术服务条款。

5. 凭商标或品牌买卖（Sales by Trade Mark or Brand）

商标（Trade Mark）是指生产者或商号用来识别所生产或出售的商品的标志，它可由一个或几个具有特色的单词、字母、数字、图形或图片等组成。品牌（Brand Name）是指工商企业给制造或销售的商品所冠的名称，以便与其他企业的同类产品区别开来，一个品牌可用于一种产品，也可用于一个企业的所有产品。

当前，国际市场上行销的许许多多商品，尤其是日用消费品、加工食品、耐用消费品等，都标有一定的商标或品牌，各种不同商标的商品都具有不同的特色。一些在国际上久负盛名的名牌产品，都因其品质优良稳定、具有一定的特色并能显示消费者的社会地位，售价远远高出其他同类产品。这种现象，特别是在消费水平较高、对品质要求严格的所谓"精致市场"（Sophisticated Market）表现得尤其突出，而一些名牌产品的制造者为了维护商标的声誉，对产品都规定了严格的品质控制，以保证其产品品质达到一定的标准，因此，商标或品牌自身实际上是一种品质象征，人们在交易中可以只凭商标或品牌进行买卖，无须对品质提出详细要求，如可口可乐等。但是，如果一种品牌的商品同时有许多种不同的型号或规格，为了明确起见，就必须在规定品牌的同时，明确规定型号或规格，比如 IBM、索尼等，它们的产品必须具有完整而确切的质量指标或技术说明。

★ 案例链接

我国和泰国某出口商交易，在合同中规定大米的质量符合泰国大米质量标准，我国进口商提货后发现该大米的质量存在严重问题，有蛀虫和大量的沙子，认为不符合国际上正常大米的质量规定（国际惯例规定：有明显影响食用的大米不得进口或出口），从而要求对方退货，并赔偿损失。但对方拒绝我方要求，不退货也不赔偿。

6. 凭产地买卖（Sales by Name of Origin）

在国际货物买卖中，有些产品因产区的自然条件、传统加工工艺等因素的影响，在质量方面具有其他产区的产品所不具有的独特风格和特色。特别是农副产品，一些历史悠久、条件较好地区的产品，由于品质优良，产地名称也成为该项产品质量的重要标志。对于这类产品，一般可用产地名称来表示其质量，如法国香水、德国啤酒、西湖龙井茶叶、山东大枣、金华火腿、北京烤鸭等。需要注意的是，卖方凭产地销售商品时，仍需交付国内外消费者所周知的优质商品，不能以次充好，否则买方有权索赔。

（二）用实物表示商品质量（Sale by Actual Commodity）

用实物表示商品的质量包括看货买卖（Sales of Actual Quality）和凭样品买卖（Sales by Sample）两种表示方法。

1. 看货买卖

看货买卖即买卖双方根据成交商品的实际质量进行交易，通常是先由进口商或其代理人在出口商所在地验看货物，达成交易后，只要出口商交付的是验看的商品，进口商就不得对质量提出异议。

在国际贸易中，由于交易双方远居两地，交易洽谈多靠函电方式进行，买方到卖方所在地验看货物存在诸多不便，即使卖方有现货在手，买方也是由代理人代为验看货物，但看货时也无法逐件查验，所以采用看货成交的有限，这种做法多用于寄售、拍卖和展卖业务中，货物的成交数量也往往较少。

2. 凭样品买卖

样品通常是指从一批商品中抽出来的或由生产、使用部门设计、加工出来的，足以代表整批商品质量的少量实物。凡以样品表示商品质量并以此作为交货依据的，称为凭样品买卖。凭样品表示质量的方法，一般适用于难以标准化、规格化的商品，如服装、轻工产品、玩具、工艺品等。

在国际贸易中，按样品提供者的不同，凭样品买卖可分为以下几种。

（1）出口商样品（Seller's Sample）。交易双方约定以出口商提供的样品作为交货的依据。

（2）进口商样品（Buyer's Sample）。交易双方约定以进口商提供的样品作为交货依据。

（3）对等样品（Counter Sample）。在国际贸易中，谨慎的卖方往往不愿意承接凭买方样品交货的交易，以免因交货品质与买方样品不符而招致买方索赔甚至退货的危险，在此情况下，卖方可根据买方提供的样品，加工复制出一个类似的样品交买方确认，这种经确认后的样品，称为"对等样品"或"回样"，也有的称之为"确认样品"（Confirming Sample），当对等样品被买方确认后，卖方所交货物的品质必须以对等样品为准。凭对等样品买卖等于将凭进口商样品买卖转变为凭出口商样品买卖，对于出口商来说，可以争取主动，避免交货时产生纠纷。

在实际进出口业务中，对于出口商来说，若采用凭样品交易，应注意做好以下几个方面。

（1）应尽量争取凭卖方样品交易，出口商在寄出原样（Original Sample）时应留存复样（Duplicate Sample），以备将来交货或处理质量纠纷时做核对之用；有时也采用封样（Sealed Sample），即由公证部门对样品做铅封标志，作为以后买卖双方的交货依据，这一般针对的是一些外观容易变动的商品，如易褪色、变形的商品。

（2）买方来样时，最好将来样成交改为对等样品成交，同时要考虑己方的技术水平、生产条件等是否能够落实，另外，买方提供的样品若牵涉到知识产权的问题，应由买方负责。

（3）对于某些因技术原因或其他因素等会导致实际货物与样品难以完全一致的商品，在合同中最好订立一些质量弹性条款。例如，交货与商品一致，质量与样品大致一样，质量接近样品。

★ 能力展示

如果你是进口商，采用凭样品交易时，应注意哪些方面？

（三）用实物与说明相结合表示商品质量（Sale by Actual Commodity and Description）

这是一种较为复杂的表示商品质量的方法，它相当于将前面两种方法结合在一起使用，两者共同构成表示质量的方法，既要看到实际的货物或样品，又要有详细的文字说明。其一般针对一些较为特殊的商品，如艺术品、古董、黄金、珍珠、军事武器、字画等。

四、质量条款的基本内容

质量条款是买卖双方交接货物时的依据，为了防止违约的发生，合同中的质量条款应该尽量具体、明确，切合实际，避免笼统含糊、过高过低。当然，质量表示方法不同，质量条款的内容也不相同。

一般来说，质量条款要写明货物的名称和具体质量，在凭样品买卖时，合同中除了要确定凭何种样品交易外，还应约定凭以达成交易的样品的具体质量、编号，寄送和确定的日期等。在凭文字说明买卖时，应针对不同交易的具体情况，在买卖合同中明确规定货物的名称、规格、等级、标准、牌名及商标或产地名称等内容。在以图样和说明书表示货物质量时，还应在合同中列明图样、说明书的名称、份数等内容。

例：金星牌彩色电视机

型号：SIc374，制式：PAIBG，电压：220 V，功率：50 Hz

双圆头插座带遥控器

例：C550 中国灰鸭绒，含绒量80%，允许2%上下变动

★ 案例链接

2008 年 1 月，我国 A 公司与日本 B 公司签订了一份机床买卖合同，A 公司根据日本 B 公司所提供的图纸生产、出售机床一批，后日本 B 公司将该机床出售给美国 C 公司。机床进入美国市场后，美国 C 公司被专利权人起诉，原因是该合同的产品拥有的技术已在美国取得专利，认为机床侵犯了其在所在国的利益。法院令美国 C 公司向专利权人赔偿损失 200 万美元，随后美国 C 公司向日本 B 公司索要赔偿，认为日本 B 公司未提前告知此情况，导致被起诉，被迫赔偿。而 B 公司此时将赔偿转嫁给我国 A 公司，认为是我国 A 公司生产了该机床，产生侵权，应当赔偿。我国 A 公司得知此消息后，拒绝赔偿，认为日本 B 公司在订立合同时根本没有申明此事，产生侵权与 A 公司一点关系没有。而日本 B 公司辩称我国 A 公司作为机床生产商，应该主动去调查产品的专利问题，B 公司只是买方，并没有必要牵涉专利问题。而我方又认为是对方提供了图纸，就算侵权也是日本 B 公司提供图纸导致，与 A 公司本身无关。由此，双方互不相让，上诉至法院。

五、订立质量条款的注意事项

（一）要正确运用各种表示质量的方法

表示商品质量的方法很多，但不能胡乱使用，通常来说，一种商品根据其特性，尽量使用一种较为明确的表示方法即可，不宜用两种或两种以上的方法来表示。例如，既采用样品的方法，又采用规格的方法，则要求交货质量既要与样品一致，又要符合规格，往往会给出口商履约带来困难。

对于具体的商品，选择质量表示方法也要合理。例如，对于难以标准化的商品，可使用凭样品买卖；对于易于标准化的商品，可使用凭等级、规格、标准买卖；对于农副产品，可使用 FAQ 交易等。

（二）要防止约定的质量出现偏高或偏低现象

质量条款既不能订得太高，以免造成生产和履约困难，如大豆无虫、皮鞋无皱等；也不能订得太低，以免影响价格和销售，如大米劣质、手机信号弱等。要根据市场需求，结合企业生产的实际水平来订立。

（三）要合理选择影响质量的指标及指标之间的内在联系

商品的质量指标很多，有的是主要指标，有的是次要指标，要分清主次。此外，对于一

些与质量无关的指标，尽量不要写在合同中，以免啰唆。各项指标之间也存在一定的联系，在确定质量条款时，要注意指标之间的关系，保持指标的一致性，不要造成单个质量指标之间的矛盾，以免影响整个质量指标的合理性。例如，大米的碎粒最高为35%，水分最高为15%，杂质最高为1%，这里的大米杂质规定过高，对水分的规定有一定的影响，而且合同中也没有声明杂质的范围，容易使人误以为包含水分杂质。

（四）应注意进口国的有关法文规定

在国际贸易中有的国家对进口商品有一定的质量要求，通常以质量标准、质量检验方法、质量确定方式等形式出现，出口商与进口商在订立质量条款时，应考虑到这个因素，以免以后交货时出现纠纷。例如，德国对工业品的进口通常要求符合德国工业品标准，而不是ISO标准，所以在订立商品质量条款时应尽量采用德国的标准。

（五）力求约定的质量条款明确、具体

为了避免交货时商品质量与合同不符，在订立合同条款时可以做一些变通规定，力求约定的质量条款明确、具体。这里介绍两种常见的做法。

1. 质量机动幅度（Quality Amplitude Maneuvering）

某些商品（如农副产品、手工艺品等）的质量规定如果过于具体，日后很难做到交货质量与合同规定相符，容易造成出口商违约。对这类商品的质量规定要用机动幅度，允许出口商所交货物的质量在一定范围内有差异。质量机动幅度的规定方法有以下几种。

（1）规定范围。规定范围是指对商品的某些质量指标规定允许有一定的差异范围。

例：棉花，灰色，衬衫布料，幅宽41/42英寸[1]

例：B602番茄酱，28%/30%浓缩度

（2）规定极限。规定极限是指对商品的某些质量指标规定允许有差异的上下极限，一般用最大、最高、最多或最小、最低、最少来表示。

例：白籼米

碎粒（最高）25%

杂质（最高）0.25%

水分（最高）15%

例：活黄鳝，每条75克以上

（3）规定上下差异。规定上下差异是指对商品的某些质量指标规定允许上下变动的百分比。

例：灰鸭毛，含绒量18%，允许上下变动1%

例：羊绒衫，羊绒含量100%，允许上下变动2%

值得注意的是，订立质量机动幅度是为了顺利地履行合同，所以卖方在准备货物时不能投机取巧，仅满足质量机动幅度的下限，如果是这样，买方有权利要求补足或索赔；另外，并非所有的商品都能订立质量机动幅度，如以个数计量的商品。

---

[1]　1英寸=0.025 4米。

2. 质量公差（Quality Tolerance）

质量公差是指国际上公认的允许产品质量出现的误差。某些工业产品的质量指标出现一定的误差有时是难以避免的。例如，手表每天出现误差若干秒、每批棉纱有 0.1 cm 的误差等，这种误差公认是允许的，即使合同中没有规定，只要出口商交货质量在公差范围内，也不视作违约。但是，如果国际上对特定的指标并无公认的质量公差，或买卖双方对质量公差的理解不一致，也会产生纠纷。因此，在上述情况下，还是应在合同中订明一定幅度的公差。其具体规定方式与质量机动幅度类似。

★知识链接

质量增减价条款

质量增减价条款是指在质量条款中，根据商品在质量机动幅度或质量公差内的质量差异来调整合同价格的规定。根据我国对外贸易业务实践，订立质量增减价条款主要有以下几种方法。

（1）对机动幅度内的质量差异，可按交货实际品质规定予以增价或减价。

（2）只规定交货幅度的上下限，对低于合同规定，而不超出一定范围者，给予扣价，但是对于高于合同规定者，不予增价。

（3）对在机动幅度范围内，按低劣的程度，采用不同的扣价办法。

例：中国芝麻，水分（最高）8%，杂质（最高）2%，含油量（湿态，乙醚浸出物）52%基础。如果实际装运货物的含油量高出或低于1%，则价格相应增减1%，不足整数部分按比例计算。

★案例链接

我方对英国出口水果一批，共2吨，合同规定含水量不低于40%，含维生素C不低于2%，2008年11月交货，货到后付款；货物到岸后，买方经检验发现含水量只有35%，不符合合同的要求。另外，有部分水果经抽样检验含维生素C低于2%，于是，英国公司拒绝收货，并要求我方赔偿由此造成的损失；我方声称水果在装运时含水量超过40%，符合合同的质量要求，至于含水量较低是由于运输过程中天气干燥，导致水果水分下降，与我方无关，此外，水果是天然植物，维生素C有高有低是正常现象，非人为因素，要求对方立即付款。英国公司坚持自己的检验结果，拒绝付款。

第三节 数 量

商品的数量是商务谈判合同中的主要条款之一。《联合国国际货物销售合同公约》第52条第2款规定，按约定的数量交付货物是卖方的一项基本义务。如卖方交货数大于约定的数量，买方可以拒收多交的部分，也可收取多交部分中的一部分或全部，但应按合同价格付款；如卖方交货数少于约定的数量，卖方应在规定的交货期届满前补交，但不得使买方遭受不合理的不便或承担不合理的开支，即使如此，买方也有保留要求损害赔偿的权利。由此可见，商品的数量是贸易合同的重要条款，卖方违反合同的约定则可能导致买方解除合同并要求损害赔偿。为此，贸易双方应准确掌握商品交易的数量。

一、商品数量的含义与重要性

（一）商品数量的含义

商品数量（Quantity of Goods）是指用一定的度量衡单位来表示商品的重量、个数、体积、长度、面积等的量。注意，这里的商品数量不是狭义的商品的个数、件数、条数等，而是广义的商品计量指标的表示。

（二）商品数量的重要性

1. 依据性

商品数量是买卖双方交接货物时对商品计量进行评估的依据，也是处理有关数量争议的依据，因此，商品的数量条件是主要的交易条件之一。其一经确定后，出口商就必须按约定的数量交货，一般情况下，多交或少交都是不允许的。有些国家规定，只要卖方所交货物与合同规定不符，买方就有权拒收货物。例如，英国《1893年货物买卖法》第30条以及美国《统一商法典》第2-601条规定，出口商不论多交还是少交货物，均可构成进口商拒收行为，并向出口商追究其不履约的责任，合同另有规定的除外。

2. 价格性

一般来说，成交商品的数量越大，其平均价格越低；反之，平均价格越高。可见商品的数量不仅涉及交货依据问题，还与买卖双方的经济利益有关。所以，合理的数量是进出口商都必须重视的问题。

3. 市场性

商品的数量还关系到企业的生产能力、技术水平、包装、运输、市场行情等，交易双方在确定数量时要考虑这些因素，如果数量较少会有损双方的经济利益，过多会造成交易的困难。除此之外，商品的数量还常常受到出口国政府的经济政策、产业政策等宏观因素的影响，有时还受到进口国政府的限制，如配额、进口许可等。

因此，正确把握商品数量，对于买卖双方顺利达成交易、履行合同以及今后交易的进一步发展，都具有十分重要的作用。

二、商品数量的计量单位及计量方法

在国际贸易中，由于商品的种类、特性和各国度量衡制度的不同，计量单位和计量方法也多种多样。了解各种度量衡制度，熟悉各种计量单位的特定含义和计量方法，是从事国际贸易的人员所必须具备的基本技能。

（一）计量单位

国际贸易中使用的计量单位有很多，究竟采取何种计量单位，除了取决于商品的种类和特点外，还取决于交易双方的意愿。常用的计量单位如表3-1所示。

表 3-1 计量单位

计量单位	度量衡	应用范围
重量（Weight）	克（gram）、千克（kilogram）、盎司（ounce）、磅（pound）、吨（ton）、担	天然产品、工业品等，如钢铁、羊毛、谷物
数量（Number）	只（piece）、件（package）、双（pair）、打（dozen）、罗（gross）、令（ream）、箱（case）、头（head）、袋（bag）、捆（bale）	一般工业品、日用杂货等，如服装、玩具、电视机、车辆、水果
长度（Length）	米（meter）、厘米（centimeter）、英尺（foot）、英寸（inch）、码（yard）	纺织品、工业品等，如电线、电缆、面料
体积（Volume）	立方米（cubic meter）、立方厘米（cubic centimeter）、立方英尺（cubic foot）、立方码（cubic yard）	气体
面积（Area）	平方米（square meter）、平方厘米（square centimeter）、平方英尺（square foot）、平方码（square yard）、平方英寸（square inch）	木板、玻璃、纺织品等
容积（Capacity）	公升（metric liter）、加仑（gallon）、蒲式耳（bushel）、品脱（pint）、桶（barrel）	农产品、液体等，如小麦、高粱、红薯、汽油、柴油

世界各国的度量衡制度不同，导致同一计量单位所表示的数量不一致。在国际贸易中，通常采用公制（The Metric System）、英制（The British System）、美制（The US System）和国际标准组织在公制基础上颁布的国际单位制（The International System of Units）四种度量衡制度。其中，公制广泛使用于亚洲和非洲的大多数国家，美制主要在北美洲国家和地区使用，英制目前使用较少，主要在英联邦国家使用。

《中华人民共和国计量法》规定："国家采用国际单位制。国际单位制计量单位和国家选定的其他计量单位，为国家法定计量单位。"自 1991 年起，除个别领域外，不得使用非法定计量单位。目前，在我国的进出口业务中，除按合同规定采用公制、英制或美制计量单位外，应使用我国法定计量单位。在进口贸易中，我国进口的机器设备和仪器等，应要求使用法定计量单位。否则，一般不允许进口。如有特殊需要，须经有关部门的计量机构批准。

★知识链接

不同度量衡换算

公制	中国	英美制		
米	尺	码	英尺	英寸
1	3	1.094	3.281	39.370 1
升	升	英制加仑	美制加仑	
1	1	0.22	0.264	

（二）**计量方法**

在国际贸易中，很多商品是以重量计量的。根据一般商业习惯，其计量方法主要有以下几种。

1. 毛重

毛重（Gross Weight）是指商品本身的重量加皮重（Tare），即加包装用品的重量。这种计量方法一般适用于低值产品。

例：东北红豆，麻袋包装，每袋约 100 千克

2. 净重

净重（Net Weight）是指商品本身的实际重量，即净重 = 毛重 - 皮重。有时也有以货物毛重当作净重计算的，习惯上称为"以毛作净"（Gross for Net）。

皮重是指包装物的重量，在国际贸易中计算皮重的方法有四种。

（1）实际皮重（Actual Tare）：实际皮重是包装材料经过称量后的实际重量。

（2）平均皮重（Average Tare）：对于材料和规格比较单一的商品包装，任意抽出若干件包装材料求得其平均重量即为平均皮重。

（3）习惯皮重（Customary Tare）：比较规格化的包装，其重量已被公认，可直接按公认的重量计算。

（4）约定皮重（Computed Tare）：指买卖双方事先商定的皮重，不需经过实际称量。

按国际惯例，如合同中未明确规定用毛重还是用净重计价的，应以净重计价。

3. 公量

公量（Conditioned Weight）指用科学方法抽去商品中所含的实际水分，再加上标准水分所求得的重量。这种方法通常用于经济价值较高而含水分不稳定的商品，如生丝、羊毛等。其计算公式为：

公量 = 干量 + 标准含水量 = 实际重量 × （1 + 标准回潮率）／（1 + 实际回潮率）

商品中实际水分与干量之比即为实际回潮率；标准回潮率是买卖双方约定的商品中水分与干量之比。

例：某出口企业出口全棉服装原料一批，重量为 100 吨，双方约定回潮率为 10%，经测量实际回潮率为 9%。试计算该批商品的实际交货量（公量）。

解：由公式可得，公量 = 100 × 1.1 ÷ 1.09 = 100.92（吨）

4. 理论重量

理论重量（Theoretical Weight）是指某些有固定规格和尺寸的商品，如马口铁、钢板等，只要规格一致，尺寸相符，其重量大致相等，即可根据件数推算出它的实际重量。

5. 法定重量

法定重量（Legal Weight）是指商品重量加上直接接触商品的包装物料。这种计算重量的方式通常是海关作为征收从量税的依据。

6. 纯净重

纯净重（Net Net Weight）是指不含任何包装的或扣除商品杂质重量的商品净重。

在国际贸易交易中，如果货物是按重量计量或计价的，未明确规定采用何种方式计算重量时，按惯例应按净重计算。

三、数量条款的基本内容

买卖合同中的数量条款，主要包括成交商品的数量和计量单位。按重量成交的商品，还需订明计算重量的方法。数量条款的内容及其繁简，应视商品的特性而定。

例：中国大米，毛重 3 000 吨，可由卖方决定增减 2%

例：铁桶 195～200 千克，净重，共 500 桶

★案例链接

我国某出口商与美国进口商签订小麦进出口合同，合同规定：价格条件为每吨 300 美元 CIF 纽约，数量为 100 吨，每袋包装 50 千克，新布袋包装，信用证付款方式。我国出口商按合同规定的时间，装运了 100 吨小麦，并根据信用证的规定办理了结汇手续。事后，美国进口商来电声称，所交货物扣除每袋的皮重后，不足 100 吨，只有 98 吨。要求按净重计算价格，退回 2 吨的款项。我国出口商则以合同中未规定按净重计算价格为由，拒绝退款，并告知对方，所退款项仅 600 美元，就算退回也没有意义。

四、订立质量条款的注意事项

（一）数量条款要明确、具体

为了避免争议，合同中的数量条款要明确、具体。在数量上不要用大约（About）、左右（Approximate）等带伸缩性的词语来说明。对计量单位的使用要完整，对按重量计算的商品，还应规定计算重量的具体方法，如"以毛作净"。

如果合同规定采用信用证支付方式，则要注意《跟单信用证统一惯例》600 号出版物中第 30 条关于数量的三条规定：

（1）凡"约""大约"或类似意义的词语用于信用证金额或信用证所列的数量或单价时，应解释为允许对有关金额或数量或单价有不超过 10% 的增减幅度。

（2）该规定不适用于按包装单位和个数计数的商品数量。

（3）除非信用证规定所列的货物数量不得增减，在支取金额不超过信用证的条件下，即使不准分批装运，货物数量亦允许有 5% 的伸缩。据此，以信用证支付方式进行散装货物的买卖，交货的数量可有 ±5% 的机动幅度。

（二）合理规定数量机动幅度

对于某些商品，如果难以准确地按约定的数量交货，例如粮食、沙子、石头、化肥等，由于商品的数量较多、装运条件受限、运输损失等原因，很难确定准确的数量，这时可以采用具有一定范围的灵活机动幅度的方法来规定交货数量。注意，这里的数量机动幅度与质量机动幅度意义一样，也是为了方便卖方交货，减少法律纠纷，卖方在准备货物时不能投机取巧，根据市场行情，仅满足数量机动幅度的下限。

常用的数量机动幅度方法是规定溢短装条款（More or Less Clause）的百分比，如 2% more or less，表示卖方可多交或少交货物数量的 2%。在确定溢短装条款时，应注意以下三个方面，所有内容最好在合同中注明，不能默认。

（1）百分比的大小合理。百分比大小应根据商品特性、行业惯例和运输方式来确定。

（2）机动幅度的选择权确定。即多装、少装由谁来决定。一般来说，机动幅度由负责安排运输的一方选择，也可由运输方来决定。但为了避免争议，宜在合同中明确。例如，2% more or less at seller option。

（3）数量增减价条款。对多装或少装部分的数量计价也宜在合同中明确规定，以免发生曲解。数量增减价方式通常有三种：

第一种是多装或少装部分按合同原价格计算。这种方式较为常见，但若市场行情变化较大，则对卖方实际交货数量有一定的影响。例如，合同中的商品价格上涨，则卖方肯定选择少装，对买方不利；商品价格下降，则卖方会选择多装，对买方也不利。

第二种是多装或少装部分按交货时该商品的市场价格计算。这种计算方式相对来说对买卖双方较为公平。

第三种是多装或少装部分按单独的一种价格计算（不同于合同价格）。单独的价格是双方在合同中约定的一个价格，交货时不管市场价格如何，都采用该种价格。这种计算方式通常是一些价格变动比较大的商品采用。

（三）正确掌握成交数量

对于出口商来说，商品的数量既要考虑到国外市场的需求量、市场趋势、运输能力、季节因素，保证及时供货，以巩固和扩大销售市场，又要考虑国内货源情况和企业生产能力，以免造成交货困难。同时，还必须考虑国外客户的资信及经营能力，防止交货后货款落空，造成经济损失。

对于进口商来说，也要考虑国内市场的实际需求、自身支付能力、运输条件等。在订立具体数量时，应根据国内生产建设、外汇市场情况、运输的难易度来确定。

（四）数量确定地点的规定

在国际贸易实践中，商品的数量大多以卖方或买方自身或指定的机构出具的数量证书为依据。值得注意的是，有些商品在出口所在地计量的重量和进口所在地计量的重量有差异，会造成交货时的摩擦。所以，要尽量在合同中规定具体的数量确定地点。一般来说，对于数量较为稳定的商品在进口地确定数量，如机电类商品、服装类商品等；对于数量不是很稳定的商品在出口地确定数量，以免在运输途中出现散落、腐烂、变质、受潮等不可控因素造成损失使卖方被动，如鲜活商品、水果、农产品等。

★案例链接

一个商人从荷兰渔民手里购入2 000吨鱼，装在船上，从荷兰一个城市运到靠近赤道的非洲城市。到了那里，经称量，发现鱼少了将近10吨。奇怪，鱼去了哪里呢？经调查，轮船所经过的港口，没有发生过损失，也没有被盗窃迹象。后来，原因终于被发现，原来是地球引力的原因。靠近赤道地区的地球自转线速度比高纬度地区大，所以物体受到的离心力也就更大，因此，在荷兰的2 000吨鱼，运到靠近赤道时，重量自然就变轻了。

第四节 包 装

商品包装是商品交换的一个重要环节，是商品生产完成后进入流通领域和消费领域的必要阶段。只有完成包装，才能实现商品的使用价值和价值。这是因为，包装是保护商品在流通过程中质量完好和数量完整的重要措施，有些商品甚至根本离不开包装，它与包装成为不可分割的统一整体。由此可见，商品的包装是国际贸易合同的重要组成部分，是进出口合同得以顺利完成的重要保证。

一、包装的含义与重要性

（一）包装的含义

包装（Packing）是指在流通过程中，为保护产品、方便储运、促进销售，依据不同情况而采用的容器、材料、辅助物及所进行的操作的总称，是商品的盛载物、保护物、宣传物，是商品流通中的重要组成部分。

包装的好坏关系着产品的信誉，也关系着产品能否在激烈的国际市场竞争中取胜，能否在出口贸易中扩大销售、提高售价、增加外汇收入；同时，也足以反映一个国家在经济建设、科学技术、文化艺术、环保意识等方面的发展水平。因此，包装是订立合同时重要的谈判内容，目前，研究和改进包装材料和包装方式，设计和创新包装款式和包装色彩，已成为商务谈判的重要课题。

（二）包装的重要性

1. 法律作用

商品的包装是说明商品的重要组成部分，是商务谈判合同中的主要条件之一。根据联合国《国际货物买卖合同公约》第 35 条的规定，出口商必须按照合同规定的方式装箱或包装。如果出口商交付的货物未按合同规定的方式装箱或包装，就构成了违约。买方有权拒收货物，甚至可以拒收整批货物。因此，为了明确双方当事人的责任，买卖合同中通常都会对商品的包装做出明确具体的规定。

2. 保护作用

国际贸易中的商品一般都有包装，只有少数商品没有包装而采取散装（In Bulk）和裸装（Nude Packed）的方式。国际贸易的商品从生产地到交货地，再到目的地，再到最终用户地，通常要经过装卸、搬运、运输、保管、清点等多个环节，距离远、耗时长。由于地区间天气、温度、湿度等差异，商品会在各个流通环节中出现物理、化学等质量变化，影响其内在或外在质量。为防止这种可能性的出现，必须对商品进行科学的包装，以使商品的质量受最小的影响。此外，对于危险货物，包装还可起到保障安全的作用。

3. 促销作用

这里的促销作用具有两层含义：一是良好的包装便于商品在销售中陈列展示、美化宣传、提高身价、吸引顾客、提高竞争能力，便于消费者认购、携带和使用；二是科学合理的包装可以打破贸易壁垒，增加商品出口机会。现今，诸如欧盟国家、美国、日本等国家或地区对进口商品的包装要求很严格，对商品包装的材料、质量、规格、生产水平有具体的标准，经常会设立技术性贸易壁垒、绿色贸易壁垒，对不符合规定标准的包装，其商品一律不准进口。因此，科学合理的包装有利于产品顺利进入国际市场。

4. 便利作用

合适的包装不仅能起到保护商品、减少损失的作用，而且能提高运输、装卸、存储的效率，起到很大的便利作用。诸如，合理的包装能有效地利用卡车、托盘、集装箱、码头装卸设备，有利于提高仓储的利用率，起到防潮、防晒效果。

★ 知识链接

各国包装的规定

1. 禁用标志图案

阿拉伯国家规定进口商品的包装禁用六角星图案，因为六角星与以色列国家国旗中的图案相似，阿拉伯国家对有六角星图案的东西非常反感和忌讳。

德国对进口商品的包装禁用类似纳粹和军团符号标志。

利比亚对进口商品的包装禁止使用猪图案和女性人体图案。

2. 对容器结构的规定

美国食品药物局规定所有医疗健身及美容药品都要具备能防止掺假、掺毒等防污能力的包装。美国环境保护局规定，为了防止儿童误服药品、化工品，凡属于防毒包装条例和消费者安全委员会管辖的产品，必须使用保护儿童安全盖。美国加利福尼亚、弗吉尼亚等11个州以及欧洲共同体负责环境和消费的部门规定，可拉离的拉环式易拉罐不能在市场上销售，目前已趋于研制不能拉离的掀扭式、胶带式易拉罐。根据美国药物调查局调查，在人体吸收的全部铅中，有14%来自马口铁罐焊锡料，因此，要求焊缝含铅量减少50%。

我国香港地区卫生条例规定，固体食物的最高含铅量不得超过6 ppm，液体食物含铅量不得超过1 ppm。

欧洲共同体（即现在的欧盟）规定，接触食物的氯乙烯容器及材料，其氯乙烯单位的最大容器规定为每千克1毫克成品含量，转移到食品中的最大值是每千克0.01毫克。

3. 使用文种的规定

加拿大政府规定进口商品必须具有英法文对照。

销往我国香港的食品标签，必须用中文，但食品名称及成分须同时用英文注明。

凡出口到希腊的产品包装上必须用希腊文字写明公司名称、代理商名称及产品质量、数量等项目。

销往法国的产品装箱单及商业发票须用法文，包括标志说明，不以法文书写的应附译文。

销往阿拉伯地区的食品、饮料，必须用阿拉伯文说明。

4. 港口规定

沙特阿拉伯港务局规定，所有运往该国港埠的建材类海运包装，凡装集装箱的，必须先组装托盘，以适应堆高机装卸，且每件重量不得超过2吨。沙特阿拉伯港口规定，凡运往该港的袋装货物，每袋重量不得超过 50 千克，否则不提供仓储便利，除非这些袋装货物附有托盘或具有可供机械提货和卸货的悬吊装置。沙特阿拉伯政府规定所有运往该国的货物不准经亚丁湾转船。

伊朗港口颁布的进口货物包装规定，化工品、食品、茶叶、生橡胶等商品，分别要求以托盘形式，或体积不少于 1 立方米或重量 1 吨的集装箱包装。对于进口纸袋包装的炭粉、石墨粉、二氧化镁及其他染料等，必须打托盘或适当装箱，否则不予卸货。

另外，巴基斯坦不接受挂印度、南非、以色列、韩国旗的船舶靠港。

坦桑尼亚港务局规定，凡运往达累斯萨拉姆港交给坦桑尼亚或转运到赞比亚、扎伊尔、卢旺达和布隆迪等国的货物，需在包装上显著位置刷上不同颜色的十字标志，以便分类，否则船方将收取货物分类费。

吉布提港口规定，在该港转运的货物，所有文件及包装唛头上应明确填写最终目的港，如 WITH TRANSHIP – MENT TO HOOEIDAH，但必须注意，不能将上述内容填在提单目的港一栏内，而只能在唛头上或提单其他空白处标明，否则海关将视作吉布提本港货，而且要收货人交付进口税后才放行。

澳大利亚港务局规定，木箱包装货物进口时，其木材需经熏蒸处理，并将熏蒸证书寄收货人。如无木材熏蒸证书，木箱将被拆除烧毁，更换包装的费用均由发货人负担。

新西兰港务局规定，集装箱的木质结构及箱内的木质包装物和垫箱木料等必须经过检疫处理后方可入境。

5. 禁用的包装材料

美国规定，为防止植物病虫害的传播，禁止使用稻草做包装材料，如被海关发现，必须当场销毁，并支付由此产生的一切费用。

新西兰农业检疫所规定，进口商品包装严禁使用以下材料：干草、稻草、麦草、谷壳或糠、生苔物、土壤、泥灰、用过的旧麻袋及其他材料。

菲律宾卫生部和海关规定，凡进口的货物禁止用麻袋和麻袋制品及稻草、草席等材料包装。

澳大利亚防疫局规定，凡用木箱包装（包括托盘木料）的货物进口时，均需提供熏蒸证明。

美国、巴西及欧盟一些国家，对我国出口货物的木质包装和木质铺垫材料，要求必须附有中国出入境检验检疫机关出具的检疫证书，证明木质包装在进入该国家前经过热处理、熏蒸处理或防腐剂处理，否则，禁止货物进口。

二、包装的分类

包装种类很多，按不同的划分标准有不同的种类。以下介绍几种常见的包装分类，如表 3-2 所示。其中，运输包装和销售包装是最为重要的分类，后面将重点阐述。

表 3-2　包装的分类

分类标准	种类
根据包装在流通过程中所起作用的不同	运输包装、销售包装

续表

分类标准	种类
按材料	纸包装，塑料包装，金属包装，玻璃包装，木制包装及麻、布、竹、藤、草类制成的其他材料包装
按功能	执行运输、保管、流通功能的工业包装和面向消费者起到促销或广告功能的商业包装
按包装形态	个包装、内包装和外包装
按包装方式	防水防潮包装、防锈包装、抗静电包装、水溶性包装、防紫外线包装、真空包装、防虫包装、缓冲包装、抗菌包装、防伪包装、充氮包装、除氧包装等
按包装内容物	食品包装、机械包装、药品包装、化学包装、电子产品包装、军用品包装等
按包装软硬程度	硬包装、半硬包装、软包装等
按包装造型	箱、袋、包等
按包装程度	全包、半包
按是否需要包装	裸装、散装、包装

三、运输包装与销售包装

(一)运输包装

1. 运输包装的含义

运输包装（Transport Packing）又称外包装（Outer Packing），是指将货物装入一定的容器内，或以某种方式组合成箱、成包、成套等的一种包装。其主要作用在于保护商品，防止出现货损、货差，节省储运费用，便于运输、储存、计数和分拨等。

2. 运输包装的种类

运输包装一般分为单件运输包装和集合运输包装。

（1）单件运输包装。单件运输包装是指在运输过程中作为一个计件单位的包装。常见的有箱（Case）、桶（Drum）、袋（Bag）、包（Bale）、篓（Basket）、捆（Bundle）等。一般要按商品的特点及买卖双方的约定选择使用。

（2）集合运输包装。集合运输包装是指将若干件运输包装组合成一个大包装，以便更有效地保护商品，提高装卸效率，节省运输费用。在国际贸易中，常见的集合运输包装有集装箱、集装袋和托盘，如图3-1所示。

①集装箱（Container）。集装箱是一种用金属或木材、纤维板制成的，具有一定强度、刚度和规格，专供周转使用的大型装货容器。使用集装箱装运货物，可直接在发货人的仓库装货，运到收货人的仓库卸货，中途更换车、船、机时，无须将货物从箱内取出换装。它是目前国际贸易运输中最流行的一种运输包装。集装箱为适应不同商品特性和装卸要求，种类较多。有的箱内设有空调或冷冻设备，有的备有装入或漏出的孔道，有的箱内有专门的包装设备或存放商品的固定设备。

图 3-1　部分包装示意图
（a）集装箱；（b）集装袋；（c）托盘

集装箱的规格较多，最常见的是 20 英尺 ×8 英尺 ×8 英尺（20 英尺集装箱）和 40 英尺 ×8 英尺 ×8 英尺（40 英尺集装箱）两种。国际上以 20 英尺 ×8 英尺 ×8 英尺为集装箱规格的标准单位，称为 20 英尺等量单位（twenty – foot equivalent unit，TEU）。凡是非 20 英尺的集装箱，均折合为 20 英尺集装箱计量。

集装箱的货物可以整箱使用集装箱，也可以部分使用集装箱，前者称为整箱货（Full Container Load，FCL），后者称为拼箱货（Less than Container Load，LCL）。

②集装袋（Flexible Container）。集装袋又称柔性集装袋、吨装袋、太空袋等，是集装单元器具的一种，通常以合成纤维或复合材料编织而成，配以起重机或叉车，就可以实现集装单元化运输，它适用于装运大宗散状粉粒状物料。集装袋是一种柔性运输包装容器，广泛用于食品、粮谷、医药、化工、矿产品等粉状、颗粒、块状物品的运输包装，目前许多国家普遍使用集装袋作为运输、仓储的包装产品。

③托盘（Pallet）。托盘是用于集装、堆放、搬运和运输货物的设备，是负荷单元货物和制品的水平平台装置。托盘的承载力一般为 1～2 吨，货物高度不高于 1.6 米。作为与集装箱类似的一种集装设备，托盘现已广泛应用于生产、运输、仓储和流通等领域，被认为是 20 世纪物流产业中两大关键性创新之一。托盘作为物流运作过程中重要的装卸、储存和运输设备，与叉车配套使用，在现代物流中发挥着巨大的作用。托盘给现代物流业带来的效益主要体现在：可以实现物品包装的单元化、规范化和标准化，保护物品，方便物流和商流。

★知识链接

集装箱规格

1. 集装箱外尺寸

集装箱外尺寸指包括集装箱永久性附件在内的集装箱外部最大的长、宽、高尺寸。它是确定集装箱能否在船舶、底盘车、货车、铁路车辆之间进行换装的主要参数，是各运输部门必须掌握的一项重要技术资料。

2. 集装箱内尺寸

集装箱内尺寸指集装箱内部的最大长、宽、高尺寸。高度为箱底板面至箱顶板最下面的距离，宽度为两内侧衬板之间的距离，长度为箱门内侧板量至端壁内衬板之间的距离。它决定集装箱内容积和箱内货物的最大尺寸。

3. 集装箱内容积

集装箱内容积是指按集装箱内尺寸计算的装货容积。同一规格的集装箱，由于结构和制造材料不同，其内容积略有差异。集装箱内容积是物资部门或其他装箱人必须掌握的重要技术资料。

4. 集装箱计算单位

集装箱计算单位又称20英尺换算单位，是计算集装箱箱数的换算单位。目前各国大部分集装箱运输都采用20英尺和40英尺长的两种集装箱。为使集装箱箱数计算统一化，国际上把20英尺集装箱作为一个计算单位，把40英尺集装箱作为两个计算单位，以利于统一计算集装箱的营运量。

（1）20尺柜：内容积为5.90米×2.34米×2.38米，配货毛重一般为17.5吨，体积为24～26立方米。

（2）40尺柜：内容积为11.95米×2.34米×2.38米，配货毛重一般为22吨，体积为54立方米。

（3）40尺高柜：内容积为11.95米×2.34米×2.68米，配货毛重一般为22吨，体积为68立方米。

（4）45尺高柜：内容积为13.58米×2.34米×2.71米，配货毛重一般为29吨，体积为86立方米。

（5）20尺开顶柜：内容积为5.89米×2.32米×2.31米，配货毛重为20吨，体积为31.5立方米。

（6）40尺开顶柜：内容积为12.01米×2.33米×2.15米，配货毛重为30.4吨，体积为65立方米。

（7）20尺平底货柜：内容积为5.85米×2.23米×2.15米，配货毛重为23吨，体积为28立方米。

（8）40尺平底货柜：内容积为12.05米×2.12米×1.96米，配货毛重为36吨，体积为50立方米。

3. 运输包装标志

为了便于识别商品，便于运输、检验、仓储、报关和收货人收货，应进口商的要求或由出口商决定，在商品的外包装上按合同规定书写或刷制一定的标志，以保证顺利交接货物，避免错发错运。

运输包装标志分运输标志、指示性标志和警告性标志等。

（1）运输标志（Shipping Mark）。运输标志，俗称"唛头"（Mark），通常由一个简单的几何图形，必要的字母、数字及文字组成。主要内容包括目的地的名称或代号、收发货人的代号、件号、批号等。此外，有的运输标志还包括原产地、合同号、许可证号、发票号和货物的体积、质量、色泽、型号等内容。

运输标志在国际贸易中还有其特殊的作用。按《联合国国际货物销售公约》规定，在商品特定化以前，风险不转移到买方承担。而商品特定化最常见的有效方式，是在商品外包装上标明运输标志。此外，国际贸易主要采用的是凭单付款的方式，而主要的出口单据如发票、提单、保险单上，都必须显示出运输标志。商品以集装箱方式运输时，运输标志可被集装箱号码和封口号码取代。

为了适应运输业的发展和电子计算机的应用，联合国欧洲经济委员会简化国际贸易程序工作组，在 ISO 和国际货物装卸协调协会的共同努力下，制定了一套标准运输标志向各国推荐使用。它包括：收货人或进口商名称的英文缩写字母或简称；参考号，如运单号、订单号或发票号；目的地；件号。

例：ABC——收货人代号

1234——参考号

NEW YORK——目的地

1～30——件号

在刷印运输标志时应注意：①标志要简明清晰、大小适当、易于辨认、颜色牢固；②部位要得当，应在每件包装相对应的两个侧面上刷印相同的标志，便于装卸识别；③尽量不要在唛头上加上广告性宣传的文字及图案。

（2）指示性标志（Indicative Mark）。指示性标志，是按商品的特性，对容易破碎、残损、变质的商品，用文字说明或图形做出标志，以便指示有关人员在装卸、搬运和储存过程中多加注意。如小心轻放（Handle With Care）、请勿倒置（This Side Up）、防潮（Keep Dry）等，如图 3-2 所示。

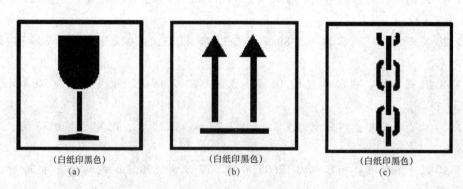

（白纸印黑色）　　　　　（白纸印黑色）　　　　　（白纸印黑色）
　　(a)　　　　　　　　　　(b)　　　　　　　　　　(c)

图 3-2　指示性标志

（a）小心轻放标志；（b）向上标志；（c）由此吊起标志

图 3-2 指示性标志（续）

（d）垂心点标志；（e）垂心偏斜标志；（f）易于翻倒标志；（g）怕湿标志；

（h）怕热标志；（i）怕冷标志；（j）堆码极限标志；（k）温度极限标志；

（l）由此撕开标志；（m）由此开启标志；（n）禁止翻滚标志；（o）禁用手钩标志

（3）警告性标志（Warning Mark）。警告性标志又称危险品标志，指为了保障货物和操作人员的安全，在易燃、易爆和有放射性等危险品的外包装上刷印简单图形和文字以示警告，如爆炸品（Explosive）、易燃品（Inflam Mable）、有毒品（Poison）、腐蚀性物品（Corrosives）和氧化剂（Oxidizing Material）。

联合国海事协商组织规定，在出口危险品的外包装上要刷写"国际海运危险品标志"。在制作危险品标志时，我国颁布有《包装储运标志》和《危险货物包装标志》。我国出口商在出口危险品时应印制我国和国际海运所规定的两套标志，以防货物到国外港口不准靠岸卸货而造成不必要的损失。

除了上述运输标志外，商品的运输包装上一般还会印刷一些其他内容，诸如商品的毛重、体积、原产国、出口或进口许可证号、信用证号等，有时也称为识别性标志。这些内容一般都印刷在唛头的其他空白位置。

4. 运输包装要求

在实际贸易中，对货物的运输包装通常要做好以下几点：运输包装整体坚固完整；包装材料适合货物的性质和运输要求；包装应力求减少重量和体积；包装应尽量规格化，便于装卸、搬运；包装要切合实际，成本不宜过高；包装应符合进出口国的要求。

（二）销售包装

1. 销售包装的含义

销售包装（Sales Packing）又称内包装或小包装，是直接接触商品并随商品进入零售市场和消费者见面的包装。销售包装除具有保护商品的作用外，还有便于陈列展销和便于消费者识别、选购、携带、保存、计量及使用等用途，另外，它还有美化商品、促进销售的功能。

由此可知，销售包装应注意做好包装装潢工作。商品的包装装潢是指按商品的不同属性、形态、数量、质量、价格、销售意图，进口国或销售地的民俗习惯等，设计合理的销售包装造型、图案、色彩、文字说明。商品包装的造型要有新意，不落俗套；图案、色彩要富有艺术性，突出商品特点；文字说明要有实用性，对商品的名称、品牌、数量、规格、成分、使用、产地、日期等要解释清楚，此外，文字说明的形式与内容要与图案、色彩和谐统一，富有美感。

2. 销售包装的种类

销售包装的种类较多，常见的销售包装种类有：

（1）有利展销类。

①叠式包装。如罐、瓶、盒类的商品，其同类包装的盖部和底部在造型设计上可以相互吻合，以使商品能在商店货架上堆叠摆放、陈列展销。

②挂式包装。即在包装上设有挂钩、吊带以及挂孔等，以使商品能在商店货架上悬挂展销。

③展开式包装。是指具有一定结构的盒子，当盒子打开时，盒子图案和商品互相衬托，具有良好的效果。

（2）有利使用类。

①携带式包装。为方便顾客携带，在包装上附有提手装置的包装。

②易开式包装。指密封的包装容器上设有容易开启装置的包装，如易拉罐、易开盒等。

③喷雾式包装。指包装是一个液体喷雾器，使用时按按钮液体即可自动喷出。

④配套包装。指把经常同时使用的不同种类、不同规格的商品搭配成套、合成一体的包装。

⑤礼品包装。即专门作为礼品的销售包装。

⑥复用包装。这种包装除用作出售的商品的包装外，还可用来存放其他商品或供人们观赏，具有多种用途。

（3）有利识别类。

①拉盖式包装。是指在容器上设有开口的包装，便于消费者直接观看商品，增强吸引力。

②习惯式包装。这种包装采用某些商品的常用包装，使消费者从外包装上即可识别商品的种类，常见于在国际市场上已经成熟的出口商品。

3. 商品条形码

商品条形码（Product Code）是由一组带有数字的黑白及粗细间隔不等的平行条纹所组成，利用光电扫描阅读设备为计算机输入数据的特殊的代码语言。它所表示的内容主要包括商品的国别、厂商、品种、规格、型号等，如图3-3所示。目前许多国家的超级市场都使用条形码技术进行自动扫描结算。若商品包装上没有条形码，即使质量再好，也不得进入超市，甚至不许进口，因此说商品包装上的条形码是国际通用的"身份证"，也可以说是国际市场的"入场券"。

图3-3 条形码

现代商品包装上使用的条形码，在国际上通用的有两种：一种是 UPC 码（统一产品代码），由美国和加拿大组织的统一编码委员会（Universal Code Council, UCC）编制；另一种是 EAN 码，由英、法、德等12国成立的欧洲物品编码协会（European Article Number Association，EAN）编制。虽然在 1981 年，EAN 改名为国际货品编码协会（International Article Number Association），但仍保留原简称。为了与国际市场接轨和进一步扩大出口，我国于 1988 年 12 月建立了"中国物品编码中心"，并于 1991 年加入"国际物品编码协会"，该协会分配给中国的国别号为"690、691、692、693、694、695"，凡标有"690、691、692、693、694、695"条形码的商品，即表示是中国出产的商品。

EAN-13 通用商品条形码一般由前缀部分、制造厂商代码、商品代码和校验码组成。商品条形码中的前缀码是用来标识国家或地区的代码，赋码权在国际物品编码协会，如 00～13 代表美国、加拿大，45～49 代表日本，690～695 代表中国内地，471 代表我国台湾地区，489 代表香港特别行政区。制造厂商代码的赋予权在各个国家或地区的物品编码组织，我国由国家物品编码中心赋予制造厂商代码。商品代码是用来标识商品的代码，赋码权由产品生产企业自己行使，生产企业按照规定条件自己决定在自己的何种商品上使用哪些阿拉伯数字为商品条形码。商品条形码最后用 1 位校验码来校验商品条形码中左起第 1～12 数字代码的正确性。

随着我国社会主义市场经济的发展和改革开放的深入，凡适于使用条形码的商品，特别是出口的商品，应争取在商品包装上印刷条形码。厂商应根据需要选择申请适宜的代码结构，遵循三项基本的编码原则，即唯一性原则、无含义性原则、稳定性原则编制商品标识代码，这样就能保证商品标识代码在全世界范围内是唯一的、通用的、标准的，就能作为全球贸易中信息交换、资源共享的关键字和全球通用的商业语言。书籍和期刊也有国际统一的 ISBN 和 ISSN 编码，但不在上述标准之列。

★知识链接

无线射频识别技术的应用

条形码技术在 1949 年开始真正推广应用，已经走过了半个多世纪的历程，在现代社会里，条形码已无处不在。然而，随着无线射频识别（RFID）技术的兴起，这种电子标签得到了越来越广泛的使用。

1. RFID 工作原理和系统组成

RFID 是 Radio Frequency Identification 的缩写，即射频识别。最基本的 RFID 系统由三部分组成：①标签（Tag）：由耦合元件及芯片组成，每个标签具有唯一的电子编码，像条形码一样附着在物体上来标识目标对象；②阅读器（Reader）：读取（有时还可以写入）标签信息的设备，可设计为手持式或固定式；③天线（Antenna）：在标签和读取器间传递射频信号。

电子标签中一般保存有约定格式的电子数据，在实际应用中，电子标签附着在待识别物体的表面。阅读器通过天线发送出一定频率的射频信号，当标签进入磁场时产生感应电流从而获得能量，这时阅读器即可无接触地读取并识别电子标签中所保存的电子数据，从而达到自动识别物体的目的。通常阅读器与计算机相连，所读取的标签信息被传送到计算机上进行下一步处理。

RFID 标签可分为被动标签（Passive Tag）和主动标签（Active Tag）两种。主动标签自身带有电池供电，读/写距离较远，同时体积较大，与被动标签相比成本更高，也称为有源标签。被动标签自身不带有电池，由阅读器产生的磁场中获得工作所需的能量，成本要比主动标签低很多，并具有很长的使用寿命。被动标签比主动标签更小也更轻，读写距离较近，也称为无源标签。

2. RFID 使用的优点

条形码是一种应用非常广泛的自动识别技术，但 RFID 与之相比优势非常明显，具体体现如下。

（1）不需要光源，甚至可以透过外部材料读取数据。

（2）标签芯片与自带天线全封闭、防尘、防水、防静电，不怕弯曲，能在恶劣环境下工作。

（3）具有小、薄、柔韧性、可植入多种材料内部的特性，能够轻易嵌入或附着在不同形状、类型的产品上。

（4）读取距离更远。

（5）可以写入及存取数据，与条形码打印相比写入时间更少。

（6）标签的内容可以动态改变，反复使用（擦写 10 万次，读无限次）。

（7）读取快速，一次可同时识别几十甚至上百个标签。

（8）标签的数据存取有密码保护，电子标签复制难度高，安全性能高。

（9）使用寿命长：无机械磨损，无机械故障，不怕恶劣环境。

（10）可以对 RFID 标签所附着的物体进行追踪定位。

4. 销售包装要求

在实际贸易中，对货物的销售包装通常要做好以下几点。

（1）销售包装既要求美观，也要求实用，符合商品特性，不要过于夸张、花哨。

（2）包装应力求特色化，以便于树立企业的良好形象。

（3）包装要切合实际，成本不宜过高。

（4）包装上的文字要通俗易懂，符合国际语言习惯。

（5）包装应符合进出口国的要求，例如，日本对进口罐头类商品规定要注明生产年月，意大利对罐头类商品规定要有意大利文字说明等。

四、中性包装、定牌、无牌

在国际贸易中，为了适应国外市场的特殊要求，如转口销售，或者为了打破某些进口国家的关税和非关税壁垒，要使用中性包装、定牌、无牌等。这种做法是国际贸易中比较常见的，在买方的要求下，可酌情采用。对于我国和其他国家订有出口配额协定的商品，则应从严把控，因为万一发生进口商将商品转口至有关配额国，将对我国产生不利影响。出口商千万不能因图一己之利而损害国家的声誉和利益。

（一）中性包装

中性包装（Neutral Packing）是指根据国外进口商的要求，商品的内外包装上不注明生产国别、地名和厂名的包装。采用中性包装是国际贸易中的一种常见做法，它能够以特殊的方式打破进口国或地区的限制，有效地防止歧视，对进出口商进行正常的国际贸易交易是有利的。

中性包装可分为无牌中性包装和定牌中性包装两种，前者是指既无商标又无生产国别的包装，后者是指无生产国别，但有进口方指定的商标或牌号的包装。在定牌中性包装出口贸易中，要特别注意买方指定商标的合法性，防止发生商标侵权事件。

2002年世界杯期间，日本一进口商为了促销运动饮料，向中国出口商订购T恤衫，要求以红色为底色，并印制韩日世界杯字样，此外不需印刷任何标识，以在世界杯期间作为促销手段随饮料销售赠送现场球迷，合同规定2002年5月20日为最后装运期，我方组织生产后于5月25日将货物按质量装运出口，并备齐所有单据向银行议付货款。然而货到时，由于日本止步16强，日方可能估计到饮料销售前景暗淡，遂以单证不符为由拒绝赎单，在多次协商无效的情况下，我方只能将货物运回国内销售以减少损失，但是货物在海关通关时，海关认为由于韩日世界杯字样及英文标识为国际足联所持有，而我方外贸公司不能出具有效的商业使用证明文件，因此海关以侵犯知识产权为由扣留了这批T恤衫。

（二）定牌

定牌指出口商按进口商的要求在其出售的商品或包装上标明进口商指定的商标或品牌。当前，世界上许多国家的超级市场、大百货公司和专业商店，对其经营出售的商品，都要求在商品上或包装上标有本商店使用的商标或品牌，以扩大本店知名度和显示该商品的身价。许多国家的出口商，为了利用进口商的经营能力及其商业信誉和品牌声誉，以提高商品售价和扩大销路，也愿意接受定牌生产。但是这些产品大多不是由这些商家自行组织生产的，而是从世界各地采购而来的。

（三）无牌

无牌是指买方要求卖方在其出口的商品和/或包装上免除任何商标或牌名的做法。它主要用于一些尚待进一步加工的半制成品，如供印染用的棉坯布，或供加工成批服装用的呢绒和绸缎等。其目的主要是避免浪费，降低费用成本。国外有的大百货公司、超级市场向出口商订购低值易耗的日用消费品时，也有要求采用无牌包装方式的。

中性包装、定牌、无牌的最主要区别是什么？

五、包装条款的基本内容

包装条款的主要内容包括包装的材料、样式、规格、费用等，尤其是买方需要卖方提供的特殊性包装，必须提前在包装条款中说明。

以下是包装条款的一些实例：

（1）纸箱装，每箱24听，每听净重450克。

（2）布包，每包20匹，每匹42码。

六、订立包装条款的注意事项

在订立包装条款时，要注意以下事项。

（1）要考虑商品的特点和不同运输方式的要求。不同的商品有不同的运输方式，所以在约定包装材料、包装方式、包装规格和包装标志时，必须从商品在储运和销售过程中的实际需要出发，使约定的包装科学、合理，并达到安全、适用和适销的要求。

（2）买卖双方应对包装的各项事宜在合同中规定明确。一般不宜用含义笼统的术语，如"适合海运包装"（Seaworthy Packing）、"习惯包装"（Customary Packing）等，以免引起争议。

（3）运输标志的确定。按照国际贸易习惯，运输标志一般由出口商决定，并无必要在合同中做出具体规定。但如果进口商有要求，就需要在合同中做出具体规定。

（4）明确包装由谁供应和包装费由谁负担。包装由谁供应，通常有下列三种做法。

①由出口商供应包装，包装连同商品一块交付进口商。

②由出口商供应包装，但交货后，出口商将原包装收回。关于原包装返回给出口商的运费由何方负担，应做具体规定。

③由进口商供应包装或包装物料。采用这种做法时，应明确规定进口商提供包装或包装物料的时间，以及由于包装或包装物料未能及时提供而影响发运时买卖双方所负的责任。

包装费用一般包括在货价之中，不另计收，但也有不计在货价之内，而规定由进口商另行支付的。

（5）明确装箱数及其配比。

课后习题

【基本目标题】

一、名词解释

1. 凭样品买卖
2. 良好平均品质
3. 毛重和净重
4. 装运重量
5. 中性包装
6. 销售包装
7. 运输包装
8. 警告性标志
9. 定牌中性包装

二、判断题

1. 在出口贸易中，表达品质的方法多种多样，为了明确责任，最好采用既凭样品又凭规格买卖的方法。　　　　　　　　　　　　　　　　　　　　　　　　　　　（　　）

2. 在出口凭样品成交业务中，为了争取国外客户，便于达成交易，出口企业应尽量选择质量最好的样品请对方确认并签订合同。　　　　　　　　　　　　　　　（　　）

3. 在约定的质量机动幅度或质量公差范围内的品质差异，除非另有规定，一般不另行增减价格。　　　　　　　　　　　　　　　　　　　　　　　　　　　　　（　　）

4. 某外商来电要我方提供大豆，按含油量18%、含水量14%、不完善粒7%、杂质1%的规格订立合同。对此，在一般条件下，我方可以接受。　　　　　　　　　（　　）

5. 我国A公司向《国际货物买卖合同公约》缔约国B公司出口大米，合同规定数量为50 000吨，允许出口商可溢短装10%。A公司在装船时共装了58 000吨，遭到进口商拒收。按公约的规定，进口商有权这样做。　　　　　　　　　　　　　　　（　　）

6. 运输包装上的标志就是指运输标志，也就是通常所说的唛头。 （   ）

7. 国际上通用的条形码有两类：UPC 和 EAN。UPC 码是目前国际上公认的物品编码标识系统。 （   ）

8. 进出口商品包装上的包装标志，都要在运输单据上表明。 （   ）

9. 采用定牌出口商品时，除非买卖双方另有规定，一般都应在商品包装上注明"中国制造"字样。 （   ）

10. 指示性标志用图形或文字表示。 （   ）

三、不定项选择题

1. 出口商根据进口商来样复制样品，寄送进口商并经其确认的样品，称为（   ）。
   A. 复样　　　　　　　B. 回样　　　　　　　C. 原样　　　　　　　D. 确认样
   E. 对等样品

2. 在国际贸易中，造型上有特殊要求或具有色香味方面特征的商品适合于（   ）。
   A. 凭样品买卖　　　　　　　　　　　B. 凭规格买卖
   C. 凭等级买卖　　　　　　　　　　　D. 凭产地名称买卖

3. 若合同规定有质量公差条款，则在公差允许范围内，进口商（   ）。
   A. 不得拒收货物　　　　　　　　　　B. 可以拒收货物
   C. 可以要求调整价格　　　　　　　　D. 可以拒收货物也可以要求调整价格

4. 在国际贸易中，木材、天然气和化学气体的计量单位习惯（   ）。
   A. 按重量计算　　B. 按面积计算　　C. 按体积计算　　D. 按容积计算

5. 在国际贸易中，酒类、汽油等液体商品的计量单位习惯（   ）。
   A. 按重量计算　　B. 按面积计算　　C. 按体积计算　　D. 按容积计算

6. 在国际贸易中，一些贵重金属如黄金、白银的计量单位是（   ）。
   A. 克拉　　　　　　B. 盎司　　　　　　C. 长吨　　　　　　D. 公担

7. 包装标志按其用途，可分为（   ）。
   A. 运输标志　　　B. 指示性标志　　　C. 警告性标志　　　D. 识别标志
   E. 条形码标志

8. 条形码标志主要用于商品的（   ）上。
   A. 销售包装　　　　　　　　　　　　B. 运输包装
   C. 销售包装和运输包装　　　　　　　D. 任何包装

9. 国际货物买卖合同中的包装条款，主要包括（   ）。
   A. 包装材料　　B. 包装方式　　C. 包装费用　　D. 包装标志
   E. 包装时间

10. 集合运输包装可以分为（   ）。
    A. 集装袋　　　　　B. 集装包　　　　　C. 集装箱　　　　　D. 托盘
    E. 桶装

四、计算题

我国一服装加工厂从澳大利亚进口羊毛 20 吨，双方约定标准回潮率为 11%，若测得该批羊毛的实际回潮率为 15%，则该批羊毛应为多少？

【升级目标题】

五、案例分析

1. 我国某公司从国外进口某农产品，合同数量为 100 万吨，允许溢短装 5%，而外商装船时共装运了 120 万吨，对于多装的 15 万吨，我方应如何处理？

2. 我国某出口公司对外出口一批罐头，合同规定数量为 454 克×24 听纸箱 1 000 箱。我方根据库存情况，实际出口 454 克×48 听纸箱 500 箱。外商以我方包装不符为由拒收货物。外商拒收是否有理？为什么？

3. 在荷兰某一超级市场上有黄色竹制罐装的茶叶一批，罐的一面刻有中文"中国茶叶"四字，另一面刻有我国古装仕女图，看上去精致美观颇富民族特点，但国外消费者少有问津，其故何在？

4. 我国出口水果罐头一批，合同规定为纸箱装，每箱 30 听，共 80 箱，但我方发货时改为每箱 24 听，共 100 箱，总听数相等。这样做妥当吗？

5. 我方向德国出口某农产品一批，合同规定水分最高为 15%，杂质不得超过 3%。在成交前我方曾向进口商寄过样品，订约后我方又电告对方成交货物与样品相似。货到德国后，进口商提出货物的质量虽与合同相符，但其规格指标比样品低，并依据检验证明要求赔偿损失。我方是否可以以该批业务并非凭样品买卖为由而对其不予理睬？为什么？

6. 我国某出口公司与日本一商人按每吨 500 美元 CIF 东京条件成交某农产品 200 吨，合同规定采用双线新麻袋包装，每袋 25 千克，并采用信用证付款方式。我国公司凭证装运出口并办妥了结汇手续。事后对方来电称，我国公司所交货物扣除皮重后实际到货不足 200 吨，因此要求退回多收的货款，但我国公司以合同中未规定按净重计价为由拒绝退款。我国公司的做法是否可行？

7. 某公司外售杏脯 1～5 吨，合同规定纸箱装，每箱 15 千克（内装 15 小盒，每小盒 1 千克）。交货时，此种包装的商品无货，于是便将小包装（每箱仍有 15 千克，但内装 30 小盒，每小盒 0.5 千克）货物发出。到货后，对方以包装不符为由拒收货物，拒付货款。出口商则认为数量完全相符，要求进口商付款。你认为责任在谁？应如何处理？

8. 一港商拟购内地"船牌"化工原料转口台湾，但要求包装上不得使用"中华人民共和国制造"和"船牌"商标，而改用其提供的"皇后"商标。我方可否接受？

六、技能训练

1. 草拟一份合同的品名、品质、数量及包装条款，内容自定。

2. 根据下述已知条件绘制一个运输标志，要求中英文结合。

客户名称：ELOFHANSSENGMBH

商品：滑雪手套

成交数量：2 400 副

目的港：新加坡

包装：每 12 副装 1 盒，每 10 盒装一纸箱

★ 补充阅读

中美贸易争端一直不断，2003 年至 2005 年岁末，由美国单方面挑起的一系列贸易摩擦

给中美贸易关系蒙上了浓重的阴影，贸易大战似乎一触即发，中美两国进入了前所未有的贸易摩擦期。中美贸易摩擦作为中美经贸关系的一部分随中美政治关系的发展和国际局势的变幻而发生变化。2018 年，特朗普政府不顾中方劝阻，执意发动贸易战，掀起了又一轮中美贸易争端。

引起中美双方贸易摩擦的原因和类型可归纳为五种：因一方某些进口激增或者进口限制引起的微观经济摩擦；双方贸易不平衡导致的宏观经济摩擦；与国际投资有关的投资摩擦；因双方贸易制度不同引发的摩擦；因为技术性贸易壁垒引起的技术摩擦。实际上，在经济全球化背景下，贸易摩擦在所难免。我国是发展中大国，市场经济制度还不完善，政治制度、文化传统和美国都有很大的差异，出现一些贸易摩擦属于正常现象。

中美建交特别是中国的"入世"促进了两国经济贸易往来，但长期存在于两国贸易关系中的一些问题，如汇率问题、贸易不平等问题等，并没有得到有效解决。随着两国经济融合进一步加深，双方还会发生很多的碰撞，产生各种问题。

近年来，随着中美经贸关系的快速发展，双边贸易摩擦也呈现日益加剧的趋势。贸易不平衡、纺织品特保、对华反倾销等问题构成了中美贸易摩擦的主要内容。中美两国经济利益的争夺、美国国内贸易保护主义的回流以及美国对中国的战略遏制等是双边贸易摩擦日益增多的主要原因。贸易摩擦对中美经贸关系的发展带来了较大的消极影响。

中美贸易摩擦以微观经济摩擦为主，但还会扩大到其他领域。2003 年的人民币汇率问题已经是宏观经济摩擦，而且一直持续到现在。正如"入世"并没有减少中美贸易摩擦一样，"入市"也难以保证中国会面临少得多的限制。未来的中美贸易可能扩展到包括劳动标准、补贴、卫生检验标准、安全问题、贸易不平等、与投资和贸易有关的制度安排等多领域。

中国加入 WTO 以来，中国企业应进一步熟悉 WTO 争端的解决机制并熟练掌握 WTO 争端解决机制规则，为抑制贸易战、打赢贸易战做好准备。具体而言，发生贸易争端时，解决贸易争端、平息贸易摩擦的办法之一就是拿起世界贸易组织争端机制这个武器，争取以磋商方式解决争端。而大力实施品牌战略，提高企业竞争力，从提高产品档次，形成产品的个性化竞争优势入手，打造产品国际品牌，这是解决贸易摩擦的根本途径。积极实施"走出去"战略，不仅可以使东道国对进口的保护措施失去原有的威力，而且可以打开新的市场，将发生贸易摩擦的风险降至最低。

第二篇
技 能 模 块

任务四

了解商务谈判准备阶段

★任务简介

　　本任务共分四节，主要讲解商务谈判准备的主要环节，包括组织准备、信息准备等内容；阐述了商务谈判计划的制定及模拟谈判等内容。通过对本任务的学习，可以掌握商务谈判计划的制定，其中包括谈判目标的确定、谈判地点和时间、谈判议程、谈判策略制定；学会使用谈判策略和技巧进行模拟谈判。

★基本目标

　　了解商务谈判准备的各主要环节基本内容，包括组织准备、信息准备、计划制定和模拟谈判。

★升级目标

　　学会商务谈判计划的制定。

★教学重点与难点

　　教学重点：

　　1. 商务谈判的组织准备。

　　2. 商务谈判的信息准备。

　　3. 商务谈判的计划制定。

　　4. 模拟谈判。

　　教学难点：

　　商务谈判的计划制定。

　　商务谈判的准备阶段，一般是指谈判双方接到谈判任务，到进行面对面谈判之前的一段时间。在这一阶段中，谈判双方将对谈判任务进行分析，并对谈判进行相应的准备。准备工作内容庞杂、范围广泛，需做到尽可能准备充分。

在这一阶段，谈判双方对谈判还没有实质性的认识，各项工作千头万绪。由于实践的复杂多变，无论准备工作做得多么充分，都会遇到新情况和新问题。谈判各方的心理都比较紧张，态度比较谨慎，都会想方设法去探测对方的虚实及心理状态。所以，这个阶段主要是谈判的组织准备、信息准备、谈判计划的制定以及模拟谈判等。谈判前的准备工作做得如何，决定着谈判能否顺利进行以及能否达成有利于己方的协议。因此，谈判前的准备工作是整个谈判的重要组成部分。

第一节　商务谈判的组织准备

谈判的主体是人，筹备谈判的第一项工作内容就是组织准备，也就是说组建谈判班子。谈判人员的选拔、结构及其内部协作与分工的协调，对于谈判的成功是非常重要的。

一、谈判人员的选拔

（一）谈判人员应具备的素质

谈判人员的素质是筹备和策划谈判谋略的决定性因素，直接影响着整个谈判过程的发展与谈判的成败。可以说，谈判人员的素质是谈判成败的关键。一般来讲，谈判人员必须具备下述几方面的素质条件。

1. 心理素质

谈判人员的心理素质包括责任心、耐心、诚心、决心、自信心和自尊心。

（1）责任心。责任心是指谈判人员要以极大的热情和全部的精力投入谈判活动，以对自己工作高度负责的态度抱定必胜的信念去进行谈判。一个人根本不愿意进行谈判，对国家和集体都没有责任心，是不会全力以赴代表国家或集体去进行谈判的。在商务谈判中，有些谈判人员不能抵御谈判对手变化多端的攻击，为了个人私欲损公肥私，通过向对手透露情报资料，甚至与对手合伙谋划等方式，使己方丧失有利的谈判地位，使国家、集体蒙受巨大的经济损失。因此，谈判人员必须思想过硬，具有强烈的责任心，充分调动自身的智力因素和其他积极因素，才会以科学严谨、认真负责、求实创新的态度，本着对自己负责、对他人负责、对集体负责、对国家负责的原则，克服一切困难，顺利完成谈判任务。

（2）耐心。耐心是在心理上战胜谈判对手的一种战术与战略。商务谈判不仅是一种智力、技能和实力的比拼，更是一场意志、耐心的较量。有一些重大、艰难的商务谈判，往往不是一轮、两轮就能完成的。在一场旷日持久的谈判较量中，对于谈判人员而言，如果缺乏应有的耐心和意志，就会失去在商务谈判中取胜的主动权。

在商务谈判中，耐心表现在不急于取得谈判的结果，能够很好地控制自己的情绪，不被对手的情绪牵制和影响，使自己能始终理智地把握正确的谈判方向。此外，耐心可以使谈判人员避免意气用事，融洽谈判气氛，缓和谈判僵局；使谈判人员更多地倾听对方的诉说，获得更多的信息；使谈判人员更好地克服自身的弱点，增强自控能力，更有效地控制谈判局面。

（3）诚心。谈判是双方的合作，而合作能否顺利进行，能否取得成功，还取决于双方合作的诚意。诚心，是一种负责的精神、合作的意向，是诚恳的态度，是谈判双方合作的基础。也就是说，谈判需要诚心，诚心应贯穿谈判的始终，受诚心支配的谈判心理是保证谈判目标实现的必要条件。要做到诚心，在具体的活动中，对于对方提出的问题要及时答复，对方的做法有问题要适时恰当地提出，自己的做法不妥要勇于承认和纠正，不轻易许诺，承诺后要认真践诺。

在谈判过程中，以诚心感动对方，可以使谈判双方互相信任，建立良好的交往关系，有利于谈判的顺利进行。

（4）决心。在商务谈判中，具有果断决心的谈判人员能够有效地调动各种内在和外在的力量，共同为谈判的成功服务。因此，许多谈判专家把谈判中具备果断素质的人称为"具有十亿美元头脑的人"。另外，商务谈判是个较量的过程，双方都将面对各方面的压力，所以谈判人员要有果断的决心承受这些压力，尤其是面对拖延、时间紧张、失败的时候，更应如此。

（5）自信心。在商务谈判中，谈判人员应相信自己的能力和实力，相信集体的智慧和力量，相信谈判双方有合作的意愿，具有说服对方的信心。有了足够的信心，谈判人员的潜能才能得到充分发挥。只有具备必胜的信念，谈判人员才能在非常艰难的条件下经过不懈的坚持取得胜利。所以，无论如何，谈判人员一定不能表现出信心不足，即使是在谈判出现困难的时候。

当然，在客观现实中，谈判人员自信心的获得是建立在充分准备、充分占有信息和对谈判双方实力科学分析和调研的基础上的，不是盲目的自信。

（6）自尊心。自尊心是谈判人员正确对待自己和谈判对手的良好心理。谈判人员首先要有自尊心，维护民族尊严和人格尊严，面对强大的对手不奴颜婢膝，更不能出卖尊严换取交易的成功，同时谈判人员还要尊重对方的意见、观点、习惯和文化观念。在商务谈判中，只有互相尊重，平等相待，才可能保证合作成功。

2. 知识素质

出色的谈判人员应具备丰富的知识。谈判人员既要具备广博的综合知识，又要有很强的专业知识，以便在商务谈判中应变自如。

（1）基础知识。优秀的谈判人员必须具备完善的相关学科的基础知识，要把自然科学和社会科学统一起来。在具备贸易、金融、营销等一些必备的专业知识的同时，还要对心理学、经济学、管理学、财务学、政治学、控制论、系统论等一些学科的知识广泛地摄取，为我所用。在商务谈判中，谈判人员的知识技能单一化已成为一个现实的问题，技术人员不懂商务、商务人员不懂技术的现象大量存在，给谈判工作带来了很多困难。因此，谈判人员必须具备多方面的知识，只有这样才能适应复杂的谈判活动的要求。

（2）专业知识。优秀的谈判人员除了必须具备广博的知识面，还必须具有较深的专业知识。专业知识是谈判人员在谈判活动中必须具备的知识，没有系统而精深的专业知识功底，就无法进行成功的谈判。因此，要求谈判人员必须掌握一些谈判的基本程序、原则、方式以及学会在谈判的不同阶段使用不同的策略技巧。

（3）法律知识。谈判人员必须充分了解有关谈判事项的法律法规，否则很可能使谈判因为不合法而产生无法进行的问题。只有具备了充分的法律知识，才能在商务谈判中大大加强自己的地位，及时识破对方的诡计，用法律武器维护自己的利益。

这里要掌握的法律知识，除了包括当事人所在国的国内法及有关规定外，还包括国际公约和统一的惯例、有关国际贸易的习惯和条约、统一的规则等。其种类因谈判事项的不同而不同，主要包括以下几方面：

①关于买卖，有民法、商法、合同法、国际货物买卖公约、国际贸易等方面的法规；

②关于付款方式，有票据法、信用证统一条例、托收统一规则、契约保证统一规则等；

③关于运输，有海商法、国际货物运输法、国际货物运输公约、联运单据统一规则等；

④关于保险，有海上保险法、伦敦保险协会货物条款等；

⑤关于检疫，有商品检疫法、动植物检疫法等；

⑥关于报关，有税法、反倾销法等；

⑦关于知识产权，有专利法、商标法、工业产权法、知识产权公约等；

⑧关于经济合作，有投资合作条例、有关技术合作条例、公司法等；

⑨关于消费者保护，有消费者保护法、包装标志条例、产品责任法、公平交易法等；

⑩关于外汇及贸易管理，有外汇管理条例、贸易法等；

⑪关于纠纷的处理，有民事诉讼法、商务仲裁法等。

（4）人文知识。随着经济全球化的不断发展，在商务谈判中，免不了要和来自不同国家、不同地区、不同民族的商务人员打交道。因此，在商务谈判中，谈判人员要了解、尊重和迎合谈判对方的各种风俗习惯、礼仪礼节等，否则就会闹笑话。"百里不同风，千里不同俗"，如一位在中东做生意的美国人要在一份几百万美元的协议上签字，此时，主人请他吃当地一种美餐——羊头，这位美国人如果不欣然接受，他将会失去这笔生意。只有提前了解并掌握这些不同的风俗习惯和礼仪礼节，才能够在商务谈判中灵活地运用谈判技巧，做到因人而异、有的放矢，最终取得良好的谈判效果。

3. 礼仪素质

在商务谈判中，礼仪礼节作为交际规范，是对客人表示尊重，也是谈判人员必须具备的基本素养。在谈判桌上，一个谈判人员的彬彬有礼、举止坦诚、格调高雅，往往能够给人带来赏心悦目的感受，能为谈判营造一种和平友好的气氛。反之，谈判人员的无知和疏忽，不仅会使谈判破裂，而且会产生恶劣的影响。

此外，谈判人员还要十分注意社交规范，尊重对方的文化背景和风俗习惯，这对于赢得对方的尊重和信任，推动谈判顺利进行，特别是在关键场合、同关键人物谈判中，往往能起到积极的作用。

注重礼仪的内容还包括谈判人员在谈判破裂时能给对方留足面子，不伤人感情并能为以后的合作与交往留下余地，做到"生意不成友情在"。这样就会有越来越多的客商愿意与你发展合作关系。

4. 身体素质

商务谈判往往是一项牵涉面广、经历时间长、节奏紧张、压力大、耗费体力和精力的工作。如果赴国外谈判，还要遭受旅途颠簸、环境不适之苦；如果接待客商来访，则要尽地主之谊，承受迎送接待、安排活动之累。所有这些都要求谈判人员必须具备良好的身体素质，这同时也是谈判人员保持顽强意志力与敏捷思维的基础。

（二）谈判人员应具备的综合能力

1. 洞察能力

敏锐的洞察能力是其他能力，诸如分析力、判断力、想象力和预见力的基础。具有洞察能力，才能敏感地观察到谈判形势的细微变化，捕捉到有价值的大量的谈判信息；才能迅速掌握谈判对手的真实意图，根据掌握的信息和对方的现场言谈举止加以综合分析，做出合理判断。

谈判的准备阶段和洽谈阶段充满了多种多样、始料未及的问题和假象，谈判人员为了达到目的，往往以各种手段掩饰真实意图，其传达的信息真真假假、虚虚实实，优秀的谈判人员能够通过观察、思考、判断、分析和综合的过程，从对方的言谈和行动迹象中判断真伪，了解对方的真实意图，从而掌握谈判的主动权，取得谈判的成功。

2. 应变能力

任何细致的谈判准备都不可能预料到谈判中可能发生的所有情况，许多事情都无法按照事先拟定的程序去完成，这就要求谈判人员必须具备沉着、机智、灵活的应变能力，能够在主客观情况变化的瞬间，趋利避害，以控制谈判的局势。

应变能力内涵颇为丰富，如思维方法上的灵活性、决策选择上的灵活性、满足对方需求的灵活性等。作为一名优秀的谈判人员，应该做到：当陷入被动或困扰时，善于做自我调节，能够临危不乱、受挫不惊、从容应对，在整个谈判过程中始终保持清醒、冷静的头脑，保持灵敏的反应能力，使自己的作用得以充分发挥。

3. 社交能力

社交能力指人们在社会上与各类不熟悉的人进行交往、沟通的能力，是一个人多方面能力的综合表现，如表达能力、组织能力、应变能力、逻辑能力及知识修养等。谈判实质上是人与人之间思想观念、意愿情感的交流过程，是重要的社交活动。谈判人员应善于与不同的人打交道，也要善于应对各种社交场合，通晓和遵守各种社交场合的礼仪规范，这就要求谈判人员塑造良好的个人形象，掌握各种社交技巧，熟悉各种社交礼仪知识。

4. 决策能力

决策能力是谈判活动中比较重要的一种能力。谈判人员必须十分熟悉谈判项目的有关情况，能依据形势的变化，抓住时机，果断地做出正确决策。决策能力是人的各项能力的综合表现，是建立在人们观察、注意、分析的基础上，运用判断思考、逻辑推理而做出决断的能力。因此，谈判人员要注意各种能力的平衡发展，应有意识、有目的地培养和锻炼自己某一方面较差的能力，使各种能力的发展趋于平衡。

5. 语言表达能力

谈判重在谈，谈判的过程也就是谈话的过程。一个优秀的谈判人员，要像语言大师那样精通语言，讲究说话的艺术，通过语言的感染力强化谈判的艺术效果。古今中外，许多著名的谈判大师都是出色的语言艺术家。谈判人员不仅要注意语言的艺术化，还要注意语言的运用技巧，使谈判语言生动、鲜明、形象、具体。同样一句话，从不同的角度去讲，就会产生不同的效果。如将"屡战屡败"说成"屡败屡战"，意境迥然不同。可见，语言艺术有点石成金的功效。谈判人员一旦掌握了语言艺术，就会对谈判产生意想不到的有益影响。

6. 情绪控制能力

在谈判过程中经常会由于谈判人员利益的冲突而形成紧张、争吵、对抗的局面，破坏谈判气氛，造成谈判破裂。太重感情的人担任谈判代表要冒以下风险：一是要冒吃亏的风险，他们很容易被对方的"糖衣炮弹"击中，产生感恩戴德的心理，不自觉地把企业的利益拱手相让，且不觉得自己做得不对；二是要冒失掉大笔生意的风险，他们会受不了稍微强烈一点的情绪刺激，如激动、气愤、屈辱等，很容易与对方闹僵。宠辱不惊、喜怒不形于色也不太好，对方会觉得你老奸巨猾、难以接近，处处提防你，这对你也是不利的。因此，提高自已对情绪的控制能力，会使你在商务谈判中时刻保持一个冷静清醒的头脑。

7. 开拓创新能力

谈判中，双方为了各自利益展开唇枪舌剑，而每一方的利益又都十分具体，随着双方力量的变化和谈判的进展，谈判过程可能出现较大的变化。这时，如果谈判人员抱残守缺、墨守成规，那么谈判要么陷入僵局，要么破裂，致使谈判失败。所以谈判人员要具备丰富的想象力和不懈的创造力，勇于开拓创新，拓展谈判的新思路、新模式，创造性地提高谈判工作水平。

★ 知识链接

谈判能力的八字箴言

谈判能力在每种谈判中都能起到重要作用，无论是商务谈判、外交谈判，还是劳务谈判。对于国际商务谈判中的各方来说，谈判能力来源于八个方面——"N"需求（Need）、"O"选择（Options）、"T"时间（Time）、"R"关系（Relationship）、"I"投资（Investment）、"C"可信性（Credibility）、"K"知识（Knowledge）、"S"技能（Skill）。

1. 需求（Need）

对于国际商务谈判双方来说，谁的需求更强烈一些，谁就拥有较弱的谈判力。例如，进口商的需求较多，出口商就拥有相对较强的谈判力；出口商越希望出口自己的产品，进口商就越拥有较强的谈判力。

2. 选择（Options）

如果国际商务谈判不能最后达成协议，那么双方谁拥有的选择机会多，谁就拥有较强的谈判力。如果本方可选择的机会越多，对方认为本方的产品或服务是唯一的，或者没有太多的选择余地，本方就拥有较强的国际商务谈判资本。

3. 时间（Time）

时间是指国际商务谈判中可能出现的有时间限制的紧急事件。如果进口商要承受时间的压力，自然会增强出口商的谈判力。

4. 关系（Relationship）

如能与客户之间建立强有力的关系，在同潜在客户谈判时，就会拥有关系力。在谈判前及谈判过程中建立人际关系的一大障碍是一些谈判团队存在严格的等级制度。等级和礼仪通常规定了谁向谁讲话，哪些话题可以讨论，哪些不可以讨论，谁首先发言等。所以，谈判代表在着手与对方建立人际关系之前，需要首先了解等级制度是如何起作用的，应该如何深入这种制度。

5. 投资（Investment）

投资是指国际商务谈判过程中投入了多少时间和精力。为此投入越多，对达成协议承诺多的一方往往拥有较弱的谈判力。

6. 可信性（Credibility）

潜在客户对交易标的可信性也是谈判力的一种。如果客户曾经使用过出口商的某种产品，且其产品具有价格和质量等方面的优势，无疑会增强出口商的可信性。但这一点不能决定最后能否成交。

7. 知识（Knowledge）

知识就是力量。如果谈判人员充分了解客户的问题和需求，并预测到销售的产品能如何满足客户的需求，那么谈判人员的知识无疑增强了对客户的谈判力。如果客户掌握产品更多的知识和经验，客户就有更强的谈判力。

8. 技能（Skill）

技能是增强国际商务谈判力至关重要的内容，国际商务谈判策略是综合的学问，需要拥有广博的经济学、商学、社会学、商品学等多学科知识。

二、谈判人员结构

谈判人员不但要有良好的政治、心理、业务等方面的素质，而且要恰如其分地发挥各自的优势，互相配合，以整体的力量征服谈判对手。谈判人员结构直接关系着谈判的成功与否，是谈判谋略中技术性很强的学问。

在一般的商务谈判中，所需的知识大体上可以概括为：有关技术方面的知识；有关价格、交货、支付条件等商务方面的知识；有关合同法律方面的知识；语言翻译方面的知识。

根据谈判对知识方面的要求，谈判班子应配备相应的人员：业务熟练的经济人员；技术精湛的专业人员；精通经济法的法律人员；熟悉业务的翻译人员。

从实际出发，谈判班子还应配备一名有身份、有地位的负责人组织协调整个谈判班子的工作，一般由单位副职领导兼任，称首席代表，另外还应配备一名记录人员。这样，由不同类型和专业的人员就组成了一个分工协作、各负其责的谈判组织群体，其结构如图 4-1 所示。

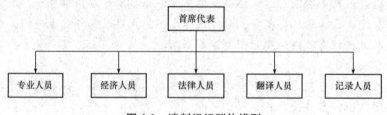

图 4-1　谈判组织群体模型

在这个群体内部，每位成员都有自己明确的职责。

1. 首席代表

首席代表是指那些对谈判负领导责任的高层谈判人员，他们在谈判中的主要任务是领导谈判组织的工作，这就决定了他们除具备一般谈判人员必需的素养外，还应阅历丰富、目光远大，具有审时度势、随机应变、当机立断的能力，具有善于控制与协调谈判小组成员的能力。因此，无论从什么角度来认识他们，都应该是富有经验的谈判高手。其主要职责是：

（1）监督谈判程序；

（2）掌握谈判进程；

（3）听取专业人员的建议、说明；

（4）协调谈判班子成员的意见；

（5）决定谈判过程中的重要事项；

（6）代表单位签约；

（7）汇报谈判工作。

2．专业人员

专业人员是谈判组织的成员之一。其基本职责是：

（1）阐明己方参加谈判的愿望、条件；

（2）弄清对方的意图、条件；

（3）找出双方的分歧或差距；

（4）同对方进行专业细节方面的磋商；

（5）修改草拟谈判文书的有关条款；

（6）向首席代表提出解决专业问题的建议；

（7）为最后决策提供专业方面的论证。

3．经济人员

经济人员又称商务人员，是谈判组织中的重要成员。其具体职责是：

（1）掌握该项谈判总的财务情况；

（2）了解谈判对手在项目利益方面的期望的指标；

（3）分析、计算修改中的谈判方案所带来的收益变动；

（4）为首席代表提供财务方面的意见、建议；

（5）在正式签约前提供合同或协议的财务分析表。

4．法律人员

法律人员是一项重要谈判项目的必备成员，如果谈判小组中有一位精通法律的专家，将会非常有利于谈判所涉及的法律问题的顺利解决。其主要职责是：

（1）确认谈判对方经济组织的法人地位；

（2）监督谈判在法律许可范围内进行；

（3）检查法律文件的准确性和完整性。

5．翻译人员

翻译人员在谈判中占有特殊的地位，他们常常是谈判双方进行沟通的桥梁。翻译的职责在于准确地传递谈判双方的意见、立场和态度。一位出色的翻译人员，不仅能起到语言沟通的作用，而且必须能够洞察对方的心理和发言的实质，既能改变谈判气氛，又能挽救谈判失误，增进谈判双方的了解、合作和友谊。因此，谈判对翻译人员有很高的素质要求。

在谈判双方都具有运用对方语言进行交流能力的情况下，是否还需配合翻译人员呢？现实谈判中往往是需要配备的。因为利用翻译提供的重复机会，可争取更多的思考时间。谈判中使用翻译人员，可利用翻译复述谈判内容的时间，密切观察对方的反应，迅速捕捉信息，考虑对付对方的战术。

6．记录人员

记录人员在谈判中也是必不可少的。一份完整的谈判记录既是一份重要的资料，又是进一步谈判的依据。为了出色地完成谈判的记录工作，记录人员要有熟练的文字记录能力，并具有一定的专业基础知识。其具体职责是准确、完整、及时地记录谈判内容。

三、谈判人员的分工与配合

(一) 谈判人员的分工

一场成功的谈判往往可以归功于谈判人员所具有的良好个人素质，然而单凭个别人高超的谈判技巧，并不能保证谈判获得预期的结果，还需要谈判班子人员的功能互补与合作。就好像一场高水准的交响音乐会，之所以最终赢得观众雷鸣般的掌声，是离不开每位演奏家的精湛技艺与和谐配合的。

如何才能使谈判班子成员分工合理、配合默契呢？具体来讲，就是要确定不同情况下的主谈人与辅谈人及其位置与职责以及相互之间的配合关系。

在谈判的某一阶段或针对某一个或几个方面的议题，由谁为主进行发言，阐述己方的立场和观点，此人即主谈人。这时其他人处于辅助的位置，称为辅谈人。一般来讲，谈判班子中应有一名技术主谈、一名商务主谈。

在谈判中，要明确由谁主谈人，由谁做辅谈人，合理分工非常重要。

1. 洽谈技术条款时的分工

在洽谈合同技术条款时，专业技术人员处于主谈人的地位，相应的经济人员、法律人员则处于辅谈人的地位。技术主谈人要对合同技术条款的完整性、准确性负责，在谈判时，对技术主谈人来讲，除了要把主要的注意力和精力放在有关技术方面的问题上，还必须放眼谈判的全局，从全局的角度来考虑技术问题，要尽可能地为后面的商务条款和法律条款的谈判创造条件。对于商务人员和法律人员来讲，他们的主要任务是从商务和法律的角度向技术主谈人提供咨询意见，并适时地回答对方提出的涉及商务和法律方面的问题，支持技术主谈人的意见和观点。

2. 洽谈商务条款时的分工

很显然，在洽谈合同商务条款时，商务人员、经济人员应处于主谈人的地位，而技术人员与法律人员则处于辅谈人的地位。

合同的商务条款在许多方面是以技术条款为基础的，或者是与之紧密联系的。因此在谈判时，需要技术人员给予密切的配合，从技术角度给予商务人员有力的支持。比如，在设备买卖谈判中，商务人员提出了某个报价，这个报价是否能够站得住脚，首先取决于该设备的技术水平。对卖方来讲，如果卖方的技术人员能以充分的证据证明该设备在技术上是先进的、一流的，即使报价比较高，也是顺理成章、理所应当的。而对买方来讲，如果买方的技术人员能提出该设备与其他厂商的设备相比在技术方面存在的不足，就动摇了卖方报价的基础，而为己方谈判人员的还价提供了依据。

3. 洽谈合同法律条款时的分工

事实上，合同中的任何一项条款都是具有法律意义的，不过在某些条款上法律的规定性更强一些。在涉及合同中某些专业性的法律条款的谈判时，法律人员应以主谈人的身份出现，法律人员对合同条款的合法性和完整性负主要责任。由于合同条款法律意义的普遍性，因而法律人员应参加谈判的全部过程。只有这样才能对各项问题的发展过程了解得比较清楚，从而为谈判法律问题提供充分的依据。

（二）谈判人员的配合

1. 主谈人与辅谈人的配合

在谈判班子中要确定不同情况下的主谈人和辅谈人的位置、责任与配合关系。主谈人的责任是将己方确定的谈判目标和谈判策略在谈判中得以实现。辅谈人的责任是配合主谈人，起到参谋和支持的作用。主谈人表明自己的意见、观点，辅谈人必须与之一致，必须支持和配合。

在主谈人发言时，辅谈人自始至终都要从口头语气或身体语言上做出赞同的样子，并随时为主谈人提供有力的说明。当谈判对方设局，使主谈人陷入困境时，辅谈人应设法使主谈人摆脱困境，以加强主谈人的谈判实力。当主谈人需要修改已表述的观点而无法开口时，辅谈人可以作为过错的承担者，维护主谈人的声誉。

2. 台上台下人员的配合

在比较重要的谈判中，为了提高谈判效果，可以组织"台上"和"台下"两套班子。台上人员是直接参与谈判的人员，台下人员不直接参与谈判，但可以为台上谈判人员出谋划策或准备各种必需的资料和证据。一种台下人员是负责该项谈判业务的主管领导，指导和监督台上人员按既定目标和准则行事，以维护己方利益；另一种台下人员是具有专业水平的各种参谋，如法律专家、贸易专家、技术专家等，主要起参谋职能，给台上人员提供专业方面的建议。当然台下人员不能过多、过滥，也不能过多地干预台上人员。台下人员要发挥好应有的作用，协助台上人员实现己方目标。

3. 谈判班子中不同性格人员的配合

在配备不同类型谈判成员时，应充分考虑不同类型性格的人的特点。例如，黏液型的人一般做负责人较合适，活泼型的人适合做调和者，暴躁型的人可以充当"黑脸"，忧郁型的人做记录者较合适。在配备各种类型性格的谈判成员时，还要看对方人员的性格。例如，若对方多属暴躁型性格，己方则应适当增加黏液型的人，以收到"以柔克刚"之效。若对方多活泼型的人，己方则应增加暴躁型和黏液型的人，做到双管齐下；若对方忧郁型的人占主导，己方则需增加暴躁型和活泼型的人，使对方在压力面前自动让步。

第二节　商务谈判的信息准备

商务谈判是人们运用资料和信息获取所需利益的一种活动。信息准备是商务谈判准备的重要一环。掌握充分适用的有关信息资料，是取得谈判成功的重要保证。

一、谈判信息搜集

（一）环境信息

商务谈判是在特定的环境中进行的，宏观环境的各种因素，如政治状况、财税金融、法律制度、宗教信仰、社会习俗、商业惯例、基础设施、气候因素、科技等都会直接或间接地影响商务谈判。

1. 政治状况

政治状况信息主要是指对商务谈判产生影响的国家和地区的有关方针、政策、法令等。具体包括：对方国家和地区政府与经济组织的关系，国有资本介入企业的程度，国家对企业的干预方式，谈判项目是否与政府有关等；对方国家和地区政局的稳定状况，包括政府首脑机构的更替、政治体制的改变、社会动荡或战争爆发、政府经济政策的变化、国家关系的发展变化等。

2. 财税金融

财税金融信息主要是指我国和对方国家及地区的财税金融政策。主要包括：外汇储备及获取外汇的主要产品、外债情况、货币的自由兑换程度、国际支付方面的信誉、外汇付款的环节、征免税收的条件、该国适用的税法、银行利率的调整等。

3. 法律制度

法律制度信息主要包括：该国的法律制度是什么；是根据哪个法律体系制定的；是否签订合同必须受购货人本国的法律约束；在现实生活中，法律的执行程度如何；该国法院受理案件的时间长短；该国在执行国外的仲裁决议或法院的判决时需要走什么程序；该国是否有完全脱离谈判对手的可靠的律师等。

4. 宗教信仰

宗教信仰信息主要是指对方国家和地区占主导地位的宗教信仰，该宗教信仰是否对政治、经济、法律、社会交往、个人行为、节假日、工作时间等产生重大影响，这些对谈判也很重要。

5. 社会习俗

谈判人员必须了解和尊重对方国家与地区的社会习俗，社会习俗会对人们的行为产生影响和约束力，己方必须利用这些社会习俗为自己服务。比如对方国家和地区人们在称呼和衣着方面的社会规范与标准是什么，是否只能在谈判桌上谈业务，社会场合娱乐活动的习惯有哪些，妇女的地位如何，赠送礼品有哪些习俗，对待名誉、批评的态度等。

6. 商业惯例

商业习惯的不同会使商务谈判在语言使用、礼仪、效率、报价、投票等重点方面存在极大的差异。要了解对方国家和地区经济组织的经营方式，谈判和签约的方式与习惯，商业间谍的活动状况，商务活动中的行贿索贿等惯例。特别强调的是，在国内外市场竞争日趋激烈的情况下，有些国家和公司在商务谈判中可能采用间谍手段，谈判人员应提高警惕，防止造成被动局面。

7. 基础设施

基础设施信息主要是指对方当地的人力、物力和配套设施情况。具体包括：是否有足够的必要的熟练工人和有经验的专业技术人员，能否保证水、电以及能源的供应，公路、铁路、航空等运输能力如何，土地使用费是否便宜，有没有资金雄厚、实力相当的承包商，建筑材料、设备是否合乎要求等。

8. 气候因素

气候因素对谈判也会产生多方面影响。例如，对方国家雨季的长短，冬季的冰雪霜冻情况，夏季的高温情况，以及台风、风沙、地势等情况，这些气候状况因素对商务谈判标的物的物流环节会产生巨大的影响。

9. 科技信息

谈判人员在谈判前要收集谈判标的物在专利转让或应用方面的资料，收集该产品开发前景和开发费用方面的资料，收集该产品与其他产品在性能、质地、标准、规格等方面的资料，搜集有关对该产品的品质或性能进行鉴定的重要数据或指标及其各种鉴定方法和鉴定机构等信息。

（二）对方信息

对方信息是商务谈判中最有价值的信息，主要内容有：

1. 经济实力和资信

经济实力和资信信息包括对方的财务状况、资金流动状况、盈亏状况以及经营管理状况；产品的生产、销售、售后服务状况；合同的履约情况、收付款期限和方式；竞争对手的市场目标和竞争方式等。只有掌握了对方的经济实力与资信信息，才能确定交易的可能规模，判定是否与对方建立长期的商务关系。

2. 需求及个性

需求及个性信息包括对方此次谈判的真正目的，通过谈判想要达到的目的，可能接受的最高、最低交易条件等。当然，还需要分析对方需求的差异性。掌握对方真正的需求信息，才能有针对性地采取各种策略。此外，利用谈判对方的个性特点，有效影响对方谈判人员，使其降低原来的目标，非常必要。了解谈判对方的个性特点，可以从其基本情况入手，包括其年龄、家庭情况、个人简历、知识层次、收入水平、业务爱好和兴趣等。通过对这些情况分析，可以大体了解对方的个性特点，然后制定相应的对策。

3. 谈判权限

谈判权限是指谈判人员在谈判中拥有的决策权大小。如果对方参加谈判的是主要决策人物，说明很重视此次谈判。如果对方参加谈判的人员地位较低，己方就应了解对方是否得到授权以及在多大程度上能够独立做出决定等。在商务谈判中要切记，同没有任何决策权的人谈判等同于浪费时间，而且可能会泄露己方的商业信息。

4. 谈判时限

谈判时限是指谈判人员完成特定的谈判任务所拥有的时间。时间越短，对谈判人员而言，用于完成谈判任务的选择机会就越少；时间越长，选择机会就越多。了解对方的谈判时限，就可以了解对方在谈判中采取何种态度、何种策略，己方就可以制定相应的对策。在大多数谈判中，绝大部分的进展和让步都会在接近最后时限的时候发生。因为只有在接近时限的时候，才有足够的压力逼迫对方做出让步。

5. 谈判风格

谈判风格包括个人性格脾气、品德、价值取向、经验和情绪等。了解对方的谈判风格，可以更好地采取相应的对策，争取有利地位。

（三）己方信息

己方信息收集的重点在于准确评估自己的实力。主要内容有：

1. 经济实力

经济实力包括当前形势及环境状况、产品状况、财务状况、销售状况、采购状况、经营场地及设备、广告策略、服务项目等。经济实力可以从经济组织的计划、经营、财务、履约等方面进行评价，掌握己方经济实力的信息，在商务谈判中能有针对性地发挥己方拥有的优势，有备无患，当对方在谈判中提出有关问题时，可以从容应对。

2. 谈判策略与目标

谈判策略与目标包括此项谈判己方的最大让步限度、最高的目标、实现目标的最佳方案和预备方案、谈判的策略和准备使用的战术措施等。

3. 谈判的有关资料

本次谈判的资料要在谈判前进行充分的收集、整理和分析，同时必须携带，包括产品的价格表、产品目录、产品样本等。

（四）竞争者信息

竞争者是商务谈判中各方力量对比中的重要因素，有时竞争者会对商务谈判产生决定性的影响。竞争者信息的主要内容有：

1. 现有竞争者情况

现有竞争者情况信息包括现有竞争者的产品情况，产品的数量、品种、性能、包装等方面的优缺点；现有竞争者的价格情况，如价格策略、让价的措施、付款方式；现有竞争者的销售渠道，如有关销售网点、储运能力；现有竞争者的信用情况，如企业的成长史、履约、资信等级；现有竞争者的促销措施，如人员推销、广告宣传、营业推广、公共关系等。

2. 未来竞争者情况

未来竞争者情况信息包括可能出现的竞争对手、替代产品等，也包括本行业的市场特点和将来的发展趋势。

对竞争者情况的分析，可以让己方清楚地知道双方的优劣势以及将来要面临的机遇和挑战，并制定出相应的竞争策略，把握谈判的主动权。一般来说，了解竞争者的状况是比较困难的，因为无论是买方还是卖方，都不可能完全了解所有竞争对手及其情况。因此，对于谈判人员来说，最重要的是了解市场上占主导力量的竞争者。

（五）市场信息

市场信息是指与谈判有关的市场行情方面的信息，主要内容有：

1. 市场分布

市场分布信息包括商品购销的分布情况、地理位置、运输条件、经济条件、市场潜力和容量、市场的配套设施和相关的政策法规等。

2. 市场需求

市场需求信息包括消费者的数量及构成，消费者家庭收入及购买力、消费的需求特点、需求的波动情况、潜在需求量及消费趋势、消费者对产品的态度等。

3. 市场供给

市场供给信息包括商品的生产状况、可供市场销售的商品量、商品的库存情况、运输能力及变化、商品的进出口情况、替代品的情况等。

4. 市场销售

市场销售信息包括有关商品的市场销售量、市场份额、销售价格、商品的生命周期、销售渠道、促销措施与效果等。

5. 市场竞争

市场竞争信息包括竞争对手的数量、竞争对手的经济实力、竞争对手的营销实力、竞争产品的质量和成本、竞争对手的市场占有率和营销策略、竞争对手的销售渠道和采购途径、竞争对手所能提供的售后服务等。通过对市场竞争情况的调查，谈判人员能够掌握己方同类产品竞争者的情况，寻找他们的弱点，有利于在谈判中争取主动权。

二、谈判信息收集方法和途径

（一）谈判信息收集方法

商务谈判前市场调研信息搜集的目的是谋求取得一个良好的谈判结果，收集谈判信息资料所应遵循的原则是以事前调查、重点调查、自行调查、文案调查为主。收集谈判信息资料的方法有很多种，下面介绍几种常用的方法。

1. 问卷法

问卷法是指调查者事先根据谈判重点调查内容，以书面提出问题的方式收集信息的一种方法。调查者将期待解决的问题编制成问题表格，以邮寄方式、当面作答或者追踪访问方式填答，从而了解调查对象的相关信息。问卷法的优点是节省时间、人力、经费，采用匿名调查时收集到的信息较真实，便于进行定性分析和定量分析，可避免信息收集者的主观偏见，减少人为误差等。其缺点是回收率低，对调查对象选择要求高。在商品购销谈判中，采购方有时会利用问卷法先行调研消费者需求，然后再根据消费者需求采购商品。

2. 观察法

观察法又称实地法，指调查者亲临现场收集与谈判相关的情报信息。一般利用眼睛、耳朵等感觉器官去感知观察对象。由于人的感觉器官具有一定的局限性，调查者往往要借助各种现代化的仪器和手段，如照相机、录音机、显微录像机等来辅助观察。观察法的优点主要包括直观性、可靠性，更接近真实，不受调查对象的意愿和回答能力影响，而且简便易行，灵活性强，可随时随地进行。观察法的缺点是，通常只有行为和自然的物理过程才能被观察到，而无法了解观察对象的动机、态度、想法和情感。只能观察到公开的行为，然后这些行为的代表性又将影响调查的质量。调查者可以通过观察消费者的行为来测定品牌偏好和促销的效果，也可以通过观察对方谈判人员的行为姿态，获取信息。

3. 访谈法

访谈法是指访谈员通过与访谈对象进行面对面的交流，了解并获取相关信息的一种方法。访谈法的优势明显，由于访谈调查收集信息资料，主要是通过访谈员与访谈对象面对面直接交谈的方式实现的，具有较好的灵活性和适应性，访谈调查的方式简单易行，即使访谈对象阅读困难或不善于文字表达，也可以用口头回答，因此适用面较广。访谈法的缺点是调查所需的时间较长，缺乏隐秘性，记录困难，处理结果难，对访谈对象的素质要求较高，费用也较高。在商品购销谈判中采购方常采用电话访谈或书面访谈了解销售方的相关信息资料，销售方常采用当面访谈了解采购方的信息资料。

4. 专家调查法

专家调查法也称专家评估法，是以专家为获取信息的对象，组织各领域的专家、教授运用专业方面的知识和经验，通过直观的归纳，对调查对象过去和现在的状况、发展变化过程进行综合分析与研究，找出调查对象变化发展规律，对调查对象未来的发展趋势做出判断的方法。在商务谈判信息调查阶段，这是一种积极有效的方法。

5. 网络搜寻法

网络搜寻法指通过互联网收集与谈判相关的信息的方法。随着互联网技术的不断发展与完善，互联网的普及使得在网上搜索信息变得十分方便。商务谈判人员借助互联网的强大搜索引擎，如 Google、百度等，可以搜寻到大量的信息。

（二）谈判信息收集途径

资料和信息的收集有多种手段和途径，包括电传、电报、传真、广播、电视、参观考察、举办交流会议、信息咨询公司、查阅各种刊物和档案、通过外交途径等。这里重点介绍四种。

1. 国内有关单位或部门

可能提供资料和信息的单位有：商务部、中国国际经济贸易促进会及其他各分支机构，中国银行的分支机构及有关其他咨询公司，与该谈判对手有过业务往来的国内企业和单位，还有国内有关的报纸、杂志、广播、电视等。

2. 驻外机构或当地单位

可能提供资料和信息的单位有：我国驻当地的使馆、领事馆、商务代办处；中国银行及国内其他金融机构在当地的分支机构；本行业集团或本企业在当地开设的营业分支机构；当地的报纸、杂志（国外许多大银行，如汇丰银行、大通银行等都发行自己的期刊，这些期刊往往有最完善的报道，而且一旦获取就可得知许多信息）；本公司或单位在当地的代理人；当地的商会组织等。

3. 出版和未出版的资料

从公共机构提供的出版和未出版的资料中获取信息，这些公共机构可能是官方的，也可能是私营的。它们提供资料的目的，有的是作为政府的一项工作，有的则是为了盈利，也有的是为了自身的长远利益需要。现列举几种资料来源：

（1）国家统计机关公布的统计资料，如工业普查资料、统计资料汇编、商业地图等行业协会发布的行业资料，这些资料是同行企业资料的宝贵来源。

（2）图书馆里保存的大量商情资料，如贸易统计数字、有关市场的基本经济资料、各种产品交易情况统计资料以及各类买卖机构的翔实资料等。

（3）出版社提供的书籍、文献、报纸、杂志等，如出版社出版的工商企业名录、商业评论、统计丛书、产业研究等。目前，许多报刊为了吸引读者，也经常刊登一些市场行情及其分析报道。

（4）专业性组织提供的调查报告。随着市场经济的发展，出现了许多专业性组织，如消费者组织、质量监督机构、股票交易所等，它们也会发表有关统计资料和分析报告。

4. 对方国家或地区

指派人员出国进行考察，在出国之前应尽量收集对方的有关资料，在已有的资料中分析其真实性、完整性，以便带着明确的目的和问题去考察。在日程安排上，应多留些时间供自己支配，切不可让对方牵着鼻子走，并且要善于捕捉和利用各种机会，扩大调查的深度和广度，以便更多地获取第一手资料和信息。

三、谈判信息整理加工

通过信息收集，可以获得大量来自各方面的信息。要使这些信息为我所用，发挥其作用，还必须经过信息的整理加工。

信息整理加工的目的在于：一方面鉴别资料的真实性与可靠性，去伪存真。在商务谈判前，有些企业和组织故意提供虚假信息，掩盖自己的真实意图；有些人可能自己没有识别真伪的能力，而将道听途说的信息十分"真实"地提供出来。另外，由于各种原因，有时收集到的信息可能是片面的、不完全的，甚至是虚伪的、伪造的，可通过信息的整理加工得以辨别。另一方面，在保证真实、可靠的基础上，结合谈判项目的具体内容，分析各种因素与谈判项目的关系，并根据它们对谈判的重要性和影响程度进行排列。通过分析，制定出具体的谈判方案与对策。

谈判信息整理加工要经过分类、比较和判断、研究、整理四个步骤。

1. 分类

分类即将所得资料按专题、目的、内容等进行分类。

2. 比较和判断

比较即分析，通过分析，了解资料之间的关系，了解资料的真实性、客观性，以做到去伪存真。

3. 研究

在比较、判断的基础上，对所得资料进行深加工，形成新的概念、结论，为己方谈判所用。

4. 整理

将筛选后的资料进行整理，做出完整的检索目录和内容提要，以便检索查询，为谈判提供及时的资料依据。

第三节　商务谈判计划的制定

谈判计划是指在开始谈判前对谈判目标、议程、时间与地点、策略等预先所做的安排，是在对谈判信息进行全面分析、研究的基础上，根据双方的实力对比为本次谈判制定的总体设想和具体实施步骤，是指导谈判人员的行动纲领。

一、谈判目标的确定

（一）谈判目标的层次

由于谈判目标是一种主观的预测性的决策性目标，它的实现还需要参加谈判的各方根据自身利益的需求、他人利益的需求和各种客观因素的可能来制定谈判的目标系统和设定目标层次，并在谈判中经过各方不厌其烦地讨价还价来达到某一目标层次。

谈判的具体目标可分为最高目标、实际需求目标、可接受目标和最低目标四个层次。

1. 最高目标

最高目标也叫最优期望目标，是对谈判人员最有利的目标，当然也是对方能忍受的最大限度。它是在满足某方实际需求利益之外，还有一个"额外增加值"。如果超过这个目标，往往就要冒谈判破裂的风险。在实际谈判中，最优期望目标一般是可望而不可即的理想目标，往往难以实现。因为商务谈判是双方利益分割的过程，没有哪个谈判人员会心甘情愿地把自己的利益全部让给他人；同样，任何一个谈判人员也不可能指望在每次谈判中都独占整头。尽管如此，这也并不意味着最优期望目标在商务谈判中没有价值。一来最优期望目标可以激励谈判人员尽最大努力争取尽可能多的利益，使谈判人员清楚谈判结果与最终目标存在的差距；二来在开始谈判时，以最优期望目标为报价起点，有利于在讨价还价中处于主动地位。

美国著名谈判专家卡洛斯对 2 000 多名谈判人员进行实际调查后发现，一个好的谈判人员必须坚持"喊价要狠"的准则。这个"狠"的尺度往往接近最优期望目标。在讨价还价的磋商过程中，倘若卖主喊价较高，则往往能以较高的价格成交；倘若买主出价较低，则往往也能以较低的价格成交。因此，在谈判桌上，卖方喊价高或买方还价低，都会带来对自己较为有利的谈判结果。

2. 实际需求目标

实际需求目标是谈判各方根据主客观因素，综合考虑各方面情况，经过科学论证、预测和核算后，纳入谈判计划的谈判目标。这是谈判人员调动各种积极性，使用各种谈判手段努力要达到的谈判目标。但要注意的是不要过早暴露，被对方否定。实际需求目标往往关系着一方的主要甚至全部的经济利益，是谈判人员坚守的防线，因此，如果达不到这个目标，谈判就有可能陷入僵局。实际需求目标的实现意味着谈判成功。

3. 可接受目标

可接受目标是指在谈判中可争取或做出让步的范围。可接受目标是谈判人员根据各种主客观因素，通过考察种种情况，经过科学论证、预测和核算之后所确定的谈判目标。可接受目标是介于最优期望目标与最低限度要求之间的目标。在谈判桌上，一开始往往要价很高，提出自己的最优目标。实际上这是一种谈判策略，其目的完全是保护最低目标或可接受目标，这样做的实际效果往往超出了谈判人员的最低限度要求，通过双方讨价还价，最终选择一个最低与最高之间的中间值，即可接受目标。

在实际业务谈判中，双方最后成交值往往是某一方的可接受目标。可接受目标能够满足谈判一方的某部分需求，实现部分利益目的。它往往是谈判人员秘而不宣的内部机密，一般只在谈判过程的某个微妙阶段挑明，因而是谈判人员死守的最后防线，如果达不到这一可接受的目标，谈判就可能陷入僵局或暂时休会，以便重新酝酿对策。

可接受目标的实现，往往意味着谈判的胜利。在谈判桌上，为了达到各自的可接受目标，双方会各自施展技巧，运用各种策略。

4. 最低目标

最低目标是商务谈判必须实现的目标，是做出让步后必须保证实现的最基本的目标。若不能实现，宁愿谈判破裂也没有讨价还价、妥协让步的可能性。因此，最低目标是一个限度目标，是谈判人员必须坚守的最后一道防线，也是谈判人员最不愿接受的目标。最低目标与最高目标之间有着必然的内在联系。在商务谈判中表面上一开始报价很高，提出最高目标，实际上这是一种策略，保护着最低目标，乃至可接受目标和实际需求目标。这样做的实际效果往往超出谈判人员最低目标或至少可以保住这一目标，然后通过讨价还价，最终可能达到一个超过最低目标的目标。如果没有最低目标作为心理安慰，一味追求最高目标，往往带来僵化的谈判结果。这种结果有以下两个弊端：

（1）不利于谈判的进程。谈判当事人的期望值过高，容易产生盲目乐观的情绪，往往对谈判过程中出现变化的情况缺乏足够的思想准备，对于突如其来的事情不知所措。最低目标的确定，不仅可以为谈判人员创造良好的应变心理环境，还为谈判双方提供了可选择的契机。

（2）不利于成员和团体经济行为的稳定。例如，某生产厂家对某项产品销售的谈判期望值要求过高（销售量和销售价格的期望值过高），并用这种过高的期望值去影响和激发成员的积极性，尽管能起到一定的作用，但一旦在商务谈判中预定过高的期望值，或以达到最高目标作为合作的起点，对于该企业来说，谈判将是对企业群体凝聚力的一个考验。

可见，谈判最低目标是低于可接受目标的。可接受目标介于实际需求目标与最低目标之间，是一个随机值。而最低目标是谈判一方依据多种因素，特别是其拟达到的最低收益而明确划定的限制。实际需求目标是一个定值，它是谈判一方依据其实际经济条件做出的预算。而最优期望目标（最高目标）是一个随机数值，只要高于实际需求目标即可，是谈判的起点，是讨价还价的筹码。

值得注意的是，谈判中只定价格目标的情况较为少见。一般的情况是存在多个谈判目标，需要考虑谈判目标的优先顺序。

在谈判中存在多重目标时，应根据重要性对其进行排序，确定是否要达到所有的目标，哪些目标可以舍弃，哪些目标可以争取达到，而哪些目标又是绝不能降低要求的。与此同时，还应考虑长期目标和短期目标的问题。

例如，某商家欲采购某种商品进行销售，可以做如下考虑：

（1）只考虑价格，牺牲质量以低价进货。

（2）只考虑质量，以高价购入高质量商品，期望能以高价销售保证利润。

（3）质量与价格相结合加以广告宣传。

（4）能否得到免费的广告宣传。

（5）将价格、质量和免费的广告宣传三个因素结合起来加以综合考虑。

在上述五种可能的目标中，不难看出，价格和质量问题是基本目标，若这两个问题得不到解决，谈判就不可能取得成功。免费广告是最高目标或最优期望目标，是在对价格和质量不做出任何让步的情况下才追求的目标，而价格和质量是不可能为免费广告而放弃的目标。

确定商务谈判目标系统和目标层次时，要注意坚持三项原则，即实用性、合理性和合法性。所谓实用性，是指制定的谈判目标能够谈和可以谈，也就是说，谈判双方要用自己的经济能力和条件进行谈判。如果离开了这一点，任何谈判的结果都不能付诸实践。如一个企业通过谈判获得了一项先进的技术装备，但由于该单位的职工素质、领导水平及其他技术环节上存在问题，该项技术装备的效能无法发挥，这种引进谈判的目标就不具有实用性。所谓合理性，是指商务谈判的主体对自己的利益目标追求在时间和空间上做全方位的分析后，确定的双方都能接受的范围。市场千变万化，在一定时间、一定空间范围内合理的东西，在另一时间和空间则不一定合理。同时，商务谈判的目标对于不同的谈判对象或在不同的时空区域，也有不同的适用程度。所谓合法性，是指商务谈判目标必须符合一定的法律规范。在商务谈判中，为达到自身的利益追求目标，对当事人采取行贿等方式使对方顺从，或以损害集体利益使自己得到好处，以经济实力强迫经济能力不强者妥协，提供伪劣产品、过时技术和虚假信息等，均属不合法行为。

在确定谈判目标时，必须以客观条件为基础，即综合企业或组织外部环境和内部条件，一般来说，要考虑以下因素：

（1）谈判的性质及领域。

（2）谈判的对象及环境。

（3）谈判项目所涉及的业务指标要求。

（4）各种条件变化的可能性、方向及其对谈判的影响。

（5）与谈判密切相关的事项和问题等。

（二）谈判目标的优化及其方法

谈判目标的确定过程，是一个不断优化的过程。对于多重目标，必须进行综合平衡，通过对比、筛选、剔除、合并等手段减少目标数量，确定各目标的主次和连带关系，使目标之间在内容上保持协调一致，避免互相矛盾。

评价一个目标的优劣，主要是看目标本身的含义是否明确、单一，是否便于衡量以及在可行前提下利益实现的程度如何等。需要指出的是，谈判的具体目标并不是一成不变的，它可以根据交易过程中各种价值和风险因素做适当的调整和修改。

值得注意的是，这种谈判方案的调整只反映卖方的单方面愿望，在谈判的磋商阶段，买方不会被卖方牵着鼻子走。为了达到谈判的目标，卖方有时应当做出一些让步，这是因为对方提出了这种要求。如果对方未提出此种要求，卖方也可以在其他方面做出让步来换取谈判中的主动。但是谈判人员必须牢记一个原则：任何让步都应建立在赢得一定利益的基础之上。

1. 分清重要目标和次要目标

谈判之前一定要把目标写下来，并根据优先等级做相应的排序。目标要分清轻重缓急，哪个是最重要的目标，哪个是次要目标，把最终目标、现实目标和最低目标一一排列。另外，谈判时，是否应该留有余地，在准备时要制定一个最低目标。实验表明，一个人的最终目标定得越高，得到的最终结果就会越好。

2. 分清哪些可以让步、哪些不能让步

列出目标的优先顺序之后，还要分清哪些是可以让步的，哪些是不能让步的，必须明确，同时要简要清楚地用一句话来描述。因为谈判是一个复杂的过程，如果写得很长、很多，就需要花很多时间去理解，比较麻烦，也容易出错，还可能导致在不应该让步的地方做了让步，该让步的地方却没让步，使谈判陷入僵局。

3. 设定谈判对手的需求

在谈判前，先列出自己的谈判目标，再列出对方的目标，考虑对方可能关心的内容，尽可能一一地列出。但不管怎样，谈判对手所列出的目标和自己列出的目标一定是有差距的，通过双方的交流和谈判，才逐渐趋于一致。作为卖方希望买方能够按自己的目标来做，买方肯定也希望卖方按照他的要求来做，要达成共识，需要双方进行沟通和交流，在沟通和交流之前，一定要确定、设定谈判的目标。

（三）谈判目标的保密

谈判目标的实现依赖于各方谈判实力的强弱和谈判策略的有效性，谈判实力在短期内难以改变，而谈判策略的有效性取决于对对方信息掌握的完备程度，特别是对对方谈判目标的准确掌握。因此，谈判目标的保密显得格外重要。否则，在谈判前或谈判中由于谈判人员的言行不当而向对方泄露了谈判目标，就会对己方造成不利的影响。

★案例链接

在漫长而艰巨的商务谈判过程中，前前后后可能要涉及许多人，其中掌握一些关键性信息的人也难免会多起来。而对方的任务则是侦察你的信息，并利用探得的信息有效地对付你。如果你不采取必要的保密措施，一次气氛融洽的宴会或一次洋溢着热情的谈话都有可能使请客的人或谈话的另一方得到原本不属于他的好处。

事情发生在美国一家生产家用厨房用品的工厂及其采购商之间。合同即将签订，一切仿佛都很顺利。然而有一天，工厂接到了采购负责人打来的电话："真是很遗憾，事情发生了变化。我的老板改变了主意，他要和另一家工厂签订合同，如果你们不能把价钱降低10%的话，我认为就为了5%而毁掉我们双方所付出的努力，真是有些不近情理。"

工厂慌了手脚，经营状况不佳，已使他们面临破产的危险，再失去这个客户就像濒死的人又失去了他的救命稻草。他们不知道在电话线的那一方采购负责人正在等着他们来劝说自己不要放弃这笔生意，工厂的主管无可避免地陷入了圈套，他问对方能否暂缓与另一家工厂的谈判，给他们时间进行讨论。采购负责人很"仗义"地应允下来。工厂讨论的结果使采购负责人达到了目的，价格降低了10%。

要知道这10%的压价并不像采购负责人在电话里说的那样仅仅是10%，它对工厂来说着实是一个不小的数目。

如果我们能看清这场交易背后的内幕，就会发现工厂付出的代价原本是不应该发生的。那么采购方是如何把这笔金额从工厂那里卷走而只留给他们这项损失的呢？

事情还要追溯到合同签订的前一个月，工厂的推销员在一次与采购负责人的交谈中无意地给工厂泄了底。他对精明的采购负责人说他们的工厂正承受着巨大的压力，销售状况不佳，已面临破产。对于他的诚实，作为回报，采购负责人并没有对他们给予同情，而是趁机压榨了一番，因为他已知道工厂在价格问题上硬不起来。

一次不注意的谈话，使工厂被掠走大量利润。所以应时刻让自己提高警惕，对涉及己方利害关系的信息三缄其口。在这种情况下，如果再能讨得对方的信息，则是上上策了。

作为讨价还价的负责人，应严格控制其成员严守秘密，需要透露的重要信息，只能由负责人传递给对方。当涉及人员太多、负责人无法监督其成员时，保密工作就更为重要了，利益攸关的关键信息只能由几个关键人物掌握。

做好谈判目标的保密工作，可以从以下三个方面入手：

（1）尽量缩小谈判目标知晓范围。知晓的人越多，有意或无意泄密的可能性就越大，就越容易被对方获悉。

（2）提高谈判人员的保密意识，减少无意识泄密的可能性。

（3）有关目标的文件资料要收藏好，废弃无用的文件资料尽可能销毁，不要让其成为泄密的根源。

二、谈判地点和时间

（一）谈判地点

谈判地点的选择一般有三种形式，即主场谈判、客场谈判和主客场轮流谈判。一般来说，谈判地点要争取在己方场地，因为在己方场地举行谈判活动，获胜的可能性就会更大。一些谈判学家所做的研究也证明了这一点。美国专家泰勒尔的实验表明：多数人在自己家的客厅与人谈话，比在别人家的客厅里更能说服对方。这是因为人们常有的一种心理状态，即在自己的所属领域里，能更好地释放能量与本领，所以行为成功的概率就更高。这种情况也适用于谈判。

如果谈判地点设在对方场地，也有其优越性。

（1）可以排除多种干扰，全心全意地进行谈判；

（2）在某些情况下，可以以资料不在身边为借口，拒绝提供不便泄露的情报；

（3）可以越级与对方的上级洽谈，获得意外收获；

（4）对方需要负担起准备场所和其他服务的责任。

正是由于上述原因，在多轮谈判中，谈判场所往往是交替更换，这已是不成文的惯例。

此外，谈判具体地点的选择也很讲究艺术性。

一般来说，在大型会议室中举行的往往是正式的谈判。谈判的开始阶段需要选择大型会议室，因为这样能造成一种气势，使双方认真对待。谈判结束签订合同时，也常在大型会议室中举行，同样是为造成一种合作的气氛和社会影响。

小会议室中安排的一般是讨论型的谈判，双方是认真负责的，因此大量具体的细节问题在这样的场合中讨论比较合适，同时，其内容仅限于与会者知道，特别是对有争议的问题，在这种场合比较容易表达。可见，正式谈判设在小会议室中进行的机会比较多。

办公室约见主要是私密性会见，谈判中也经常需要，个别交谈和征求意见不作为正式决策时选择这种场合最有效。

以上所说的谈判场合都是正式场合，双方都感受到一种无形的压力，即责任的压力，每一句话、每一种行为都会表达出个人的思想和责任。因此，谈判场合的安排应该与这些要求相一致。

在餐桌上或高尔夫球场上，双方比较放松，可以谈论正事，可以诉说友情，也可以讨论无关的问题。这样的交流在谈判过程中也是不可或缺的，不仅可以通过非正式的谈论了解对方的真实想法和个人意见，也是建立长期感情的方式和渠道，从而有利于正式谈判时的顺利决策。

（二）谈判时间

谈判时间是指一场谈判从正式开始到签订合同所花费的时间。在一场谈判中，时间有三个关键变数：开局时间、间隔时间和截止时间。

1. 开局时间

选择什么时候进行谈判，有时会对谈判结果产生很大影响。例如，一个谈判小组在长途跋涉、喘息未定时，马上便投入紧张的谈判中，就很容易因为舟车劳顿而导致精神难以集中，记忆和思维能力下降而误入对方圈套。所以，应对选择开局时间给予足够的重视。

在选择开局时间时，要考虑以下几个方面的因素：

（1）准备的充分程度。在安排谈判开局时间时，要给谈判人员留有充分的准备时间，以免到时仓促开局。

（2）谈判人员的身体和情绪状况。谈判是一项精神高度集中，体力和脑力消耗都比较大的工作，要尽量避免在身体不适、情绪不佳时进行谈判。

（3）谈判的紧迫程度。尽量不要在自己急于买进或卖出某种商品时进行谈判。如果避免不了，则应采取适当的方法隐蔽这种紧迫性。

（4）考虑谈判对手的情况。不要把谈判安排在让对方感到明显不利的时间进行，因为这样会招致对方的反对，引起对方的反感。

2. 间隔时间

大多数谈判都要经历过数次甚至数十次的磋商洽谈才能达成协议。这样，在经过多次磋商没有结果，但双方又都不想中止谈判的时候，一般都会安排一段暂停时间，让双方谈判人员暂作休息，这一段暂停时间就是谈判的间隔时间。

谈判间隔时间的安排，往往会对舒缓紧张气氛、打破僵局具有很明显的作用。常常有这样的情况：在谈判双方出现了互不相让、紧张对峙的时候，双方宣布暂停谈判两天，由东道主安排旅游和娱乐节目，在友好、轻松的气氛中，双方的态度和主张都会有所改变，结果在重新开始谈判以后，就容易互相让步、达成协议了。

也有这样的情况：谈判的某一方经过慎重的审时度势，利用对方要达成协议的迫切愿望，有意拖延间隔时间，迫使对方主动做出让步。

3. 截止时间

截止时间是一场谈判的最后期限，一般来说，谈判的结果往往是在结束谈判前出现。所以，如何把握截止时间去获取谈判的成果，是谈判中一种绝妙的艺术。

截止时间，往往迫使谈判人员决定选择克制性策略还是速决性策略，同时还构成对谈判人员本身的压力。由于必须在一个规定的期限内做出决定，这将给谈判人员本身带来一定的压力。谈判中处于劣势的一方，往往在期限到来之时，对达成协议承担着较大的压力。他往往必须在期限到来之前，在做出让步、达成协议、中止谈判或交易不成之间做出选择。一般来说，大多数谈判人员为达成协议，只能做出让步。

三、谈判议程

谈判议程是指有关谈判事项的程序安排。它是对有关谈判的议题和工作计划的预先编制。

（一）谈判议题的确定

谈判议题是谈判双方提出和讨论的各种问题。

确定谈判议题首先要明确己方要提出哪些问题，讨论哪些问题。对所有问题进行全盘比较和分析：哪些问题是主要议题，要列入重要讨论范围；哪些是非重点问题，作为次要讨论问题；哪些问题可以忽略；这些问题之间是什么关系，在逻辑上有什么联系。

其次要预测对方会提出哪些问题，哪些问题是己方必须认真对待、全力以赴去解决的；哪些问题是可以根据情况做出让步的，哪些问题是不予以讨论的。

（二）谈判议题的顺序安排

安排谈判议题先后顺序的方法是多种多样的，应根据具体情况来选择采用哪一种。

（1）可以首先安排讨论一般原则问题，达成协议后，再具体讨论细节问题。

（2）可以不分重大原则问题和次要问题，先把双方可能达成协议的问题或条件提出来讨论，然后再讨论会有分歧的问题。

（3）有争议的问题最好不要放在开头，它会占用较多的时间，也会影响双方的情绪；也不要放在最后，放在最后时间可能不够，而且谈判结束后会给双方留下一个不好的印象。

（4）谈判结束之前最好谈一两个双方都满意的问题，以便在结束时创造良好的氛围，给双方留下美好的回忆。

（三）谈判议题的时间安排

谈判议题安排多少时间才合适，应视议题的重要性、复杂程度和双方分歧的大小来确定。

一般来说，重要的议题、较复杂的议题、双方意见分歧较大的议题占用的时间应该多一些，以便让双方能有充分的时间对这些议题展开讨论。对于谈判中双方容易达成一致意见的议题，尽量在较短的时间内达成协议，以免浪费时间和无谓的争辩。

在时间安排上，要留有机动余地，以防意外情况发生。同时适当安排一些文艺活动，以活跃气氛。

确定谈判时间应注意的问题：

（1）谈判准备程度。如果没有做好充分准备，不宜匆忙开始谈判。

（2）谈判人员的身体和情绪状况。谈判人员的身体、精神状态对谈判的影响很大，谈判人员要注意自己的身体状况，避免在身体不适时谈判。

（3）要注意自己的生理时钟，不要在身心处于低潮时进行谈判。例如，有午睡习惯的人要在午睡以后进行谈判，因此不要把谈判安排在午饭后立即进行。

（4）要避免在用餐时谈判。一般来说，用餐地点多为公共场所，而在公共场所进行谈判是不合适的。再有，太多的食物会导致思维迟钝。当然，若无法避开在用餐时谈判，则应节制进食量。

（5）不要把谈判时间安排在节假日或双休日，因为谈判双方在心理上有可能尚未进入工作状态。

（6）市场的紧迫程度。市场是瞬息万变的，竞争对手如林，如果所谈项目是季节产品或时令产品，或者需要争取谈判主动权的项目，应抓紧时间谈判。

（7）谈判议题的需要。对于多项议题的大型谈判，所需时间相对较长，应对谈判中可能出现的问题做好准备。对于单项议题的小型谈判，如果准备充分，应速战速决，力争在较短时间内达成协议。

四、谈判策略制定

（一）谈判策略的含义

谈判策略是指在商务谈判活动中，谈判人员为了达到某个预定的近期或远期目标所采取的计策和谋略。它依据谈判双方的实力，纵观谈判全局的各个方面、各个阶段之间的关系，规划整个谈判力量的准备和运用，指导谈判的全过程。

（二）谈判策略的作用

谈判策略在整个商务谈判中起着非常重要的作用。现代社会竞争不仅是力量的竞争，更是智慧的较量，谈判正是这种智慧较量的集中体现。任何一个谈判高手，都是策略运筹的高手，策略是实现谈判目标的跳板，只要谈判人员能在谈判中正确有效地运筹策略，就等于为实现谈判目标奠定了坚实的基础。

（1）谈判策略是实现谈判目标的桥梁。谈判双方或多方都有明显的需求，彼此都很乐意坐在一张谈判桌前。但是他们之间的利益要求是有差别的，如何来弥补这种差别，缩短实现目标的距离呢？这就需要谈判策略来起桥梁作用。在商务谈判中，不运用策略的情况是没有的，也是不可想象的。策略本身可以促进或阻碍谈判的进程，即运用得当的策略，可以促进交易的尽快达成；运用不当的策略，在很大程度上起副作用，延缓或阻碍目标的实现。

（2）谈判策略是实现谈判目标的有利工具。把谈判策略看作一种"工具"，是为了让谈判人员认识它、磨炼它、灵活地运用它。工具各式各样，各有不同的用途。俗语说："手艺妙须家什好。"在商务谈判中，如果谈判人员拥有的策略仅有几招，就容易被竞争对手识破，也就难以顺利地实现自己的目标。一般来说，谈判高手能够在众多的谈判策略中选用适合的策略来实现己方的目标。因此，商务谈判人员掌握的策略应该是韩信点兵——多多益善。

谈判各方的关系并不是敌对关系。彼此之间的冲突多为经济冲突和利益冲突，卖方和买方都会竭尽全力来维护自己的利益。因此，了解并正确选择适当的谈判策略，借助这种有利的工具，可以维护自己的权益，这才是"取胜之道"。

（3）谈判策略是谈判中的"筹码"。在商务谈判中，参与谈判的各方都希望建立己方的谈判实力，强化己方在谈判中的地位，突出己方的优势。要建立己方的谈判实力，必须有谈判的"筹码"。而要拥有谈判的"筹码"，必须既做好充分的准备工作，又对对方有足够的了解，做到知己知彼。掌握了较多的"筹码"后，就能成竹在胸，灵活自如地运用各种策略。

（4）谈判策略具有调节和稳舵的作用。在商务谈判中，为了缓和紧张的气氛，增进彼此的了解，有经验的谈判人员会选用一些策略来充当"润滑剂"。比如，在谈判开局阶段通过彼此的问候，谈论一些中性的话题来调节气氛；在大家比较累的时候，采取场外娱乐性策略来舒缓身体、情绪；当谈判出现僵局的时候，运用化解僵局的策略来促进谈判继续进行；当谈判偏离主题的时候，会借用适当的策略来回到主题，避免局部问题偏离大的方向。在商务谈判中，如果方向掌握不好，误入歧途，谈判将达不到目的，既耽误时间又浪费精力。因此，商务谈判策略能起"稳舵"的作用。

（5）谈判策略具有引导功能。尼尔伦伯格认为，谈判不是一场比赛，不要求决出胜负；也不是一场战争，要将对方消灭。谈判是一项互惠的合作事业。因此，在谈判中为了协调不同利益，应以合作为前提，避免冲突。高明老练的谈判人员在商务谈判过程中会经常借助各种策略，提醒对方"现实一点、顾大局、识大体"，大家同是"一条船上的人"。彼此应该在各自坚持己方目标利益的前提下，共同努力，"把船划向成功的彼岸"。所以，商务谈判策略被理解为谈判目标顺利达成的引导者。

（三）谈判策略的制定程序

制定谈判策略的程序是指制定策略所应遵循的逻辑步骤，主要包括进行现象分解、寻找关键问题、确定具体目标、提出假设性方法、对解决方法进行深度分析、生成具体的谈判策略、拟订行动计划方案七个步骤。

1. 进行现象分解

现象分解是制定商务谈判策略的逻辑起点。谈判中的问题、趋势、分歧、事件或情况等，共同构成一套谈判组合。首先，谈判人员将这个组合分解成不同的部分，从中找出每一部分的意义之后，再重新安排，借以找出最有利于自己的组合方式。

2. 寻找关键问题

在对相关现象进行科学分析和判断之后，要求对问题，特别是关键问题做出明确的陈述与界定，弄清楚问题的性质，以及该问题对整个谈判的成功会造成什么障碍等。寻找关键问题可运用抽象方法、问题分析、谈判对手分析、发展趋势分析等技术。

3. 确定具体目标

确定具体目标关系到谈判策略的制定，以及整个谈判的方向、价值和行动。确定具体目标是根据现象分解和关键问题分析得出的结论，根据己方条件和谈判环境要求，对各种可能目标进行动态分析判断的过程，其目的在于取得满意的谈判结果。

4. 提出假设性方法

提出假设性方法是制定谈判策略的一个核心与关键步骤。对假设性方法的要求是必须能满足目标，又能解决问题。这就需要谈判人员在提出假设性方法时，要打破常规，力求有所创新，并尽力使假设性方法切实可行。

5. 对解决方法进行深度分析

在提出了假设性的解决方法后，要对少数比较可行的方法进行深入分析。要求谈判人员依据"有效""可行"的原则，权衡利弊得失，快刀斩乱麻，运用定性与定量相结合的方法，从中选择若干个比较满意的方法与途径。

6. 生成具体的谈判策略

在深度分析得出结论的基础上，确定评价的准则，得出最后的结论。确定评价准则的科学方法是指明约束条件，做谈判环境分析，所谓"上策""下策"就是对一种策略的评价。

7. 拟订行动计划方案

有了具体的谈判策略，还要考虑把这种策略落到实处，这就要按照从抽象到具体的思维方式，列出各个谈判人员必须做的事情，把它们在时间、空间上安排好，并进行反馈控制和追踪决策。

（四）谈判策略的制定方式

一般来说，谈判策略的制定方式主要有仿照、组合和创新三种。

1. 仿照

仿照即对应于规范性、程序性问题，采用仿照过去已有的制定策略的方式。

2. 组合

组合与仿照来源相同，但它有一种结构上的变化。组合是将各策略中既有的策略，经分割、抽取，再重新综合在一起，构成新的策略。它从部分来说是仿照，而从整体来说是创新。

3. 创新

创新即对应于非规范、非程序性问题，从全局出发，寻找各策略变动中的最佳策略的方式。如重新调整资源分配，以便加强某些实力而增加谈判主动权；利用自己与竞争对手之间竞争条件的差异，采取非传统性策略，把目标放在破坏竞争对手所依赖的成功的关键因素上。

第四节 模拟谈判

模拟谈判是指在正式谈判开始之前，将谈判小组成员一分为二，一部分人扮演谈判对手，并以对手的立场、观点和作风来与另一部分扮演己方的人员交锋，预演谈判的过程。模拟谈判也就是正式谈判前的"彩排"，它是商务谈判准备工作中的最后一项内容。

一、模拟谈判的作用

模拟谈判可以检验己方的谈判方案，而且能使谈判人员提早进入实战状态。模拟谈判的作用主要表现在以下几个方面。

（1）提高应对困难的能力。模拟谈判可以使谈判人员获得实际性的经验，提高应对各种困难的能力。很多成功谈判的实例和心理学研究成果表明，正确的想象练习不仅能够提高谈判人员独立分析问题的能力，而且对谈判人员心理准备、心理承受、临场发挥等方面都是很有益处的。在模拟谈判中，谈判人员可以一次又一次地扮演己方，甚至扮演对手，从而熟悉实际谈判中的各个环节。这对初次参加谈判的人来说尤为重要。

（2）检验谈判方案是否周密可行。谈判方案是在谈判小组负责人的主持下，由谈判小组成员具体制定的。它是对未来将要发生的正式谈判的估计，其本身不可能完全反映出正式谈判中出现的一些意外情况。此外，谈判人员受到知识、经验、思维方式、考虑问题的立场与角度等因素的局限，制定的谈判方案难免会有不足之处和漏洞。事实上，谈判方案是否完善，只有在正式谈判中方能得到真正检验，但这毕竟是一种事后检验，往往发现问题时为时已晚。模拟谈判是对正式谈判的模仿，与正式谈判比较接近，因此能够较为全面严格地检验谈判方案是否切实可行，检查谈判方案存在的问题和不足，有利于及时修正和调整谈判方案。

（3）训练和提高谈判能力。模拟谈判的对手是己方的人员，对己方的情况十分了解，这时站在对手的立场上提问题，有利于发现谈判方案中的错误，并且能预测对方可能从哪些方面提出问题，以便事先拟定出相应的对策。对于谈判人员来说，能有机会站在对方的立场上进行换位思考，是大有好处的。正如美国著名企业家维克多·金姆说的那样："任何成功的谈判，从一开始就必须站在对方的立场来看问题。"这样的角色扮演不但能使谈判人员了解对方，也能使谈判人员了解己方，因为它给谈判人员提供了客观分析自我的机会，有助于谈判人员注意到一些容易忽视的失误，如在与外国人谈判时使用过多的本国俚语、露出缺乏涵养的面部表情、争辩的观点含糊不清等。

★案例链接

1954 年，我国派出代表团参加日内瓦会议。因为是中华人民共和国成立后第一次与西方国家打交道，没有任何经验，代表团在出发前进行了反复的模拟练习。由代表团的同志为一方，其他人分别扮演西方各国的新闻记者和谈判人员，提出各种问题"刁难"代表团的同志。在这种对抗中，及时发现问题并及时给予解决。经过充分的准备，我国代表团在日内瓦会议期间的表现获得了国际社会的一致好评。

二、模拟谈判的主要任务

（1）检验己方谈判准备工作是否到位，谈判各项安排是否妥当，谈判计划方案是否合理。

（2）寻找己方忽视的环节，发现己方的优势和劣势，从而提出如何加强和发挥优势、弥补或掩盖劣势的策略。

（3）准备各种应对策略。在模拟谈判中，须对各种可能发生的变化进行预测，并在此基础上制定谈判小组合作的最佳组合及策略等。

三、模拟谈判的方法

模拟谈判主要有会议式模拟、戏剧性模拟、列表式模拟、分组辩论式模拟四种方法。

（一）会议式模拟

会议式模拟类似于"头脑风暴法"，是把谈判人员以会议的形式聚集在一起，充分讨论，并根据自己的经验发表意见，想象谈判进行的全过程。这种模拟谈判的优点是，可以利用人们的假设和竞争心理，使谈判人员可以充分发表意见，互相启发。当谈判人员运用头脑风暴法，积极进行创造性思维时，在集体思考的强制刺激及压力下，就能产生高水平的策略、方法及谈判技巧。

（二）戏剧性模拟

戏剧性模拟是指在想象谈判全过程的前提下，根据拟订的不同假设，安排各种谈判场面，进行实战演习，来丰富每个谈判人员的实战经验。每个谈判人员都在模拟谈判中扮演特定的角色，随着剧情发展，谈判全过程会一一展现在每个谈判人员面前。这种方法一般适用于大型的、复杂的谈判。

（三）列表式模拟

对于一些小型、常规性的谈判，可采用列表式模拟。其具体方式是通过对应表格形式进行模拟。表格的一方列出己方在谈判中可能存在的问题及对方可能提出的质疑；另一方则相应列出己方针对这些问题应采取的措施。

（四）分组辩论式模拟

其中一方运用己方的谈判计划和方案，另一方则以真实对手的立场、观念和谈判策略为依据与之对抗，以此寻找己方的薄弱环节和相应对策。

最后需要指出的是，无论采取何种类型的模拟应该从始至终按照谈判顺序进行，演习己方和对手面对面的一切情形，包括谈判时的现场气氛、对方的面部表情、谈判中可能涉及的问题、对方会提出的各种反对意见、己方的各种答复以及各种谈判方案的选择、各种谈判技巧的运用等想象谈判中涉及的各种要素。只有这样，才能使模拟谈判更具有针对性和实战性，确保谈判计划的贯彻实施。

四、模拟谈判总结

模拟谈判结束后要及时进行总结。进行模拟谈判的目的是及早地发现谈判中的问题，找出解决问题的对策，掌握谈判的主动权。所以，在模拟谈判结束后，必须及时地总结、分析，找出谈判计划的各项内容（如谈判目标、谈判场所、谈判议程和谈判策略等）中所存在的问题，有针对性地进行改进，从而在正式谈判前尽可能地制定出一项完善的谈判计划。

模拟谈判的总结应包括以下内容：

（1）对方的观点、风格、精神；

（2）对方的反对意见及解决办法；

（3）己方的有利条件及运用情况；

（4）己方的不足及改进措施；

（5）谈判所需信息资料是否完善；

（6）双方各自的妥协条件及可共同接受的条件；

（7）谈判破裂的界限等。

课后习题

【基本目标题】

一、选择题

1. 谈判小组构成的原则主要有(　　)。

　　A. 知识互补　　　　　B. 强调个性　　　　　C. 分工明确　　　　　D. 重视权威

2. (　　)是商务谈判必须实现的目标，是谈判的最低要求。

　　A. 最低目标　　　　　B. 可接受目标　　　　C. 最高目标　　　　　D. 实际需求目标

3. 在涉及合同中某些专业性法律条款的谈判时，主谈人应该(　　)。

　　A. 由懂行的专家或专业人员担任　　　　　B. 由商务人员担任

　　C. 由谈判领导人员担任　　　　　　　　　D. 由法律人员担任

二、简答题

1. 谈判准备工作的内容有哪些？

2. 商务谈判人员应具备哪些素质和能力？

3. 如何制定谈判计划？

4. 模拟谈判的作用和方法有哪些？

【升级目标题】

三、案例分析

1. 我国某冶金公司要向美国购买一套先进的组合炉，派一位高级工程师与美商谈判。为了不负使命，这位高级工程师做了充分的准备工作，他查找了大量有关冶炼组合炉的资料，花了很大的精力对国际市场上组合炉的行情及美国这家公司的历史和现状、经营情况等了解得一清二楚。

谈判开始，美商一开口要价150万美元。中方工程师列举各国成交价格，使美商目瞪口呆，最终以80万美元达成协议。当谈判购买冶炼自动设备时，美商报价230万美元，经过讨价还价压到130万美元，中方仍然不同意，坚持出价100万美元。美商表示不愿继续谈下去了，把合同往中方工程师面前一扔，说："我们已经做了这么大的让步，贵公司仍不能合作，看来你们没有诚意，这笔生意就算了，明天我们回国了。"中方工程师闻言轻轻一笑，把手一伸，做了一个优雅的请的动作。美商真的走了，冶金公司的其他人有些着急，甚至埋怨工程师不该抠得这么紧。工程师说："放心吧，他们会回来的。同样的设备，去年他们卖给法国只有95万美元，国际市场上这种设备的价格100万美元是正常的。"果然不出所料，一个星期后美商又回来继续谈判了。中方工程师向美商点明了他们与法国的成交价格，美商又愣住了，没有想到眼前这位中国商人如此精明，于是不敢再报虚价，只得说："现在物价上涨得厉害，比不了去年。"中方工程师说："每年物价上涨指数没有超过6%。一年时间，你们算算，该涨多少？"美商被问得哑口无言，在事实面前，不得不让步，双方最终以101万美元达成了这笔交易。

请分析中方工程师在这次谈判中取得成功的原因。

2. 某水果加工厂派一个谈判小组赴国外洽商引进一条橘汁干燥生产线。该小组成员包括1名主管市长、1名经委主任、1名财办主任，另加该厂厂长，共4人。

（1）这一安排有何不合理之处？主要原因是什么？

（2）对这一安排应如何调整。

四、技能训练

假如你是某公司的谈判人员，国外M公司是第一次与你公司做交易，准备购买你公司的产品，领导要求你收集有关的谈判信息，你需要收集哪些信息？通过哪些渠道收集？对这些信息怎样进行分析、整理？请写出一个方案来。

★补充阅读

技术转让费谈判

中国某公司与法国某公司谈判技术转让费。

法方：我方产品的技术经过5年的研制才完成，今天要转让给贵方，贵方应付费。

中方：有道理，但该费用应如何计算呢？

法方：我方每年需投入科研费200万美元，5年为1000万美元，考虑仅转让使用权，我方计提成费，以20%的提成率计，即200万美元，仅收贵方1/5的投资费，该数不贵，对贵方是优惠的。

中方听后，表示研究后再谈。中方内部进行了讨论，达成如下共识：分头去收集该公司的产品目录，调查该公司近几年来新产品的推出速度如何，如推出的新产品多，说明他们每年的科研投入不仅为一个产品，可能是多个产品。收集该公司近几年的年报，调查其资产负债状况和损益状况，若利润率高，说明有资金投入科研开发；若利润率低，就说明没有大量资金投入科研，否则，就应借钱搞开发；若负债率不高，说明没有借钱，负债率高才有可能借钱。此外，请海外机构的代表查询该公司每年交纳企业所得税的情况，纳税多，说明利润高；纳税少，说明利润低。

各路人员查了这几方面的信息，分析发现：

（1）该公司每年有5种新产品推向市场。

（2）该公司资产负债率很低，举债不高。

（3）该公司利润率不高，每年的利润不足以支持开发费用。

结论是法方每年的投入量是虚的，若投入量为真，该企业必须逃税漏税才有钱。

在续会上，中方就上述资料和推断，请法方表态。法方还坚持其数据为真实数据。

中方问法方：怎么解释低负债率？怎么解释低利润率？

法方无法解释低负债率、低利润率和高投资的关系，又不能在中方面前承认有逃税，只好放弃原来的要求，考虑降低要求。

理解并运用商务谈判开局阶段策略

本任务共分三节，主要介绍商务谈判开局及其影响因素，阐述了开局阶段的主要内容，以及开局阶段的基本策略。

★基本目标

了解商务谈判开局的意义与作用、谈判的方式选择、影响谈判开局的因素；掌握营造商务谈判开局气氛的策略方法、开场陈述的技巧；在熟悉开局阶段主要内容的基础上，掌握开局阶段的基本策略。

★升级目标

具备营造适当谈判开局气氛的能力，能够拟订并审议谈判议程，并能在实践中运用开局阶段的基本策略。

★教学重点与难点

教学重点：
1. 商务谈判开局及其影响因素。
2. 开局阶段的主要内容。
3. 营造适当的开局谈判气氛。
4. 开局阶段的基本策略。

教学难点：
开局阶段的主要内容和基本策略。

商务谈判的开局阶段，一般是指从谈判双方坐在谈判桌边起，到开始对谈判内容进行实质性讨论之前的一段时间，是谈判双方进入面对面谈判的第一阶段。在这一阶段，谈判双方将开始正式的谈判，互相了解对方，并对谈判进行最后的准备。

在这一阶段，谈判双方主要是见面、介绍、寒暄，以及就谈判内容以外的话题进行交谈，一般不进行实质性谈判。开局谈判从时间上来看只占整个谈判过程的一个很小的部分，但定下了整个谈判的基调，对整个谈判过程起着相当重要的影响作用。

第一节　商务谈判开局及其影响因素

一、商务谈判开局的意义及作用

（一）商务谈判开局的意义

谈判开局是商务谈判的前奏，是指谈判开始时，谈判双方寒暄和表态，以及对谈判对手的底细进行探测，为影响和控制谈判进程奠定基础的行为与过程。谈判开局的具体目标是建立适宜的谈判气氛，为实质性谈判提供策略依据。

好的开始等于成功的一半。做任何事情，如果有一个好的开始，整个事情圆满完成的可能性就大大增加。在开局阶段，人们的精力最为充沛，注意力也最为集中。洽谈的格局就是在开局后的几分钟内确定的。开局是双方阐明各自立场的阶段，谈判双方阵容中的个人地位及所承担的角色会完全暴露出来。因而，谈判开局可以帮助己方摸清对方虚实，厘清己方思路，不失时机地采取适当措施修改谈判策略，塑造己方优势，掌握谈判的主动权。因此，一个良好的开局会为整个商务谈判取得成功打下良好的基础。

★案例链接

美国大财阀摩根想从洛克菲勒手中买一大块明尼苏达州的矿地。洛克菲勒派了手下一个叫约翰的人出面与摩根交涉。见面后，摩根问："你们准备开什么价？"洛克菲勒答道："摩根先生，我想你说的话恐怕有点不对。我来这儿并非要卖什么，而是你要买什么才对。"几句话，说明了问题的实质，从而掌握了谈判的主动权。

从内容上看，开局阶段似乎与整个谈判主题无关或关系不太大，但它很重要，因为它为整个谈判定下了一个基调。开局阶段不仅决定着双方在谈判中的力量对比，决定着双方在谈判中采取的态度和方式，同时也决定着双方对谈判局面的控制力度，进而决定着谈判的结果。所以研究谈判的开局，对把握和控制整个谈判的局势意义重大。谈判开局如果处理不好，就可能导致两种弊端：一是目标过高，使谈判陷入僵局；二是要求太低，达不到预期的谈判目的。有经验的谈判人员都能在这一阶段采取各种有效措施，充分发挥其应有的作用，使谈判朝着理想的方向发展，比较顺利地实现谈判目标。

（二）商务谈判开局的作用

开局阶段意味着整个商务谈判的正式开始，但是一般来说，谈判的开局阶段并不涉及谈判的实质性内容，持续时间也比较短。尽管如此，商务谈判的开局阶段对于整个谈判进程仍然具有相当重要的作用，甚至在某些方面将决定谈判的走向。

（1）能够树立良好的第一印象。在人与人第一次交往中留给对方的印象，会在对方的头脑中成型并占据主导地位，这种印象在心理学上被称为第一印象，而该效应也被称为第一印象效应。在商务谈判中，同样存在着第一印象效应，而且往往是由谈判人员带给对方的。在商务谈判的开局阶段，在对方心目中树立良好的第一印象，对于顺利地开展谈判具有相当重要的作用。

（2）可以营造适当的谈判气氛。所有的谈判都是在一定的谈判气氛下展开的，良好适当的谈判气氛可以对谈判的进程起到一定的推动作用，有助于提高谈判的有效性和效率；如果谈判气氛不佳或不适当，往往会阻碍谈判的顺利进行，并影响最后谈判结果的达成。所以，在商务谈判开局阶段营造适当的谈判气氛，对谈判的成功具有相当重要的作用。

（3）谈判开局地位对谈判进程具有重要的影响。由于谈判双方的实力、背景、目的和了解对手的程度不同，一般在商务谈判的开局阶段会呈现出相对差异的谈判状态，称为谈判双方的开局地位。开局地位的不同，对谈判进程会产生很微妙的影响，而且往往会影响到谈判策略和手段的使用。一般来说，商务谈判的相对开局地位有以下几种。

①主和客。主客地位的产生主要来源于谈判双方对谈判地点的选择，一般位于谈判举行地的一方或者谈判活动的主要组织一方被称为谈判的主方，另一方则是客方。

谈判的主方是谈判的主要组织者，决定谈判的举行时间、地点以及主要议程，同时承担为客方安排交通、住宿等任务。所以，作为谈判的主方，可以选择更有利于自己的谈判时间和地点，同时可以通过一些特殊的安排对客方施加压力。在谈判开始前，通常应力求成为谈判的主方，以获得谈判的主动权。

"客随主便"。谈判的客方，不得不接受主方的一些不利于己方的安排。但是，这也并不意味着客方就一定处于消极被动的地位，如果不得不做客方的话，首先，应该做好充分的准备，尽量减少由此带来的不利影响；其次，不应该完全听任主方的安排，对于不利于己方的安排，可以提出异议，要求重新安排，并且尽量多地参与到谈判的组织工作中。

此外，如果谈判双方对于谁主谁客有分歧，或者谈判地点对谈判进行影响不大，也可以将谈判安排在第三地进行，从而避免由于主客地位不同而带来的不公平。

★案例链接

日本的钢铁和煤炭资源短缺，而澳大利亚盛产煤和铁。日本渴望购买到澳大利亚的煤和铁，而在国际市场上，澳大利亚一方却不愁找不到买主。按理来说，日本人的谈判地位低于澳大利亚，处于不利位置，澳大利亚一方在谈判桌上占据主动地位。可是，日本商人另辟蹊径，想方设法把对方的谈判代表从千里迢迢的南半球，邀请到日本去谈生意。

当澳大利亚人到了日本后，他们一般都比较谨慎，讲究礼仪，而不至于过分侵犯东道主的权益，日本方面和澳大利亚方面在谈判桌上的相互地位就发生了显著的变化。澳大利亚人过惯了富裕的悠闲生活，他们的谈判代表到了日本之后没过几天，就急于回到故乡。

所以，澳大利亚谈判代表在谈判桌上常常表现出急躁的情绪。而作为东道主的日本谈判代表，则可以不慌不忙地讨价还价，软硬兼施，从而掌握了谈判桌上的主动权。结果日本方面仅仅花费了少量招待应酬费用作"诱饵"，就钓到了"大鱼"，取得了大量谈判桌上难以获得的东西。

②明和暗。由于信息的不对称，谈判参与方在谈判开始前所掌握的对方信息总会或多或少地有所差异，这就产生了开局阶段双方的"明""暗"地位。如果自己的信息较多地被对方获得，而掌握对方的信息较少，那就可以说是处在"明处"；反之，则可以说是处在"暗处"。

商务谈判在很大程度上可以说是一场信息战，掌握信息多，特别是掌握对方信息多的一方，往往会在谈判中握有一定的主动权。而己方信息过多地被对方掌握，会暴露己方更多的弱点甚至谈判计划。具体来说，在谈判中会有"彼明我暗"和"彼暗我明"两种状态，而这两种状态，对谈判的进程和谈判策略的使用有着截然不同的影响。

a. "彼明我暗"。一般来说，这是谈判双方都比较期望出现的一种状态。在这种情况下，己方掌握较多对方的信息，而对方掌握己方的信息较少。这样有利于更好地制定有针对性的谈判计划，且对对方会产生较大的迷惑性。

b. "彼暗我明"。这种情况一般对己方不大有利，对方掌握较多己方的信息，而己方掌握对方信息较少。因此，谈判的进程很可能更多地为对方所控制，在这种情况下，一方面要求谈判人员尽快收集更多对方的信息，另一方面要求谈判人员避免暴露更多己方的信息。

③强和弱。开局气势的强弱很大部分的原因在于谈判双方企业实力的对比。一般实力强大的企业自然处于强势的地位，而实力弱小的企业则处于弱势的地位。谈判开局的强势地位将有利于己方对谈判进程更多地控制，使得谈判向着有利于己方的结果发展。

当然，开局的强、弱势并不等于谈判过程中的强、弱势。随着谈判进程的开展，开局的相对强弱也有可能发生变化。作为开局强势一方来说，应该保持清醒的头脑，戒骄戒躁，避免盛气凌人，同时尽量控制谈判的主动权，把强势地位一直保持到谈判结束；作为开局弱势的一方，应避开实力上的不足，抓住谈判中有利于己方的关键因素做文章，争取扭转弱势不利地位。

二、商务谈判开局的方式

商务谈判开局的方式主要有两大类：行为方式、提交洽谈方案的方式。

(一) 行为方式

从谈判开局全过程所经历的环节来看，谈判开局的行为方式主要有四种。

1. 导入

导入指谈判双方入场、握手、介绍、问候、寒暄等行为。导入时间虽短但作用大。为便于双方接触交流，一般以站立交谈为好。

2. 交换意见

交换意见指谈判双方就谈判的目标（Purpose）、计划（Plan）、进度（Pace）、人员（Person）等方面问题达成一致意见的行为，西方将其概括为"4P"。具体包括：说明双方为什么坐在一起，拟通过谈判达到什么目的；安排会谈的议题，双方约定共同遵守的规程等；安排会谈进行的议程，即日程安排；正式介绍谈判双方的每个成员，如姓名、职务及在谈判中的作用、地位等。

3. 概述

谈判双方简要地阐述各自的谈判目的与意愿，使谈判双方对彼此的意图有所了解，为谈判的具体开展奠定基础。

4. 明示

让对方明确了解自己的目标、意图、想法、所欲、所求、困难和问题，让步的可能、合作的原则。一般而言，要把存在的问题和建议及早提出，以求彻底解决。

（二）提交洽谈方案的方式

提交洽谈方案的方式主要有三种。

1. 提出书面条件，不做口头补充

谈判的所有交易条件都以书面形式提交给对方。这种方式适用于两种情况：一是己方在谈判规则的束缚下不可能选择别种方式；另一种是己方准备把所提交的最初的书面交易条件作为最后的交易条件。这种方式局限性很大。

2. 提出书面条件，并做口头补充

在会谈前将交易条件以书面形式提交给对方，在会谈过程中再进行适当的口头补充。这种方式的优点是交易条件内容完整，能把复杂的内容用详细的文字表达出来，可一读再读，全面理解。缺点是写上去的东西可能会成为对己方的一种限制，并难以更改；不如口语带有感情色彩；在不同语种之间局限性更为明显。

3. 面谈提出交易条件

在会谈前，双方不提交任何书面形式的文件，仅仅在会谈时提出交易条件。这种方式的优点是可以见机行事，有很大的灵活性，先磋商后承担义务，可充分利用感情因素来建立个人关系、缓解谈判气氛等。可能存在的缺点是：容易受到对方的反击；阐述复杂的统计数字与图表等相当困难；不同的语言可能会产生误会。

由于大多数商务谈判采取面谈的方式，故本节讨论的谈判开局均属第三种方式。

三、谈判开局的影响因素

谈判开局顺利与否、成败如何，受许多因素的影响。

（一）谈判双方企业之间的关系

1. 双方企业过去有过业务往来，且关系很好

如果双方企业有过业务往来，且关系很好，那么开局气氛宜热烈、友好、真诚、轻松愉快。己方谈判人员在开局时，语言上宜热情洋溢；内容上宜畅谈双方过去的友好合作关系，或两个企业之间的人员交往，也可以适当地称赞对方企业的发展和进步；姿态上宜自由、放松、亲切。可以较快地将话题引入实质性谈判。

2. 双方企业过去有过业务往来，但关系一般

如果双方企业有过业务往来，但关系一般，则开局的目标是要争取创造一个比较友好、随和的气氛。己方在语言的热情程度上宜有所控制；在内容上，可以一般性地聊聊双方过去的业务往来及人员交往，也可以谈谈双方人员在日常生活中的兴趣和爱好；在姿态上可以随和、自然。在适当的时候，自然地将话题引入实质性谈判。

3. 双方企业过去有过业务往来，但本企业对对方企业的印象不佳

如果双方企业有过业务往来，但本企业对对方企业的印象不佳，那么开局阶段的气氛宜严肃、凝重。己方谈判人员在开局时，语言上既注意礼貌，又保持严谨，甚至可以带一点冷峻；内容上可以对过去双方业务关系表示不满、遗憾，以及希望通过本次交易磋

商来改变这种状况，也可以谈论一下途中见闻、体育比赛、娱乐新闻等中性话题；在姿态上应该充满正气，注意与对方保持一定的距离。在适当的时候，可以慎重地将话题引入实质性谈判。

4. 双方企业在过去没有进行任何业务往来，本次为第一次业务接触

如果双方在过去没有进行任何业务往来，本次为第一次业务接触，那么在开局阶段应力争创造一个友好、真诚的气氛，以淡化和消除双方的陌生感，以及由此带来的防备甚至略含敌对的心理，为后面的实质性谈判奠定良好的基础。因此，在开局时，己方谈判人员在语言上宜表现得礼貌、友好而不失身份；在内容上以旅途见闻、文娱体育消息、天气状况、个人业余爱好等比较轻松的话题为主，也可以就个人在公司的任职时间、负责范围、专业经历进行一般性的询问和交谈；在姿态上宜不卑不亢，沉稳而不失热情，自信而不骄傲。在适当的时候，可以巧妙地将话题引入实质性谈判。

（二）双方谈判人员个人之间的关系

谈判是人们相互之间交流思想的一种行为。谈判是双向沟通，是互动。人的理性是有限的，人的情感往往在很大程度上起主导作用。因而，谈判人员个人之间的关系会对谈判的过程和结果产生很大的影响。如果双方谈判人员有过交往接触，并且还结下了一定的友谊，那么，在开局阶段可以畅谈友谊。同时，可以回忆过去交往的情景，或讲述离别后的经历，还可以询问对方家庭的情况，以增进双方之间的感情。如果双方谈判人员之间发展了良好的私人感情，那么，提出要求、做出让步、达成协议就较为容易。通常还可以降低谈判成本，提高谈判效率。如果双方谈判人员中存在矛盾，就可能阻碍谈判的顺利进行，可适当地进行人员的调整或替换，以免出现不愉快的场面。

（三）双方企业的谈判实力

就双方的谈判实力而言，一般有三种情况：双方势均力敌、己方明显强于对方、己方弱于对方。

1. 双方势均力敌

如果谈判双方的谈判实力势均力敌或相差不多，为了防止一开局就强化对方的戒备心理和敌对情绪，以致这种气氛延伸到实质性谈判阶段，导致双方为一争高下而造成两败俱伤，在开局阶段，要力求创造一个友好、轻松、和善的气氛。己方谈判人员的语言和姿态要做到轻松而不失严谨、礼貌而不失自信、热情而不失沉稳。

2. 己方明显强于对方

如果己方谈判实力明显强于对方，为了使对方清醒地意识到这一点，并且在谈判中不抱过高的期望值，从而产生威慑作用，同时，又不至于将对方吓跑，在开局阶段的语言和姿态上，既要表现得礼貌友好，又要充分显示出己方的自信和气势。

3. 己方弱于对方

如果己方谈判实力弱于对方，为了不使对方在气势上占上风，从而影响后面的实质性谈判，在开局阶段，己方在语言与姿态上，既要表现出友好、积极合作，又要充满自信、举止沉稳、谈吐大方，使对方不能轻视己方。

第二节　开局阶段的主要内容

商务开局阶段之所以重要，主要是由于开局阶段是整个商务谈判活动的开始，有其特定的任务。这些任务完成与否、完成的效率关系到今后的谈判能否顺利开展，以及谈判目标能否实现。

一、确定谈判议程

谈判议程是指对谈判事项的程序性安排，即对此次谈判何时开始、何时结束、谈判议题、先谈什么或后谈什么的一个双方预先约定，也称为谈判的日程。在商务谈判中，谈判人员往往把谈判的着力点放在商品和价格上，忽略了开局阶段谈判议程的确定。其实在商务谈判时，事先确定一个谈判议程，对促进谈判的顺利进行、降低谈判成本、谋取谈判利益都是有益的。

（一）谈判议程的重要性

为了使谈判有条不紊地进行，谈判各方在正式谈判前通常都会对谈判的议程进行磋商。事实上，有关议程的磋商本身就是一种谈判，称为"程序谈判"，以与实质性谈判相区别。

1. 谈判议程的审查

大多数商务谈判都是根据事先拟订的议程进行的。因此，控制议程的一方不仅可以支配谈判内容，而且可以掌握谈判的进度与节奏。所以，谈判人员对"程序谈判"要慎重，对已达成的程序要仔细审查。

（1）有无遗漏的项目；

（2）己方核心议题是否出现在议程规定的讨论问题内；

（3）所列的谈判人员是否与己方地位对等；

（4）编排时间、安排地点是否对己方有利；

（5）整个程序安排是否对己方有利。

2. 谈判议程的控制

谈判的议程一旦磋商达成，不应轻易改变，这样才能保证谈判桌上双方的"一致性"。在谈判过程中对议程进行控制是一种需认真对待的工作，谈判一方可安排一位观察力敏锐、善于发现和提出问题的人，注意对谈判议程进行控制，随时向己方的主谈人提供合理建议。控制的内容如下：

（1）必要时进行归纳总结，以帮助双方认清谈判进行到哪个阶段了。

（2）提出问题，使双方明白应该讨论什么问题，正在讨论什么问题。

（3）把谈判及时引向正确的方向。

（4）如有僵局出现，应采取措施化解僵局。

（5）多强调谈判双方的合作性、共同性和一致性；肯定谈判成果，引导谈判顺利开展。

（二）谈判议程的内容及制定时应注意的问题

1. 谈判议程的内容

谈判议程的内容涉及"4P"问题，即 Plan（计划）、Purpose（目的）、Pace（进度）、Person（人员）。

（1）谈判计划。谈判计划即谈判的议事日程。

（2）谈判目的。会谈的目的因各方出发点不同而有不同的类型，如：

①探测型（旨在了解对方的动机）；

②创造型（旨在发掘互利互惠的合作机会）；

③论证型；

④达成原则协定型；

⑤达成具体协定型；

⑥回顾与展望型；

⑦处理纷争型。

谈判目的通过一系列议题内容来体现。

（3）谈判进度。谈判进度指谈判的进程。

（4）谈判人员。在商务谈判中，确定良好个人关系的三个标准是：对人态度要友好；能理性思考问题；具有与人合作的品质及合作技巧。

2. 谈判议程制定时应注意的问题

在商务谈判议程制定时，除对谈判开始阶段的"4P"做出安排外，还应注意以下两个问题。

（1）谁先开谈。在谈判桌上，人们对权力、地位此类问题比较敏感。谈判人员在开局之初对"等级"观念更是如此。他们对发言的次序、发言时间分配、议事日程的确定十分重视，认为这是检验对方诚意的试金石。如果双方在这些具体问题上产生分歧，会影响后续的谈判，所以谈判人员对此都应予以足够重视。具体讲：

①在发言时间上，双方要注意平分秋色，尊重对方；

②态度要坦诚，主动就某些双方容易达成协议的议题提出建议，造成"一致感"；

③尽量满足对方的合理要求，避免正面冲突；

④发言要简洁明了，倾听要聚精会神；

⑤口气要轻松愉快，能有幽默感更好。

（2）开局过程的控制策略。谈判双方有时会因彼此的目标、对策相去甚远而在开局之初陷入僵局。因此，双方应努力先就会谈的目的、计划、进度和人员达成一致意见，这是控制开局过程的基本策略。如果对方因缺乏经验而表现得急于求成，己方应巧妙地避开他的要求，把他引到会谈目的、计划等基本内容的讨论中。例如，对方一开始讲："来，咱雷厉风行，先谈价格条款。"在这种情况下，己方可以接口应道："好，马上谈，不过咱先把会谈程序、目标统一一下，这样谈起来效率更高。"当然，有时候谈判对手出于各种目的在会谈一开始就唱反调，那么己方可以毫不犹豫地打断对方的话："请稍等一下，咱们先把议程定下来，你说好不好？"总之，不管出于哪种情况，谈判一方应有意识地创造出一致感，以免造成开局失控的局面。

二、谈判气氛营造

（一）谈判气氛的含义和作用

谈判气氛指的是在商务谈判中对谈判双方感觉和感情产生影响的特定的景象或情调。谈判气氛决定了谈判双方在谈判中的基本态度，对谈判人员的心理、情绪和感觉都能产生直接的影响，进而影响谈判人员的反应和表现，从而对谈判的进程产生作用。

在商务谈判中，谈判气氛不是一成不变的，往往会随着谈判情境的变化而发生变化，谈判人员也可以在谈判中主动调整或控制谈判气氛。

谈判气氛适宜与否，事关整个商务谈判的成败。适宜的谈判气氛能为即将开始的谈判奠定良好的基础，能传达友好合作的信息，可以减少双方的防范情绪，有利于协调双方的思想和行动，能显示主谈人员的文化修养和谈判诚意。不适宜的谈判气氛可能会给整个谈判蒙上一层阴影，会给谈判活动的开展徒增阻力。

（二）谈判气氛的类型

谈判开局需要创造一个相互信赖、诚挚合作的谈判氛围，可以先选择一些双方都感兴趣的话题聊聊，同时谈判人员要保持平和的心态，热情的握手、信任的目光、自然的微笑都能营造良好的开局气氛。谈判双方都非常重视"开场白"，因为良好的气氛能有效地促进会谈。

谈判气氛分为以下四种类型。

（1）谈判气氛冷淡、对立、紧张。在这种气氛中，谈判双方人员的关系并不融洽、亲密，互相表现出的不是信任、合作，而是较多的猜疑与对立。

（2）谈判气氛松松垮垮、慢慢腾腾、旷日持久。谈判人员在谈判中表现出漫不经心、东张西望、私下交谈、打瞌睡、吃东西等。这种谈判进展缓慢，效率低下，谈判也常常因故中断。

（3）谈判气氛热烈、积极、友好。谈判双方互相信任、谅解、精诚合作，谈判人员心情愉快、交谈融洽，会谈有效率、有成果。

（4）谈判气氛平静、严肃、谨慎、认真。意义重大、内容重要的谈判，双方态度都极其认真严肃，有时甚至拘谨。每一方讲话、表态都思考再三，绝不盲从，谈判有秩序、有效率。

显然，上述第三种气氛是最有益也是最为大家所欢迎的。

★ **案例链接**

有一天，一位旅居美国的学者正在家里看报。忽然听到有人敲门，开门一看，原来是一个八九岁的女孩和一个五六岁的女孩。大点的女孩子非常沉着地说："你们家需要保姆吗？我是来求职的。"学者好奇地问："你会什么呢？年纪这么小。"大孩子解释道："我已经9岁了，而且已有14个月的工作历史，请看我的工作记录单。我可以照看您的孩子、帮助他完成作业、和他一起做游戏……"大孩子观察出学者没有聘用她的意思，又进一步说："您可以试用我一个月，不收工钱，只需要您在我的工作记录上签个字，它有助于我将来找工作。"学者指着那个五六岁的孩子说："她是谁？你还要照顾她吗？"他听到了更令人惊讶的回答："她是我的妹妹，她也是来找工作的，她可以用手推车推您的孩子去散步，她的工作是免费的。"

虽然小女孩求职时直接迅速地切入主题，但如此赏心悦目的开局，充满了真诚和友好，营造出了温馨的洽谈气氛，很容易使谈判双方建立趋同的愿望，从而搭建达成合作的桥梁，对进入下一阶段的实质性磋商几近无碍。

（三）营造谈判气氛

谈判气氛是谈判双方相互之间的态度。谈判气氛对谈判起着相当重要的影响作用。可以说，哪一方能控制谈判气氛，在某种程度上就等于控制了谈判对手。谈判气氛有三种，即高调气氛、低调气氛和自然气氛。

1. 高调气氛

高调气氛一般在以下情况下营造：己方占有较大优势，价格等主要条款对己方极为有利，己方希望尽早达成协议与对方签订合同。营造高调气氛通常采取以下三种方法。

（1）感情攻击法。通过某一特殊事件来引发普遍存在于人们心中的感情因素，并使这种感情迸发出来，从而达到营造高调气氛的目的。运用该方法的前提是了解对方谈判人员的个人情况，尽可能了解和掌握谈判对手的性格、爱好、兴趣、专长，以及他们的职业、经历与处理问题的风格、方式等。

（2）称赞法。通过称赞对方来突破对方的心理防线，从而激发对方的谈判热情，调动对方的情绪，营造高调气氛。采用称赞法，要选择恰当的称赞目标、恰当的称赞时机和恰当的称赞方式。

（3）幽默法。用幽默的方式来消除对方的戒备心理，使其积极参与到谈判中来，从而营造高调气氛。恩格斯说："幽默是具有智慧、教养和道德上优越感的表现。"采用幽默法，要选择恰当的时机、采取适当的方式，做到收发有度。

2. 低调气氛

低调气氛是指谈判气氛严肃、低落。谈判一方情绪消极、态度冷淡，不愉快的因素构成了谈判情势的主导因素。通常当己方有讨价还价的砝码，但不占有绝对优势或处于劣势时，采用该种谈判气氛。低调的谈判气氛会给谈判双方造成较大的心理压力，己方在使用该方法时一定要做好充分的心理准备，并且要有较强的心理承受能力。营造低调气氛通常采取以下四种方法。

（1）感情攻击法。与前面营造高调气氛的手段一样，但是作用恰好相反。在营造高调气氛时，是要激起对方积极的情绪；在营造低调气氛时，是要用一件事情诱发对方产生消极的情绪，致使一种低沉、严肃的气氛笼罩在谈判开始阶段。

（2）沉默法。以沉默的方式来使谈判气氛降温，从而达到向对方施加心理压力的目的。需要指出的是，沉默并非一言不发，而是己方尽量避免对谈判的实质问题发表议论。采用这种方法要有恰当的沉默理由，沉默要有度，并适时进行反击，迫使对方让步。

（3）疲劳战术法。使对方对某一个问题或某几个问题反复进行陈述，从生理和心理上使对方疲劳，降低对方的热情，从而控制对方并迫使其让步。采用疲劳战术法，要求多准备一些问题，而且问题要合理，每个问题都能起到使对方疲劳的作用；要求认真倾听对方的每一句话，抓住其中的错误，记录下来，作为迫使对方让步的筹码。

（4）指责法。针对对方的某项错误或礼仪失误严加指责，使其感到内疚而紧张，从而达到营造低调气氛，迫使对方让步的目的。

3. 自然气氛

自然气氛是指一种诚挚、友好，等同于一般社交场合的谈判气氛。许多谈判都是在自然气氛中开始的。这种谈判气氛便于向对手进行摸底，因为谈判双方在自然气氛中传达的信息往往要比在高调气氛和低调气氛中传达的信息准确、真实。在营造自然气氛时，谈判人员应做到以下几点。

（1）初次与对方接触时，要注意己方的行为、礼仪，主动与对方寒暄时，目光要表现出自信和可信。

（2）不要与谈判对手过早进入实质性谈判，运用中性话题帮助建立谈判气氛。

（3）尽可能正面回答对方问题，如果不能回答，要采用恰当的方式进行回避。

总而言之，谈判人员可以根据需要来营造适于己方的谈判气氛。同时，在营造谈判气氛时，一定要注意外界客观因素的影响，如节假日、天气情况、突发事件等，它们对谈判气氛的营造有重要的影响。

（四）创造和谐气氛的注意事项

（1）开场白的节奏得当。开场白阶段又称"破冰"期阶段，是指谈判双方进入具体交易内容谈判讨论前，见面、寒暄及就谈判内容以外的话题进行交流的那段时间和过程。虽然与主题关系不大，却非常重要，可以为以后的谈判奠定基调。

（2）动作自然得体。由于各国、各民族文化习俗不同，对各种动作的反应也不尽相同。如初次见面时的握手就颇有讲究，有的外宾认为这是一种友好的表示，给人以亲近感；有的外宾则会觉得对方是在故弄玄虚，有意谄媚，会产生一种厌恶感。因此，谈判人员应事先了解对方的背景、性格特点，区别不同的情况，采用不同的形体语言。

（3）讲究表情语言。表情是无声的语言，是内心情感的表露。谈判人员是信心十足还是满腹狐疑，是轻松愉快还是紧张呆滞，都可以通过表情流露出来。谈判人员是诚实还是狡猾，是活泼还是凝重，也都可以通过眼神表示出来。谈判人员应该时刻注意自己的表情，通过表情和眼神，表达出友好、合作的愿望。

（4）破题引人入胜。如果说开局是谈判气氛形成的关键阶段，那么破题则是关键中的关键，既是对方之要点又是己方之要点。因为双方都要通过破题来表明自己的观点、立场，也都要通过破题来了解对方。由于谈判即将开始，难免会心情紧张，因此可能出现张口结舌、言不由衷或盲目迎合对方的现象，这对下面的正式谈判将会产生不良的影响。为了防止这种现象的发生，应该事先做好充分准备，做到有备而来。比如可以将预计谈判时间的 5% 作为破题阶段。如果谈判准备进行 1 小时，就用 3 分钟时间沉思；如果谈判要持续几天，最好在谈判前的某个晚上，找机会请对方一起吃顿饭。

（5）树立良好的第一印象。一般给对方第一印象的时间只有 7 秒。从接触一开始，7 秒的时间你就已经给对方留下了一个印象，是不是专业、能干不能干，对方就可以通过对你的第一印象判断出来。会影响自己留给对方第一印象的内容包括以下几方面。

①外表，即穿着打扮怎么样。

②身体语言及面部表情，身体语言包括姿势语言。

③日常工作和生活中的礼仪，包括握手、对话、会议、电梯礼仪等。

三、开场陈述

商务谈判开局阶段的另一个重要内容，就是谈判双方要在此时分别做开场陈述。开场陈述是指谈判的参与方分别把己方的基本立场、观点和利益向对方阐述，让谈判对手了解己方的谈判期望、谈判风格和表达方式的过程。

开场陈述在谈判开局阶段有着非常重要的作用。通过开场陈述,可以向对方表明己方的谈判意图,消除对方的一些不切实际的谈判期望;也可以在对方开场陈述时仔细观察,获取一些对方的信息。

(一)开场陈述的基本内容

商务谈判的开场陈述一般包括以下基本内容。

(1)己方对谈判问题的基本立场和理解。

(2)己方的利益,即己方希望通过谈判取得的利益,特别是根本利益和首要利益。

(3)己方对于谈判的期望,以及对于对方的期望。

(4)己方的谈判诚意,即己方愿意为达成谈判结果而付出的努力。

(5)需要在谈判开局向对方说明的其他问题。

★案例链接

我国某出口公司的一位经理在同东南亚某国商人洽谈大米出口交易时,这样开场陈述:"诸位先生,首先让我向几位介绍一下我方对这笔大米交易的看法。我们对这笔出口买卖很感兴趣,我们希望贵方能够现汇支付。不瞒贵方说,我方已收到了某国其他几位买方的递盘。因此,现在的问题只是时间,我们希望贵方能认真考虑我方的要求,尽快决定这笔买卖的取舍。当然我们双方是老朋友了,彼此有着很愉快的合作经历,希望这次洽谈会进一步加深双方的友谊。这就是我方的基本想法。"

(二)开场陈述的主要原则

(1)只做原则性、方向性的阐述,不涉及具体内容。

(2)简明扼要,语意明晰。

(3)除了对于陈述的基本解释外,以己方陈述为主,原则上不回答对方的提问。

(4)对于对方的错误理解,应立即做出更正。

(三)开场陈述的方式

开场陈述的方式一般有三种:书面陈述、口头陈述和书面结合口头陈述。无论是书面陈述、口头陈述,还是书面结合口头陈述,其基本内容和所遵循的原则都是相同的。

1.书面陈述

书面陈述的优点是在阐明己方立场时,更为坚定有力,向对方表示拒绝时,更为方便易行,在费用上节省得多。缺点是不便于谈判双方相互了解、妥协让步,成功率较低;信函、电报、邮件等所能传递的信息量有限。

2.口头陈述

口头陈述的优点是便于双方相互深入了解,维持关系,增进感情,建立长期的伙伴关系,便于讨价还价,防止上当受骗。缺点是在面对面的交往中,双方都难以保持谈判立场的不可动摇性,难以拒绝而不得已做出让步。

3.书面结合口头陈述

顾名思义,书面结合口头陈述即将上述两种陈述方式结合。

（四）开场陈述的技巧

1. 让对方先谈

己方谈判人员可以先保持沉默，听取对方对交易的看法、立场及利益。这样，有利于争取谈判的主动权，增强己方陈述的针对性、灵活性。

2. 只陈述原则问题

己方只需阐明所要解决的问题、立场及利益，不要深谈某一具体问题。

3. 保持独立性

在听取对方陈述、搞清楚对方意图的基础上，独立地陈述己方的观点和立场，不为对方的观点和立场所左右，不给对方充分弄清楚己方意图的机会。

4. 专注己方利益

陈述时，注意力放在己方利益上，不必阐述双方的共同利益。

5. 以轻松、诚挚的语气表达

例如以"咱们先确定一下今天的议题，如何？""先商量一下今天的大致安排，怎么样？"作陈述引言，这些话从表面上看好像无足轻重，分量不重，但这些要求往往最容易引起对方肯定的答复，因为比较容易创造一种"一致"的感觉。如果能够在此基础上，悉心培养这种感觉，就可以创造出一种"谈判就是要达成一致意见"的气氛，有了这种"一致"的气氛，双方就能较容易地达成互利互惠的协议。

6. 注意语言、语调、声音、停顿和重复

开场陈述时，提倡采用礼貌用语、弹性用语、转折用语，抑扬顿挫的语调，节奏适当的语速，优美动听的声音。另外，核心内容要适当重复。

★**案例链接**

A公司是一家实力雄厚的房地产开发公司，在投资过程中，看中了B公司所拥有的一块极具升值潜力的地皮。而B公司正想通过出卖这块地皮获得资金，以将其经营范围扩展到国外。于是，双方精选了久经沙场的谈判干将，对土地转让问题展开磋商。

A公司代表："我公司的情况你们可能也有所了解。我公司是××公司、××公司（均为全国著名的公司）合资创办的，经济实力雄厚，近年来在房地产开发领域业绩显著。去年在你们市开发的××花园收益很不错，听说你们的周总也是我们的买主啊。你们市的几家公司正在谋求与我们合作，想把其手里的地皮转让给我们，但我们没有轻易表态。你们这块地皮对我们很有吸引力，我们准备拆迁原有的住户，开发一片居民小区。前几天，我们公司的业务人员对该地区的住户、企业进行了广泛的调查，基本上没有什么阻力。时间就是金钱啊，我们希望以最快的速度就这个问题达成协议，不知你们的想法如何？"

B公司代表："很高兴能有机会和你们合作。我们之间以前虽没有打过交道，但对你们的情况还是有所了解的。我们遍布全国的办事处也有多家住的是你们的房子，这可能也是一种缘分吧。我们确实也有出卖这块地皮的意愿，但我们并不急于脱手，因为除了你们公司外，兴华、兴运等一些公司也对这块地皮表示出了浓厚的兴趣，正在积极地与我们接洽。当然了，如果你们的条件比较合理，价格比较优惠，我们还是愿意优先与你们合作的，可以帮助你们简化有关手续，使你们的工程能早日开工。"

通过以上案例，我们不难发现，双方的谈判代表都不愧是久经沙场的谈判行家，三言两语的自我介绍，就把己方的实力充分地显示了出来。特别是 A 公司代表的发言，简直就是 A 公司的"实力宣言"："××公司、××公司合资创办"的背景已令人刮目相看，而"去年在你们市开发的××花园"又把 A 公司的实力立刻具体化，"你们市的几家公司正在谋求与我们合作，想把其手里的地皮转让给我们"更是能让对方感到扑面而来的压力，最后提及的该公司业务人员的调查结果也不得不让人赞叹该公司工作的高效率和全面细致。面对实力如此强大的对手，B 公司的代表表现得相当镇静，不卑不亢，在对对方的合作愿望予以回应的同时，三言两语地介绍了己方不可小觑的实力。"遍布全国的办事处"意味着该公司并不是局限于某市的小角色，而是有着雄厚实力和广泛影响的全国性公司。更可贵的是，这种旨在显示实力的意图却隐藏在一句似乎轻描淡写意在联络感情的客套话中，足见其谈判技巧的娴熟与高超。"我们并不急于脱手，因为除了你们公司外，兴华、兴运等一些公司也对这块地皮表示出了浓厚的兴趣"则是针对对方制造的压力，反将一军，增强己方谈判的实力，同时让对方有一种危机感，使己方不在未来的讨价还价中处于下风。

四、继续了解谈判对手

在商务谈判开始之前，谈判双方就已经开始了了解对方的工作，但是，由于尚未当面接触，所以这种了解都是片面的、不直观的。对谈判对手真正地了解，则要到谈判正式开始之后，即在谈判的开局阶段，所以，谈判的开局阶段也是谈判双方相互认识、相互了解的阶段。通过适当的途径和方法来了解谈判对手，是谈判开局阶段另一个非常重要的任务。在这一阶段，谈判双方应抓住有限的机会，尽可能了解对方，获得更多对方的信息。

（一）摸清对手情况

谈判人员要设法全面了解谈判对手的情况，虽然大多数谈判场合，过于细致入微地了解显得似乎有些小题大做，但只有尽可能地把握对方各方面的情况，才能顺藤摸瓜，探察出对方的需要，由此掌握谈判的主动权，使谈判成为同时满足双方利益的媒介。

摸清对手情况最好是与熟悉对手的人交谈，全方位了解对手的强项和弱项，并有针对性地做好相应的准备工作。在当今这个通信和计算机都很发达的社会，诸如抵押、留置权、法律判决、设备改进、合同授予、税收和追踪记录这些公开记录，任何人都可以利用，通过信用调查、股东报告，可以得到财务数据，公司的组织指南、电话号码簿和内部报纸都很容易得到。谈判人员要注意收集各种资料，以便对对手做出准确的判断。

（二）评估对手实力

既然谈判是一个逐步从分歧走向一致或妥协的过程，就需要评估对手的出发点和实力。他们有关键的实证材料吗？这些材料符合逻辑吗？道德上可以接受吗？谈判人员由哪些人员组成？各自的身份、地位、性格、爱好、谈判经验如何？他们是否有一个具有良好谈判技巧的高水平首席代表？其能力、权限、以往成败的经历、特长和弱点，以及对谈判的态度、倾向意见如何？等等。一旦对对手的优势有所了解，就可以预测当开始谈判时他们会朝哪个方向发展，他们有多少可以谈判的余地。

在一般情况下，需要掌握的对手实力信息包括公司的历史、社会影响、资本积累与投资状况、技术水平、产品的品种、产品的质量、产品的数量等。

（三）明确对手目标

要像明确自己的目标一样，明确对手的目标。将假定的对手目标列一个清单，并确定优先等级，按等级分类。

最高优先级：哪些是对手志在必得的目标？

中间优先级：哪些是对手想要争取的目标？

最低优先级：哪些是对手会当作额外收益的目标？对手的需求与诚意如何？对方与己方合作的意图是什么？合作愿望是否真诚？他们对实现这种合作的迫切程度如何？

要记住，以上这些只是猜测的，只能随着谈判的进行，通过观察来检验自己的判断是否正确。

（四）分析对手弱点

要像必须了解对手的优势一样，必须清楚他们的弱点，无论是他们的论点依据，还是他们的个人能力。比如如果谈判对手是一个小组，分析是否有机会分而治之。例如提出一个取悦一些人而惹怒另一些人的方案；也可以事先研究他们论据中的弱点，充分发掘他们在陈述中有悖于道德和政治问题的地方。例如电器批发部的销售主任以高折扣销售一些损坏了的电器，将会导致各种职业道德和法律问题。

在商务谈判的开局阶段，除了仔细倾听并分析对方的开场陈述外，还可以通过其他途径了解对手。

（1）利用正规渠道的情报。仔细检查所有有关对手的文章，如分析行业杂志及相关出版物上有关对手情况的详细报道。这些文章可能会有极宝贵的关于对手现状、历史、目前战略目标的背景资料。也可以查看由政府机构公开出版的有关对手法律上和财政上状况的文件。大多数资料都能以很低的费用获取。如果可能，尽可能向以前的谈判代表请教。

（2）研究历史资料。谈判常常会因为供货商要重新协商新的年度供货合同、雇员要求变更工作期限等诸如此类的事情而发生变化。如果与一个已经熟悉的团体谈判，则应当分析以往谈判中他们所采取的方式，重新查阅老的备忘录，向曾经参与谈判的同事请教，适当地调整自己的战术。要记住，在越来越熟悉对手的同时，对手同样越来越熟悉你，他们会根据对你方策略的了解来明确地表达他们的目标。在这种情况下要注意几点：以往谈判中力量的对比未必与现在一样；对手可能有更具权威、更具影响力的新职位；对手的新职位可能会使其暴露出新的弱点和长处；双方面临的时间压力可能是不同的；在谈判的每个回合中，双方所做的准备工作是不同的。

（3）利用非正式渠道的情报。利用非正式的社交场合、商务往来，不经意的相遇，或者与有关人员适时地通话，来查明对手是如何工作的。也可以派人到他们的办公室去看他们是如何对待下属和顾客的，或者邀请他们的老顾客共进午餐并审慎地问些问题。事实证明，对手那些心怀不满的前雇员是一个信息宝库，但也要警惕他们不知不觉地向你传递一些捕风捉影的错误信息。

第三节　开局基本策略的要求及具体开局策略

一、开局基本策略的要求

（一）遵循开局的原则

开局策略要运用得当，必须遵循以下几个原则。

1. 机会均等原则

在谈判开局阶段，应使双方具有同等的发言机会以表达各自的意愿、意图和目的等要求，尽量做到发言时间与倾听时间基本相等。

2. 简明扼要原则

开局阶段双方提问与陈述要尽量简短，切忌滔滔不绝。同时，提问与陈述要讲到点子上，切忌漫无边际。

3. 协商合作原则

谈判时一方应给对方足够的机会发表不同意见、提出不同设想。如果可能，尽量多提一些能得到双方共同支持的议题和设想，适时重申已取得一致的意见以强调趋同性。

4. 求同存异原则

要认识到谈判中有不同意见是正常的，并乐于、善于接受对方的意见。只要是合理可行的建议就应尽量同意，往往赞同或转移话题比直接反对能取得更好的效果。

（二）探测对方情况，了解对方虚实

在谈判的开局阶段，不仅要为转入正题创造气氛、做好准备，更重要的是，谈判的双方都要利用这一短暂的时间，进行事前的相互探测，以了解对方的虚实。

在此阶段，己方主要是借助感觉器官来接受对方通过行为、语言传递出的信息，并对其进行分析、综合，以判断对方的实力、风格、态度、经验、策略以及各自所处的地位等，为及时调整己方的谈判方案与策略提供依据。当然，这时的感性认识只是初步的，需在以后的磋商阶段加深。

正确的策略是，在谈判之初启示对方先说，然后再察言观色，把握动向；对尚不能确定或需进一步了解的情况进行探测。注意事项如下：

（1）要想灵活、得当地启示对方说出自己的想法，又体现对对方的尊重，可采取以下几种策略。

①征询对方意见。这是谈判之初最常见的一种启示对方发表观点的方法。如"贵方对此次合作的前景有何评价？""贵方认为这批电视机的质量如何？""贵方是否有新的方案？"等。

②诱导对方发言。这是一种开渠引水，启示对方发言的方法。如"贵方不是在传真中提到过新的构想吗""贵方对市场进行过调查，是吗""贵方价格变动的理由是什么"等。

③使用激将法。激将法是诱导对方发言的一种特殊方法，运用不好会影响谈判气氛，应慎重使用。如"贵方的销售情况不太好吧？""贵方是不是怀疑我们的资金信誉？""贵方没有建设性意见提出来？"等。

（2）当对方在谈判开局发言时，应对对方察言观色。不仅要注意对方发言的语气、声调、轻重缓急；还要注意对方的行为语言，如眼神、手势、脸部表情，这些都是传递某种信息的载体。

（3）要对具体的问题进行具体的探测。有些情况下，察言观色并不能解决问题，需要进行有效的探测。例如，要探测对方主体资格和阵容是否发生变化，可以问"某某怎么没来？"；要探测对方出价的水分，可以问"这个价格变化了吧？"；要探测对方的资金情况，可以问"能否付现金呢？"；要探测对方的谈判诚意，可以问"据说贵方有意寻找第三者？"；要探测对方是否有决策权，可以问"贵方认为这项改变可否确定？"，等等。此外，谈判人员还可以通过出示某些资料，或要求对方出示某些资料等方法来达到探测的目的。

（三）引起谈判对方的注意与兴趣

大多数商务谈判是谈判的一方采取主动措施吸引对方的注意力，使对方产生购买欲望，让他们认识到购买某一种产品是一种必需，然后促使其做出购买决定。根据心理学理论，这一过程由引起注意—产生兴趣—形成欲望—决定购买四个发展阶段构成。注意力阶段一结束，购买兴趣阶段在 30 秒内即可开始，而购买欲望阶段则可能需要几个小时甚至几十个小时。所以，在谈判开局阶段，要力争很快引起对方的注意和兴趣，进而激发对方的欲望。如何做到这一点呢？

首先，应该了解对方的"兴趣点"，即对方最关心的问题。

其次，要了解对方具体谈判人员的性格，以便"对症下药"。

再次，要采取相应的引起谈判对方注意与兴趣的方法。常见的方法有以下几种。

①夸张法。夸张法是指对谈判对手所关心的兴趣点以夸张的方式进行渲染，从而引起谈判对手的兴趣或注意的方法。

②示范法。示范法是指在谈判的开局就向对方介绍己方产品的优点，并提供相应的证明的方法。

③创新法。创新法是指以新颖的会谈方式引起对方注意的方法。方式的新颖表现在三个方面：与别人不同、与己方过去不同、与对方的设想不同。

④竞争法。竞争法是指利用谈判对手的竞争心理，故意提及其竞争对手，以便其对己方的话题感兴趣的方法。这种方法通常适用于谈判对手实力很强而己方又有求于他们的情况。这种方法需要建立在广泛收集信息的基础上。

⑤利益诱惑法。利益诱惑法是指在不影响己方根本利益的前提下，对谈判对手所关心的"兴趣点"进行较大程度的利益让步，以此来引起对方的兴趣或注意的方法。

⑥防止干扰法。防止干扰法是指当正常的业务谈判受到外部因素的影响而使谈判人员不能集中精力展开谈判时，双方立即检查正在进行的洽谈工作，看对方是否忘记了洽谈的衔接处的方法。

（四）正确估计自己的能力

探测了对方的虚实情况后，正确估计己方的能力非常重要。一般来说，要做到以下几点：不要低估自己的能力，不要以为对方了解己方的弱点，不要被对方的身份、地位吓倒，不要被数字、先例、原则或规定吓住，不要被无礼或粗野的态度吓住，不要过早泄露己方的全部实力，不要过分计较可能遭到的得失，不要过分强调自己的困难，不要以为己方已经完全了解对方的要求。

（五）讲究"破冰"技巧

"破冰"期是谈判开局阶段的准备，涉及问题前的短暂过渡阶段。谈判双方在这段时间内相互熟悉、了解，对正式谈判的开始起到良好的铺垫作用。如何掌握好"破冰"期的"火候"，是谈判的一种艺术。"破冰"期延续得长了，会降低谈判效率，增大成本投入，甚至会导致谈判人员乏味，产生适得其反的结果；"破冰"期进行得短了，会使谈判人员感到生硬、仓促，谈判起来没有"水到渠成"的感觉，达不到创造良好开端的目的。

"破冰"期究竟进行到何种状态才算适宜，不仅要对时间的长度加以考虑，更重要的是靠谈判双方的经验、直觉来相互感应。一般来说，"破冰"期控制在谈判总时间的5%是比较合适的。比如长达5个小时的谈判，那么用15分钟的时间来"破冰"就足够了。如果是多轮谈判，并将持续数日，则"破冰"的时间相应也要增加。在这段时间内，双方应按照一定的可行方式进行交往，可以谈一谈天气，或去娱乐场所，以增进彼此之间的了解。

在"破冰"期，应注意以下几个问题。

（1）言行、举止不要太生硬。"破冰"期谈判双方的言行、举止都应是随和而流畅的，切不可语言生硬、举止失度。

（2）不要紧张。许多性格内向者或初涉谈判人员，由于心情紧张，在面对谈判对手时，手足无措，不知说什么好，致使对方也不自然。谈判人员必须努力消除紧张感。在涉外谈判中更应如此。

（3）说话不要啰唆。有些谈判人员讲话啰唆，一句话重复很多遍。这在惜时如金的谈判桌上最惹人反感，谈判一开始就会给人留下不好的印象。谈判人员说话必须简洁、精练。

（4）不要急于进入正题。在营造气氛中我们已经谈到，谈判人员初见面时不宜急于切入正题，而应首先沟通感情、增进了解。俗话说"欲速则不达"，谈判亦是如此。

（5）不要与对方较劲。"破冰"期内的交谈，一般都是非正式的，通常采用漫谈的形式。因此，语言并不严谨。谈判人员不可对对方的每一句话都仔细琢磨，这会影响感情交流。如果对方有哪句出言不逊，切不可耿耿于怀、立即回敬，这只能弄巧成拙，招致蔑视。

（6）不要举止轻狂。谈判举止的第一印象，是影响对方对己方所持态度的关键因素。如果谈判人员在谈判的开局就举止轻狂，甚至锋芒毕露地炫耀自己，那么在富有经验的谈判人员面前，就是一个初涉谈判的小丑形象。

（六）掌握谈判主动权

任何商务谈判，谈判的一方为了获得己方的最大利益，都力图在谈判开始直至结束争得谈判的主动权，引导和控制谈判按照己方的主要意图严密地进行；而谈判的另一方，在谈判进行过程中，尤其是在察觉对方处于或试图处于谈判的最主动的位置时，也力图进行反控制。在这个意义上，商务谈判过程就是一场一方谋求谈判主动权与另一方变被动为主动的较量过程。美国谈判专家赫本·柯思认为，世界上任何一次谈判（如政治、经济、军事、民事）都包括三个具有决定性作用的因素，即资讯、时间和权力。而且它们会自始至终地存在着。因此，要想在商务谈判开局就掌握主动权，不为对方所左右，并进而影响对方，就要努力设法制造资讯优势、时间优势和权力优势。据此，掌握谈判主动权的策略主要有：

1. 制造资讯优势

资讯是指谈判双方彼此掌握的对方底细，包括资信状况，谈判人员的组成和素质，谈判目标，谈判要求、条件、意图、方法及有关谈判项目的各种相关资料信息。制造资讯优势，就是要使己方所获得的有关对方的需要、意图等资讯，比对方获得己方的资讯要多、要早、要准确。

制造资讯优势通常采用的策略是，要把自己真正的利益、需要和优先考虑的问题尽量藏匿起来。因为资讯就是实力。特别是在己方还没有完全信任对手时，更应如此。怎样获取对方的资料或信息呢？一般是以对方的同事或竞争者为搜集对象，通过与他们直接交谈或向他们提供资讯手段来实现反馈。

2. 制造时间优势

时间是指谈判所占用的时间及对时间利用的效果。制造时间优势就是积极主动地使用一定的手段，采取措施，使谈判过程中的时间变化有利于己方对谈判局面的控制和掌握主动权。

其主要策略有三个：休会策略、僵局策略和截止期策略。休会策略是在谈判过程进行到一定阶段或遇到某种障碍或出现某种突然事件时，谈判双方或一方提出休会建议，使谈判双方人员有机会暂停谈判，以便恢复体力，重新调查分析思考，调整谈判目标方法，推动谈判顺利进行的一种时间优势策略。僵局策略则是有意识制造僵局，给对方造成压力而为己方争取时间优势的拖延性策略。截止期策略即适时提出截止日期，给对方造成某种压力或打乱对方部署，为己方争取时间优势的策略。

制造时间优势应注意以下几点：保证己方谈判时间有足够的弹性，以减轻谈判时间对己方的压力；设法对谈判对方施加时间压力，迫使对方在时间和精力上不断增加投资；尽量对己方的截止期严加保密，而要主动地弄清楚并运用对方的截止期向其进攻；己方不要盲目守着截止期。

3. 制造权力优势

权力是指谈判人员驾驭谈判全局所持有的权位和力量。制造权力优势就是在谈判中制造和利用各种权力条件，使自己能够掌握和控制谈判的全局，占据主导地位或为己方争取更多的有利条件，或抵御对方的逼迫，减少己方的利益牺牲。

具体来说，要创造条件获得选择的权力，使己方的谈判有回旋余地；要巧妙而恰当地向对方显示自己的权力，使对方认识到己方是说话算数的；要尽量拥有专长的权力，以赢得对方的信赖和尊重；要适时地发挥权力的威慑作用，以控制谈判的基本进程；要抓住契机适当地运用冒险的权力，迫使对方为己方分担更多的风险。

二、具体开局策略

开局策略是谈判人员谋求谈判开局有利地位和实现对谈判开局的控制而采取的行动方式或手段。策略的运用贯穿商务谈判的全过程，由于开局谈判关系到整个谈判的方向和进程，因此谈判开局策略在商务谈判中尤为重要。

商务谈判是在特定的气氛中开始的，开局谈判气氛会影响开局谈判策略，开局谈判策略也会反作用于开局谈判气氛，成为影响或改变谈判气氛的手段。当对方营造了一个不利于己方的开局谈判气氛时，可以采用适当的开局策略来改变这种气氛。

常见的谈判开局策略有以下五种：

（一）一致式开局策略

一致式开局策略是指在谈判开始时为使对方对己方产生好感，以"协商""肯定"的方式，创造或建立起对谈判的"一致"的感觉，使双方在愉快友好的交谈中不断地将谈判引向深入的一种开局策略。这种开局策略的心理学基础是：人们通常会对那些与其想法一致的人产生好感，并愿意将自己的想法按照那些人的观点进行调整。

要做到一致式开局，双方都要注意讲话的用语和语气，要注意房间的背景、色彩、基调，音乐和装饰品的搭配，对方的喜好，温度和湿度的控制等因素。这些因素如果能令对方心情愉悦并对己方赞不绝口，那么这便是一个好的开始，对之后的谈判进展将会起到推动的作用，会更顺利地达到预期目标。

★案例链接

1972 年 2 月，尼克松总统在中美恢复正常邦交关系后首次应邀访华。刚到中国时，他在欢迎仪式上居然听到了他十分喜爱的一支乐曲《美丽的亚美利加》。在中国能够听到这首赞美他家乡的乐曲让他很惊讶，他不禁为中国政府的热情友好所感动，而中美的外交谈判也因此更增添了几分友好的气氛。

美国前总统杰斐逊曾经针对谈判环境说过这样一句意味深长的话："在不舒适的环境下，人们可能会违背本意，言不由衷。"英国政界领袖欧内斯特·贝文则说，根据他平生参加的各种会谈的经验，他发现，在舒适明朗、色彩悦目的房间内举行的会谈，大多比较成功。

在谈判开始时，以一种协商的口吻来征求谈判对手的意见，然后对其意见表示赞同和认可，并按照其意见开展工作。这样做有时能使对方忘掉彼此的争执，愿意去做己方建议他去做的事，从而收到意想不到的效果。运用这种方式应该注意的是，拿来征求对手意见的问题应该是无关紧要的问题，对手对该问题的意见不会影响己方的利益。另外在赞成对方意见时，态度不要过于诌媚，要让对方感觉到自己是出于尊重，而不是奉承。

在谈判开始时，以问询方式（即将答案设计成问题来询问对方）或补充方式（即借以对对方意见的补充使自己的意见变成对方的意见）诱使谈判对方进入己方的既定安排，从而在双方间达成共识，这是一致式开局的又一种重要途径。

一致式开局策略适合在高调气氛和自然气氛中运用，不宜在低调气氛中使用。在低调气氛中使用容易使己方陷入被动。

（二）保留式开局策略

保留式开局策略是指在谈判开始时，对谈判对手提出的关键性问题不做彻底的、确切的回答，而是有所保留，从而给对方造成神秘感，以吸引对手步入谈判的一种开局策略。它类似于三十六计中的"欲擒故纵"，先放着对方不管，让对方着急从而认为非你不可的时候，就达到应有的效果了，那时主动权将在己方，有利于控制局面以便达到己方的利益最大化，同时，要照顾对方情绪，态度不能过于强硬，谈判过程将更加顺利。

★案例链接

　　江西省某工艺雕刻厂被誉为"天下第一雕刻"。有一年，日本三家株式会社的老板同一天接踵而至，到该厂订货。其中一家资本雄厚的大商社，要求原价包销该厂的佛坛产品。这应该说是好消息。但该厂想，这几家原来都是经销韩国、中国台湾地区产品的商社，为什么争先恐后、不约而同到本厂来订货？他们查阅了日本市场的资料，得出的结论是本厂的木材质量上乘、制作技艺高超是吸引外商订货的主要原因。于是该厂采用了"待价而沽""欲擒故纵"的谈判策略。先不理那家大商社，而是积极抓住两家小商社求货心切的心理，把佛坛的梁、榴、柱分别与其他国家的产品做比较。在此基础上，该厂将产品当金条一样争价钱、论成色，使其价格达到理想的高度。首先与小商社拍板成交，造成那家大客商产生失去货源的危机感。那家大客商不但更急于订货，而且想垄断货源，于是大批订货，以致订货数量超过该厂现有生产能力的好几倍。

　　从以上案例可以发现，该厂谋略成功的关键在于其策略不是盲目的、消极的。首先，该厂产品确实好，而几家客商求货心切，在货比货后让客商折服；其次，巧于审时度势布阵。先与小客商谈，并非疏远大客商，而是牵制大客商，促其产生失去货源的危机感。这样订货数量和价格才可能大幅增加。

　　采取保留式开局策略时，注意不要违反商务谈判的道德原则，即以诚信为本，向对方传递的信息可以是模糊信息，但不能是虚假信息。否则，会将自己陷于非常难堪的局面之中。

　　保留式开局策略适用于低调气氛和自然气氛，不适用于高调气氛。

（三）坦诚式开局策略

　　坦诚式开局策略是指以开诚布公的方式向谈判对手陈述己方的观点或想法，尽快打开谈判局面的一种开局策略。

★案例链接

　　北京某区一位党委书记在同外商谈判时，发现对方对自己的身份持有强烈的戒备心理，这妨碍了谈判的进行。于是，这位党委书记当机立断，站起来对对方说道："我是党委书记，但也懂经济、搞经济，并且拥有决策权。我们摊子小，并且实力不大，但人实在，愿意真诚与贵方合作。咱们谈得成也好，谈不成也好，至少你这个外来的'洋'先生可以交一个我这样的'土'朋友。"

　　寥寥几句肺腑之言，打消了对方的疑虑，使谈判顺利地向纵深发展。

　　坦诚式开局策略比较适合有长期合作关系、以往双方都比较满意的情况。在此背景下，双方彼此比较了解，不用太多的客套，直接坦率地提出自己的观点、要求，反而更能使对方对己方产生信任感。采用这种策略时，要综合考虑多种因素，如谈判人员的身份、与对方的关系、当时的谈判形势等。

　　坦诚式开局策略有时也可用于谈判实力弱的一方。当己方的谈判实力明显不如对方，并为双方所共知时，坦率地表明己方的弱点，让对方加以考虑，更能表明己方对谈判的真诚，同时能表明己方对谈判的信心和能力。

坦诚式开局策略可以在各种谈判气氛中采用。这种开局方式通常可以把低调气氛和自然气氛引向高调气氛。

（四）挑剔式开局策略

挑剔式开局策略是指开局时，对对手的某项错误或礼仪失误严加指责，使其感到内疚，从而达到营造低调气氛，迫使对方让步的一种开局策略。

★案例链接

巴西一家公司到美国去采购成套设备。巴西谈判小组成员因为上街购物耽误了时间。当他们到达谈判地点时，比预定时间晚了45分钟。美方代表对此极为不满，花了很长时间来指责巴西代表不遵守时间，没有信用，如果老这样下去的话，以后很多工作很难合作，浪费时间就是浪费资源、浪费金钱。对此巴西代表感到理亏，只好不停地向美方代表道歉。谈判开始以后美方代表似乎还对巴西代表来迟一事耿耿于怀，一时间弄得巴西代表手足无措，说话处处被动，无心与美方代表讨价还价，对美方提出的许多要求也没有静下心来认真考虑，匆匆忙忙就签订了合同。等到合同签订以后，巴西代表冷静下来，才发现自己吃了大亏，上了美方的当，但为时已晚。

本案例中美国谈判代表成功地使用挑剔式开局策略，迫使巴西代表自觉理亏，在来不及认真思考的情况下匆忙签下了对美方有利的合同。

（五）进攻式开局策略

进攻式开局策略是指通过语言或行为来表达己方强硬的姿态，从而获得对方必要的尊重，并借以制造心理优势，使谈判顺利进行下去的一种开局策略。

★案例链接

日本丰田汽车公司最初进入美国时，由于不了解市场状况，很想找一家美国代理商帮忙推销自己的产品。当日方代表前往一家美国汽车经销商约定的谈判地点时，突遇路上堵塞，结果迟到了，美方代表对此大发雷霆，想以此为手段获得更高比例的代理佣金及其他优惠条件。日方代表被逼得无路可退，于是站起身来（进攻的状态）冷冷地说："很抱歉因为我们的迟到耽误了您的时间。不过，这绝非我们有意这样做。我们本以为美国的交通条件要比日本好得多，没想到今天所遇到的状况超乎我们的想象（贬低对方），所以才导致这个不愉快的结果发生。我希望我们不会再因为这个问题而耽误宝贵的时间了。如果您因为这件事而对我方的合作诚意表示怀疑的话，那么，我们只好结束这次谈判（发起攻势），不过，按我方所给出的优惠条件，是不难在美国找到其他合作伙伴的（威胁对方）。"

日方代表的一席话顿时让美方代表傻了眼。其实，这家美国经销商并不想失去这个赚钱的机会，只是想借机吓唬吓唬日方代表，没想到日方代表不吃这一套。于是，赶紧收敛了怒气，心平气和地与日方代表开始了谈判。

进攻式开局策略不在万不得已的情况下，不要轻易使用。因为，在谈判开局阶段最忌讳情绪性的对立，这种对立会使人的"自尊心""面子"受到攻击，对谈判进一步发展极为不利。

进攻式开局策略通常只在下列情况下使用：发现谈判对手在刻意制造低调气氛，这种气氛对己方的讨价还价十分不利，如果不把这种气氛扭转过来，将损害己方的切身利益。

进攻式开局策略可以扭转不利于己方的低调气氛，使之走向自然气氛或高调气氛。但是，进攻式开局策略也可能使谈判一开始就陷入僵局。

课后习题

【基本目标题】

一、选择题

1. 商务谈判的开局(　　)。
    A. 是实质性谈判的序幕　　　　　B. 讨论实质性的谈判内容
    C. 奠定整个谈判的基调　　　　　D. 开局目标服务于谈判的终极目标

2. 下列论述正确的是(　　)。
    A. 谈判开局气氛具有关键性作用
    B. 谈判开局气氛决定整体谈判气氛
    C. 商务谈判应把和谐的谈判气氛作为谈判开局设计的目标
    D. 谈判开局目标设计具有客观差异性

3. 营造高调气氛的条件是(　　)。
    A. 己方占有较大优势
    B. 己方有讨价还价的砝码，但并不占有绝对优势
    C. 双方企业有过业务往来，关系一般
    D. 双方企业过去没有业务往来

二、简答题

1. 谈判开局的意义何在？
2. 谈判开局的影响因素有哪些？
3. 开场陈述的主要内容是什么？
4. 如何营造不同的开局气氛？
5. 常见的开局策略有哪几种？

【升级目标题】

三、案例分析

我国某进出口分公司在对外经济交流中涉及一桩小的索赔案，适逢对方代表来我国走访用户，因此该公司领导指示我方某位业务员负责接待。本来这笔索赔金额很少，经过友好协商是完全可以圆满解决的，但由于我方人员急于求成，在外商刚刚抵达的时候，马上要求外商赔偿我方损失，高兴而来的外商迎头被泼了一盆冷水，因此说话也很不客气，谈判的气氛马上紧张起来。双方针锋相对，寸利必争，会谈效果很不理想。

你认为我方业务人员犯了哪些错误？

四、技能训练

以小组为单位走访一些富有经验的营销员，请他们谈谈与客户首次接触时的经验和教

训，并写出走访报告。

★补充阅读

松下的诚实之亏

日本松下电器公司创始人松下幸之助先生刚"出道"时，曾被对手以寒暄的形式探测了自己的底细，因而使自己产品的销售大受损失。

当他第一次到东京找批发商谈判时，刚一见面，批发商就友善地对他寒暄说："我们第一次打交道吧？以前我好像没见过你。"批发商想用寒暄托词，来探测对手究竟是生意场上的老手还是新手。松下先生缺乏经验，恭敬地回答："我是第一次来东京，什么都不懂，请多关照。"正是这番极为平常的寒暄答复却使批发商获得了重要的信息：对方原来只是个新手。批发商问："你打算以什么价格卖出你的产品？"松下又如实地告知对方："我的产品每件成本是 20 元，我准备卖 25 元。"

批发商了解到松下在东京人地两生，又暴露出急于要为产品打开销路的愿望，因此趁机杀价："你首次来东京做生意，刚开张应该卖得更便宜些。每件 20 元，如何？"结果没有经验的松下先生在这次交易中吃了亏。

理解并运用商务谈判谈判阶段策略

★任务简介

本任务共分五节，主要介绍商务谈判报价的策略和技巧，磋商阶段的策略，以及僵局的处理、网络谈判的策略。

★基本目标

掌握报价的策略和技巧及磋商阶段的策略，了解僵局的产生原因及处理办法，熟悉在磋商阶段使用网络谈判这一方法及基本策略。

★升级目标

具备熟练使用报价策略及磋商阶段策略的能力，并能在实践中正确地处理僵局。

★教学重点与难点

教学重点：

1. 报价的策略与技巧。

2. 磋商阶段策略。

3. 僵局的处理。

教学难点：

报价策略与技巧及磋商阶段的策略。

商务谈判的磋商阶段，一般是双方争论最激烈、谈判实力最能得到充分发挥的阶段。磋商阶段是商务谈判的中心环节，也是在整个过程中占时间比重最大的阶段。

这一阶段，贯穿着你来我往的拉锯战，充满着错综复杂的斗智场面，而策略的运用在本阶段得到了充分的体现。磋商主要是围绕价格展开的，也就是一个讨价还价的过程。在此期间，将会出现的问题有谈判双方的价格争论、冲突甚至僵局，也包括双方为了最后达成交易而各自做出的让步。磋商的过程及其结果直接关系到谈判双方所获利益的大小，决定着双方各自需要的满足程度。因而，选择恰当的策略来规划这一阶段的谈判行为，无疑有着特别重要的意义。

第一节 报价阶段策略

一、报价基础

商务谈判报价指谈判一方向对方提出的有关整个交易的各项条件，包括标的物的质量、数量、价格、包装、运输、保险、支付、商检、索赔、仲裁等，其中价格条款是核心部分。

（一）影响价格形成的因素

商品价格是商品价值的货币表现，是在市场交换过程中实现的。对于具体的商品来说，影响价格形成的直接因素主要有商品本身的价值、货币的价值以及市场的供求状况。上述每一种因素也是由许多因素决定的，而这些因素又处于相互联系、相互制约和不断变化之中。这就造成价格形成的复杂多变和具体把握价格问题的困难。从商务谈判的角度看，至少有以下一些影响价格的因素需要认真考虑。

（1）顾客的评价。某一商品是好是坏，价格是贵还是便宜，不同的顾客会有不同的评价标准。例如，一件款式新颖的时装，年轻人或以年轻人为主的销售对象认为，穿上这样的衣服潇洒、气派、与众不同，价格高点儿也可以接受；而老年人则侧重考虑面料的质地如何，是否结实耐穿，并以此来评价价格是否合适。

（2）需求的急切程度。当"等米下锅"时，人们就不大计较价格。所以，如果对方带着迫切需要某种原材料、产品、技术或工程项目的心情来谈判，那么他首先考虑的可能是交货期、供货数量以及能否尽快签约，而不是价格高低的问题。

（3）产品的复杂程度。产品越复杂、越高级，价格问题就越不突出。因为产品结构、性能越复杂，档次越高，其制作技术就越复杂，生产工艺越精细，核算成本和估算价值就较为困难。

（4）交易的性质。大宗交易或一揽子交易比那些小笔生意或单一买卖更能减少价格水平在谈判中的阻力。几万元在大宗交易中可能只是个零头，而在小本生意中却举足轻重。

（5）销售的时机。旺季畅销，淡季滞销。畅销时可以卖个好价钱，滞销时往往不得不削价贱卖，以免造成积压，影响资金周转。

（6）产品或企业的声誉。企业、产品的声誉以及谈判人员的名声、信誉都会对产品价格产生影响。一般来说，人们都愿意花钱买好货或与重合同、守信誉的企业打交道，都对优质名牌产品的价格或声誉良好的企业的报价有信任感。

（7）购买方所得到的安全感。销售方向购买方显示产品的可靠性或承诺提供各种保证或服务时，如能给对方一种安全感，则可以降低或冲淡价格问题在其心目中的重要性。

（8）货款的支付方式。在商品买卖或其他经济往来中，货款的支付方式很多，按分类方式不同可分为现金结算、支票使用、信用卡结算或产品抵偿，一次性结清货款、赊账、分期付款、延期付款等。不同的货款支付方式对价格产生的影响不同。

（9）竞争者的价格。从卖方角度看，如果竞争者的价格较低，买方就会拿这个价格作为参照和讨价还价的条件，逼迫卖方降价；如果买方竞争者出价较高，则会使卖方在价格谈判中处于有利地位。

（二）报价的有效性

报价决策不是由报价一方随心所欲制定的，报价时需要考虑对方对这一报价的认可程度，即报价的有效性。报价的有效性取决于双方价格谈判的合理范围，同时还受市场的供求状况、双方的利益需求、产品的复杂程度、交货期的要求、支付方式等多方面因素制约。

在商务谈判中，谈判双方处于对立统一中，他们既相互制约又相互统一，只有在对方接受的情况下，报价才能产生预期的结果。遵循以下原则有助于提高报价的有效性——通过反复比较和权衡，设法找出报价者所得利益与该报价所能接受的成功概率之间的最佳结合点。

二、报价形式

商务谈判报价的形式是指以何种方式提交己方的报价，主要有两种分类方式，在运用中应根据实际情况来选择合适的报价方式。

（一）根据报价方式分为书面报价和口头报价

1. 书面报价

书面报价通常是一方事先提供详尽的文字材料、数据和图表，将本公司愿意承担的义务和应享受的权利，以书面形式表达清楚，使对方有时间针对报价做充分的准备。

2. 口头报价

口头报价通常是一方以口头形式提出自己的要求和愿意承担的义务。在口头报价方面，要善于利用口头报价的灵活性特点。其优点是可以根据谈判的进程，随时调整和变更自己的谈判战术，先磋商后承担义务，没有约束感。可充分利用个人沟通技巧，利用情感因素，促使交易达成。

实际谈判中谈判人员一般采用书面报价为主、口头报价为辅的报价方式。

（二）根据报价战术分为欧式报价和日式报价

1. 欧式报价

欧式报价是从高往低报价。其一般的模式是：首先提出留有较大余地的价格，然后根据买卖双方的实力对比和该笔交易的外部竞争情况，通过给予各种优惠，如数量折扣、报价折扣、佣金和支付条件上的优惠（如延长支付期限、提供优惠信贷等），逐步软化和接近买方的市场和条件，最终达成成交的目的。实践证明，采用这种报价方法只要能够稳住买方，往往会有一个不错的结果。

2. 日式报价

日式报价是从低往高报价。其一般的做法是：将最低价格列在价格表上，以求首先引起买主的兴趣。由于这种低价格一般以对卖方最有利的结算条件为前提，并且在这种低价格交易条件下，各个方面都很难全部满足买方的需求，如果买方要求改变有关条件，则卖方就会相应提高价格。因此，买卖双方最后成交的价格，往往高于价格表中的价格。

日式报价在面临众多外部对手时，是一种比较艺术的报价方式。一方面可以排斥竞争对手而将买方吸引过来，取得与其他卖方竞争的优势和胜利；另一方面，当其他卖方败下阵来纷纷走掉时，这时买方原有的市场的优势不复存在，原来是一个买方对多个卖方，谈判中显然优势在买方，而此时，双方谁也不占优势，可以坐下来细细地谈，而买方这时要想达到一定的要求，只好任卖方一点一点把价格抬高才能实现。

三、报价原则

报价并非简单地提出己方的交易条件，这一过程实际上非常复杂，稍有不慎就有可能陷于不利的境地。谈判实践告诉我们，在报价时要遵循以下原则。

（一）开盘报价必须是最高价

对于卖方来讲，开盘价必须是"最高的"（相应地，对于买方来讲，开盘价必须是"最低的"），这是报价的首要原则。

首先，若己方为卖方，开盘价为己方的要价确定了一个最高限度。一般来讲，除特殊情况外，开盘价一经报出，就不能再提高或更改了。最终双方成交的价格肯定是在此开盘价格以下的。若己方为买方，开盘价为己方的要价确定了一个最低限度。没有特殊情况，开盘价也是不能再降低的，最终双方成交的价格肯定在此开盘价格之上。

其次，从人们的观念上来看，"一分钱，一分货"是多数人信奉的观点。因此，若己方为卖方，开盘价较高，会提高对方对己方提供的商品或劳务的印象和评价。

再次，若己方为卖方，开盘价较高，能够为以后的讨价还价留下充分的回旋余地，使己方在谈判中更富有弹性，便于掌握成交时机。

最后，开盘价的高低往往对最终成交水平具有实质性的影响，即开盘价高，最终成交价也就比较高；开盘价低，最终成交价也相应比较低。

（二）开盘价必须合情合理

开盘价要报得高一些，但绝不是指漫天要价、毫无道理、毫无控制，恰恰相反，报价高的同时必须合乎情理，必须能够讲得通才成。可以想象，如果报价过高，又讲不出道理，对方必然会认为己方缺少谈判的诚意，或者被逼无奈而中止谈判扬长而去；或者以其人之道，还治其人之身，相对地来个"漫天要价"；抑或一一质疑，而己方又无法解释，其结果只好是被迫无条件地让步。在这种情况下，有时即使己方已将交易条件降低到较公平合理的水平上，对方仍会认为尚有"水分"可挤，因而还是穷追不舍。可见，开盘价脱离现实，便是自找麻烦。

★ 案例链接

某海外开发商在上海浦东陆家嘴黄浦江边建造了 6 栋豪华公寓，取名"汤臣一品"。这几栋公寓不仅户户面朝黄浦江，对面外滩的繁华景色一览无余，更有甚者，公寓的所有建筑装饰材料均来自进口，保安及自动化控制系统堪称一流。公寓于 2005 年建成，面向全球发售。报价为每平方米 11～13 万元人民币，比当时上海中心城区平均楼价高出 10 多倍，也比相邻的高档公寓贵了 3～4 倍。结果，开盘后一年多，一套也没卖出去。究其原因，这种一厢情愿，不顾市场行情，不考虑买方是否愿意接受的离谱报价，违反了报价的基本原则。

（三）报价应该坚定、明确、完整

开盘价的报出要坚定、果断，不保留任何语尾，并且毫不犹豫。这样做能够给对方留下己方是认真而诚实的好印象。要记住，任何欲言又止、吞吞吐吐的行为，必然会导致对方产生不良感受，甚至会产生不信任感。

开盘报价要明确、清晰而完整，以便对方能够准确地了解己方的期望。实践证明，报价时含糊不清最容易使对方产生误解，从而扰乱己方所定步骤，对己方不利。

（四）不对报价做主动的解释和说明

报价时不要对己方所报价格做过多的解释、说明和辩解，因为对方不管己方报价的水分多少都会提出疑问。如果在对方还没有提出问题之前，己方便主动加以说明，会提醒对方意识到己方最关心的问题，而这种问题有可能是对方尚未考虑过的问题。因此，有时过多地说明和解释，会使对方从中找出破绽或突破口，向己方猛烈地攻击，有时甚至会使己方十分难堪，无法收场。

报价在遵循上述原则的同时，必须考虑当时的谈判环境和与对方的关系状况。如果对方为了自己的利益而向己方施加压力，则己方就必须以高价向对方施加压力，以保护本方的利益；如果双方关系比较友好，特别是有过较长的合作关系，那么报价就应当稳妥一点，出价过高会有损双方的关系；如果己方有很多竞争对手，那就必须把要价压低到至少能受到邀请而继续谈判的程度，否则会连继续谈判的机会都没有。因此，除了掌握一般性报价的原则和策略，还需要灵活地加以运用，不可犯教条主义。

★ 案例链接

有一年，我国某进出口公司在和法国商人戴维斯洽谈生意时，一位工作人员无意中透露了我国当年黄狼皮生产情况很好的信息。过了两天，戴维斯就向该进出口公司发函表示愿意与我方进行购买黄狼皮的谈判。在戴维斯的来信中，不仅表示购买的数量很大，而且报价比一般市场价高出3%。当时，我方业务人员做出了错误的判断，以为戴维斯是想用"喊高价"来挤掉其他商家，以达到自己垄断国外市场的目的。因为谁都乐意高价出售自己的货品，因此，该进出口公司此后便回绝了其他几家外商的求购要求。没想到，时隔不久，从伦敦传来消息，某商家在国际市场上以平价抛售黄狼皮。这时，该进出口公司的工作人员才明白上了戴维斯的当。戴维斯用"喊高价"的手法，先稳住我国公司。然后，他在国际市场上抛售自己库存的黄狼皮。此时，我方价位比国际市场上的高出3%左右，由于他的价格比我国黄狼皮的牌价低，而我方由于以为有了戴维斯的订单不肯降低价格，这样，没有该进出口公司的竞争，戴维斯顺利地抛售了自己库存的全部黄狼皮，而该进出口公司的货则全部砸在自己手中。

四、报价策略

（一）先后报价策略

一般报价都是从己方最大利益出发的，有以下几种策略。

1. 先发制人

谈判进入报价阶段以后，谈判人员面临的第一个问题就是由哪方首先报价。孰先孰后的问题，不仅是形式上的次序问题，也会对谈判过程的发展产生巨大的影响。先报价可以先发制人，率先出击，掌握主动，为谈判规定一个框架，使最终协议围绕着这个范围达成。另一方面，先报价有时会出乎对方意料和设想，打乱对方阵脚，动摇对方期望。

如果己方处于优势地位，而对方却不大了解行情，那么率先报价就可以为谈判塑造一个基准，牵着对方的"鼻子"走。当双方实力相当时，先报价也会掌握主动，一定程度上影响对手。但是先报价也有一定的弊端。一方面，对方了解己方报价后会对原有的交易条件做出调整。由于己方先报价，对方可以了解己方的交易起点，修改原先报价，以获得本来得不到的好处。如卖方先报的价格低于买方预备出的价格，或者高出程度不高，此时买方就会降低原来的报价，获得更多利益。另一方面，先报价会给对方攻击的理由，让对方集中力量攻击己方报价，迫使己方一步步降低价格。

如果己方谈判实力明显强于对方，或者处于有利地位，可以采取先发制人策略，先下手为强，划定谈判基准，免得对方在价格上过多争论，拖延谈判时间。如果与对方有着长期友好的合作关系，对产品价格状况相当了解，或者双方都是谈判的行家，此时报价的先后对谈判影响不大，可以采取先发制人的策略。

2. 后发制人

优先报价的一方总会暴露出自己的意图和底线，使对方能够做出相应调整，或者使对方在磋商中迫使己方按照他们的路子走。尤其是己方处于劣势或不了解行情时，先报价是很不利的，这时，采取后发制人是一种有效的策略。采取后报价的策略，通过听取对方的报价来了解行情，可以拓展己方思路和视野。

3. 吊筑高台

美国前国务卿基辛格是最著名的谈判专家之一。他曾经说过："谈判桌上的成效，取决于你是否有能力一开始就提出夸张的要求。"吊筑高台这种策略也就是高报价，又叫欧式报价，指卖方提出一个高于买方实际要求的谈判起点来与买方讨价还价，最后再做出让步达成协议的谈判策略。

一位美国商业谈判专家曾和 2 000 位主管人员做过许多试验，发现这样的规律：如果卖方喊价较低，则往往会以较低的价格成交；如果卖方喊价较高，则往往能以较高的价格成交；如果卖方喊价出人意料得高，只要能坚持到底，则在谈判不致破裂的情况下，往往会有很好的收获。需要注意的是，运用这种策略时，喊价要高，让步要慢。凭借这种方法，谈判人员一开始便可削弱对方的信心，同时还能乘机考验对方的实力并确定对方的立场。

4. 抛放低球

抛放低球也就是低报价的策略，又叫日式报价，是一方事先提出一个低于对方实际要求的谈判起点，以让利来吸引对方，通过低价击败同类竞争对手，引诱对方与其谈判。这种低报价策略有时候由买方给出，买方提出自己所能接受的价格底线，或者通过给出较高的价格率先得到谈判的机会，避免竞争对手的加入。但一般情况下最后的成交价格往往高于买方的最低价格。

有时候卖方也会给出最低报价，即前面所讲的将最低价格列在价格表上，引起买方的兴趣，然后通过有技巧的谈判达成交易。

较低的价格并不意味着卖方放弃对利润的追求，而是引鱼上钩的诱饵，是诱惑对方、引起对方注意和兴趣的手段。抛放低球实际上与吊筑高台殊途同归，两者只有形式上的不同，而没有实质性的区别。一般而言，抛放低球有利于竞争，吊筑高台则比较符合人们的价格心理。多数人习惯于价格由高到低，逐步下降，而不是相反的变动趋势。

5. 化整为零

化整为零是把一个整体分为许多零散部分。毛泽东在《抗日游击战争的战略问题》中指出："一般地说，游击队当分散使用，即所谓'化整为零'。"商务谈判中的化整为零报价法是指谈判的一方在整体项目不好谈的情况下，将其项目分成若干块分块议价的方法。

化整为零有时候采取加法报价法，在报价的时候有时怕报高价会吓跑客户，于是不一次性提出所有要求或说出总的价格，而是把要求分几次提出，或者把产品进行分解，说出每件产品的价格。经分解的要求往往被认为容易接受。有时采取减法报价法，在提出总的价格后把总体进行分解，一一说明。有时也可以采取除法报价法，也就是报出自己的总要求，然后根据某种参数（时间、用途等）将价格分解成最小单价的价格，使买方觉得报价不高，可以接受。例如，保险公司为动员液化石油气用户参加保险，宣传说，参加液化气保险，每天只交保险费 1 元，若遇到事故，则可得到高达 1 万元的保险赔偿金。

（二）讨价还价策略

一般情况下，讨价还价是一个多次重复的概念和过程。讨价还价一般有以下策略。

1. 吹毛求疵

吹毛求疵是在商务谈判中针对对方的产品或相关问题，再三故意挑剔毛病使对方的信心降低，从而做出让步的策略。"吹毛求疵"就是故意挑剔，"鸡蛋里挑骨头"。买方通常会利用这一策略来和卖方讨价还价。买方会一再挑剔，提出一大堆问题，这些问题有些是真实的，有些只是虚张声势。他们之所以这么做，无非是想让卖方将价格降低，为自己争取更多讨价还价的余地。

该策略使用的关键点在于提出的挑剔问题应恰到好处，把握分寸，要实事求是，不能过于苛刻。如果故意夸大事实，很容易引起对方的反感，使对方认为己方没有合作的诚意。此外，提出的问题一定是对方商品中确实存在的，而不能无中生有。

吹毛求疵策略将使谈判人员在交易时充分地争取到讨价还价的余地。国外谈判学家的实验表明，假如其中一方用这种"吹毛求疵"的方法向对方讨价还价，提出的要求越多，得到的也就越多；提出的要求越高，结果也就越好。商务交易中的大量事实证明，此方法行之有效，它可以动摇卖方信心，迫使卖方接受买方还价。

欲破解对方使用此策略，需要注意以下几点：谈判人员一定要有耐心，那些虚张声势的问题会随着谈判的深入而渐渐露出马脚，失去影响；对于某些问题和要求，谈判人员要学会避重就轻或视若无睹地一笔带过；当对方故意拖延时间、做无谓的挑剔和提无理的要求时，要及时给予对方提醒；同时，己方可以提出一些虚张声势的问题来加强自己的议价能力。

★案例链接

某百货商场的采购员到一家服装厂采购一批冬季服装。采购员看中一款夹克，问服装厂经理："多少钱一件？"服装厂经理回答："500 元一件。""400 元行不行？""不行，我们这是最低售价了，再也不能少了。"采购员又说："咱们商量商量，总不能要什么价就什么价，一点也不能降吧？"服装厂经理感到冬季马上到来，正是皮夹克的销售旺季，不能轻易让步。所以，很干脆地说："不能让价，没什么好商量的。"采购员见话已说到这个地步，没什么希望了，扭头就走了。

过两天，另一家百货商场的采购员也来了。他问经理："多少钱一件？"回答依然是500元。采购员又说："我们会多要你的，采购一批，最低可多少钱一件？""我们只批发，不零卖。今年全市批发价都是500元一件。"这时，采购员不还价，而是不慌不忙地检查产品。过一会儿，采购员讲："你们的厂子是个大厂，信誉好，所以我到你们厂来采购。不过，你们的这批皮夹克式样有些过时了，去年这个样式还可以，今年已经不行了，而且颜色单调。你们只有黑色的，而今年皮夹克的流行色是棕色和天蓝色。"他边说边看其他的产品，突然看到有一件的口袋有缝，马上对经理说："你看，你们的做工也不如其他厂子精细。"他又边说边检查，又发现有件衣服后背的皮子不好，便说："你看，你们这衣服的皮子质量也不好。现在顾客对皮子的质量要求特别讲究。这样的皮子和质量怎么能卖这么高的价钱呢？"这时，经理沉不住气了，自己也对产品的质量产生了怀疑。于是，用商量的口气说："你要真想买，而且要得多的话，价钱可以商量，你给个价吧！""这样吧，我们也不能让你们吃亏，我们购50件，400元一件，怎么样？"采购员立马出了个价。"价钱太低，而且你们买得不多。""那好吧，我们再多买点，100件，每件再多30元，行了吧？""好，我看你也是个痛快人，就依你的意见办！"服装厂经理终于同意了，于是，双方在微笑中达成了协议。

2. 沉默是金

沉默是金一般指不言不语、惜字如金，但是，沉默并不等于无言，它是一种积蓄、酝酿，以等猝发的过程。

在谈判中，有时谈判人员口若悬河、妙语连珠，以绝对优势压倒对方，但谈判结果不一定令人满意，有时往往说话最少的一方会取得最多的收益。言多必失，说话多了可能让对方找出己方谈话的漏洞并予以攻击，或者无意中透露不该透露的信息，过早显示己方底牌。

在谈判中，如果遇到难缠的对手，可以适当运用沉默是金策略。如果对方提出过分的条件或价格，沉默可以给对方施加压力，让对方感到己方对其报价的不满，为了不至于谈判破裂，对方会反思自己的条件，从而做出一些让步。在谈判僵局中，往往先开口的一方是做出让步的一方。

3. 不开先例

不开先例策略指一方主谈人为了坚持和实现自己所提出的交易条件，以没有先例为理由来拒绝让步，促使对方就范，接受己方条件的一种强硬策略。在谈判中，当双方产生争执时，拒绝是谈判人员不愿采用的。因此，人们都十分重视研究怎样回绝对方而又不伤面子、不伤感情，不开先例就是一个两全其美的好办法。

不开先例的力量来自先例的类比性和人们的习惯心理，正是由于这个原因，才使先例具有一定的约束性。当然，不开先例只是一种策略，因此提出的一方不一定真是没开过先例，也不能保证以后不开先例。但在采用这一策略时，必须注意对方是否能获得必要的情报和信息来确切证明不开先例是否属实。如果对方有事实证据表明，己方只是对他不开先例，那就会弄巧成拙，适得其反。

4. 穷追不舍

谈判是一项艰巨的工作，双方都会尽力为己方争取利益。但是一方利益的获取意味着另一方利益的丢失，因此，在讨价还价中一定要有耐心，有恒心，有自信、顽强、穷追不舍和不达目的誓不罢休的精神。

5. 最后通牒

当一方在谈判中处于有利地位，而双方的谈判又因某些问题纠缠不休时，一方可运用最后通牒策略。谈判一方锁定一个最后条件，给对方一个最后价格或期限，如果对方不同意就一拍两散，结束谈判。一般有两种情况：一是利用最后期限，即谈判的结束时间。为了逼迫对方让步，己方可以向对方发出最后通牒，即如果对方在这个期限内不接受己方的交易条件并达成协议，则己方就宣布谈判破裂而退出谈判。二是面对态度顽固、暧昧不明的谈判对手，以强硬的口头或书面语言向对方提出最后一次必须回答的条件，否则将退出谈判或取消谈判。

运用最后通牒策略必须慎重，要出其不意、攻其不备，在最后阶段或最后关键时刻才能使用。另外，送给对方最后通牒的方式、时间要恰当，言辞不要太锋利，根据要强硬。尽量不要引起对方的敌意，或伤害对方的自尊。

6. 积少成多

积少成多指在向对方索取东西时一次取一点，最后聚沙成塔。这一策略抓住了人们对"一点"不在乎的心理，在还价中很奏效。但在使用时，不要引起对方的注意。此外，运用这一策略的主谈人应具有小利也是利的思想。纵使是对方小的让步，也值得去争取。

（三）让步策略

在谈判中，让步是指谈判双方向对方妥协，退让己方的理想目标，降低己方的利益要求，向双方期望目标靠拢的谈判过程。一般来说，任何谈判都需要双方做出一定的让步，没有让步就不会有谈判的成功。谈判双方需要考虑的问题是如何做出让步，让步策略的使用在商务谈判中能起到非常重要的作用。让步时一般可以采取以下几种策略。

1. 于己无损

于己无损策略是指所做出的让步不能给自己造成任何损失，同时还能满足对方一些要求而形成一种心理影响，产生诱导力。当谈判对手就某一个交易条件要求己方做出让步时，在己方看来其要求确实有一定的道理，但是己方又不愿意在这个问题上做出实质性的让步，可以采用一些无损让步方式。

假如己方是卖方，不愿意在价格上做出让步，可以在以下几个方面做出无损让步。

（1）向对方表明己方将提供质量可靠的一级产品。

（2）今后可以向对方提供比给予别家公司更加周到的售后服务。

（3）向对方保证给其的价格是所有客户中最优惠的。

（4）交货时间上充分满足对方要求。

这种无损让步的目的是在保证己方实际利益不受损害的前提下使对方得到一种心理平衡和情感愉悦，避免对方纠缠某个问题迫使己方做出有损实际利益的让步。

2. 以退为进

以退为进策略是在谈判中做出一些实际的退让来达到取得收益的目的。所谓"失之东隅，收之桑榆"，当一方在某一方面做出退让后，另一方也就不好意思在其他方面再咄咄逼人了。暂时的退是为了长远的进，退是手段，进才是目的。以退为进的要点在于有全局观念，不能因小失大，不能鼠目寸光。通常，经验丰富的谈判人员往往可以把握大局，纵观长远。

3. 以攻对攻

以攻对攻策略是指让步之前向对方提出某些让其让步的要求，将让步作为进攻手段，变被动为主动。当对方就某一个问题逼迫己方让步时，己方可以将这个问题与其他问题联系在一起加以考虑，在相关问题上要求对方做出让步，作为己方让步的条件，从而达到以攻对攻的效果。例如，在货物买卖谈判中，当买方向卖方提出再一次降低价格的要求时，卖方可以要求买方增加购买数量，或是承担部分运费，或是改变支付方式，或是延长交货期限，等等。这样一来，如果买方接受卖方条件，卖方的让步也会得到相应补偿。如果买方不接受卖方提出的相应条件，卖方也有理由不做让步，使买方不好再逼迫卖方让步。

★案例链接

上海 ACE 箱包公司产品质量高，产品远销欧美亚 10 多个国家和地区。一次，谈判人员小刘同日本客商谈判已 3 天了，谈判桌上气氛很紧张，一切都是为了箱包的价格。

中午，吃饭时间到了。日本客商邀请小刘到上海大厦就餐。要动筷子了，日本客商开口道："刘先生，这件事我们商量商量。从明天起，我每天请你吃午饭，你每个箱子减 1 美分，好吗？"

小刘没有立即回答，他明白，每个箱子减去 1 美分，75 万个箱子就要减去 7 500 美元，折合人民币近 5 万元。他放下筷子，站了起来，微笑着回答："好啊！从明天起，我也每天请你吃晚饭，你每个箱子增加 1 美分，好吗？"

落落大方，不卑不亢，这是一个极有力的回答。日本客商无言以对，无可奈何地摇了摇头，接受了小刘提出的价格。

4. 欲擒故纵

欲擒故纵是一种常用的谋略和技巧，是指在谈判中一方虽然想做成某笔交易，却装出满不在乎的样子，将自己的急切心情掩盖起来，似乎只是为了满足对方的需求而来谈判，使对方急于谈判，主动让步，从而实现先"纵"后"擒"的目的的策略。这一策略是基于谁对谈判急于求成，谁就会在谈判中先让步的原理。

当对方拒绝合作或提出苛刻的条件时，谈判很容易陷入僵局。这时己方可以表现出不慌不忙，不予回应，或者表现出主动放弃进一步谈判或者合作的意图，这样对方由于怕失去合作的机会就会降低姿态来妥协和让步。

具体做法是注意使自己的态度保持在不冷不热、不紧不慢的地步。例如，在日程安排上，不主动迁就对方。在对方态度强硬时，让其表演，不慌不忙，不给对方以回应，让对方摸不着头脑，打心理战术。策略的关键在于掌握好"纵"的度，不是消极地"纵"，而是积极、有序地"纵"，通过"纵"，激起对方迫切成交的欲望而降低其谈判的筹码，达到"擒"的目的。

在运用这一策略时应注意以下几点。

（1）要给对方以希望。谈判中表现得若即若离，每一次"离"都应有适当的借口，不让对方轻易得到，也不能让对方轻易放弃。当对方再一次得到机会时，就会倍加珍惜。

（2）要给对方以礼节。注意言谈举止，不要有羞辱对方的行为，避免从情感上伤害对方，转移矛盾的焦点。

（3）要给对方以诱饵。要使对方觉得确实能从谈判中得到实惠，这种实惠足以把对方重新拉回到谈判桌上，不至于让对方一"纵"即逝，使自己彻底没指望。

第二节　磋商阶段策略

一、红白脸策略

红白脸策略又称软硬兼施策略，指在商务谈判中，利用谈判人员既想与己方合作，但又不愿与有恶感的人员打交道的心理，两个人分别扮演"红脸"和"白脸"角色，诱导谈判对手妥协的一种策略。这里的"白脸"是强硬派，在谈判中态度坚决、寸步不让、咄咄逼人，与其几乎没有商量的余地。这里的"红脸"是温和派，在谈判中态度温和，拿"白脸"当武器来压对方，与"白脸"积极配合，尽力撮合双方合作，以致达成对己方有利的协议。

使用这种策略，在谈判初始阶段，先由"白脸"出场，他通常苛刻无比，强硬僵死，让对方产生极大的反感。当谈判进入僵持状态时，"红脸"出场，表示出体谅对方的难处，以合情合理的态度照顾对方的某些要求，并放弃己方的某些苛刻条件和要求，做出一定的让步。实际上，"红脸"做出这些让步之后，剩下的这些条件和要求，恰恰是原来设计好的必须全力争取达到的目标。

需要注意的是，软硬兼施策略往往在对方缺乏经验、很需要与己方达成协议的情境下使用。实施时，扮演"白脸"的人，既要表现得态度强硬，又要保持良好的形象，处处讲理；扮演"红脸"的人，应该是主谈人，他一方面要善于把握谈判的条件，另一方面也要把握好出场的火候。

需要指出的是，如果对方使用这一方法，要注意不要落入圈套。在有些情况下，不一定是"白脸"唱完了，"红脸"再上台，而是"白脸""红脸"一起唱。不管对方谈判人员如何表现，要坚持自己的谈判风格，按事先定好的方针办，在重要问题上绝不轻易让步。

★案例链接

美国大富翁霍华休斯为了采购大批飞机，曾亲自与某飞机制造厂代表谈判。霍华休斯性情古怪，脾气暴躁，他提出了34项要求。谈判双方各不相让，谈判现场充满火药味。后来，霍华休斯派他的私人代表出面，没想到他竟满载而归，得到了30项要求，其中包括11项非得不可的要求。霍华休斯很满意，问他的私人代表是如何取得这巨大收获的。私人代表回答道："很简单，每当我们谈不拢时，我总是问对方：'你到底希望与我解决这个问题？还是留待霍华休斯亲自跟你解决？'结果，对方无不接受我的要求。"

这是一场未经策划的红白脸戏。私人代表即兴把自己扮演成"红脸"的角色，而霍华休斯被动地扮演了"白脸"的角色。有趣的是，当"红脸"发挥作用的时候，作为"白脸"的霍华休斯却不在谈判桌旁。未经策划，胜过策划，这红白脸戏实可谓精妙之至！

二、声东击西策略

"声东击西"始见于《三国志·魏书·武帝纪》，原指曹操与袁绍战于白马，谋士荀攸为曹操所出的计谋。后于唐朝人杜佑的《通典》中也有记载："声言击东，其实击西"，意思是说，善于指挥打仗的人，能灵活用兵，虽然他攻击的目标在西方，偏要造成攻击东边的态势，以迷惑敌人，达到击倒敌人的目的。将声东击西作为策略运用于商务谈判，指的是己方为达到某种目的和需要，有意识地将洽谈的议题引导到无关紧要的问题上，从而给对方造成一种错觉，使其做出错误的或违反事实本来面目的判断。

在商务谈判中，一般在以下情况使用声东击西策略。

（1）作为一种障眼法，迷惑对方，转移对方视线，隐蔽己方真实意图，延缓对方所采取的行动。例如，己方实质关心的是价格问题，又明知对方在运输方面存在困难，己方可以集中力量帮助对方解决运输难题，使对方在价格上做出较大的让步，从而达到声东击西的目的。

（2）转移对方注意力，使对方在谈判上失误，为以后若干议题的洽谈扫平道路。

（3）诱使对方在对己方无关紧要的问题上纠缠，使己方抽出时间对重要问题进行深入的调查研究，迅速制定出新的方案。

（4）对方是一个多疑者，并且逆反心态较重。例如，1985年我国某厂为引进一条浮法玻璃生产线到日本考察，经中方论证认为：日本的此项产品质量、技术均属世界一流。于是，该厂决定购买日本产品。但他们与日本在华办事处谈判人员多次谈判，均未达成协议。其原因是，日本自恃产品优良，要价过高，且谈判态度强硬，让步甚少。中方敏锐地意识到，如想攻克谈判僵局，并以优惠价格购得日方产品，必须首先粉碎日方谈判人员"非我莫属"的优势心理。为此，中方谈判班子制定了一个"声东击西"的周密计划。他们果断地终止了与日方的谈判，派员工直赴英国，发现英国产品确实不如日本，但他们还是向英方发出谈判邀请，并把英方来华谈判人员直接安排在日方办事处所在的宾馆。这一信息令极为敏感的日方谈判代表大为震惊。精明的日本人绝不愿意看到到嘴的肥肉让别人吞下，获得薄利比没有得利好。于是，他们一反高傲的姿态，主动要求与中方恢复谈判，最终双方达成双赢，握手成交。

三、浑水摸鱼策略

浑水摸鱼策略是当前国际谈判桌上一种比较流行的谈判策略，又可叫作"炒蛋"策略。照理说，谈判应该是循序渐进的，而该策略却反其道而行之，故意将谈判秩序搞乱，将许多问题一揽子兜上桌面，让人眼花缭乱，难以应付。这时，毫无精神准备的一方，就会大伤脑筋，望而却步。

研究结果表明，当一个人面临一大堆杂乱无章的难题时，便会情绪紧张，精力不集中，自暴自弃，丧失信心。浑水摸鱼策略就是利用人们的这种心理，打破正常的有章可循的谈判议程，将乱七八糟的非实质性问题同关键性议题糅杂在一起，使人心烦意乱，难以应付，导致对方慌乱失措、滋生逃避或依赖己方的心理，己方便趁机敦促协议的达成。

防御这一策略的要诀是：在尚未充分了解对手之前，不要与对手讨论和决断任何问题。具体说来，要坚持以下几点：

（1）坚持事情必须逐项讨论，不给对方施展计谋的机会。

（2）坚持自己的意见，用自己的意识和能力影响谈判的进程和变化，以防被牵着鼻子走。

（3）拒绝节外生枝的讨论，对不清楚的问题要敢于说不了解情况。

（4）当对方拿出一大堆资料和数据时，要有勇气迎接挑战，对这些资料和数据进行仔细研究与分析，既不要怕耽误时间，又不要担心谈判失败，以免一着不慎，满盘皆输。

（5）对方可能也和你一样困惑不解，此时应攻其不备。

四、攻心策略

兵法云"用兵之道，攻心为上，攻城为下，心战为上，兵战为下"，可见古人早已深谙"攻心之道"。同理，在现代商务谈判中，攻心战也是一种重要的手段。

攻心战是指谈判一方从心理和情感的角度入手，使对方心理上不舒服或感情上软化，从而促使对方妥协退让的战术。攻心的策略有满意感、小圈子会谈、"鸿门宴"、恻隐术、故扮疯相等。

（一）满意感

满意感是一种使谈判对手精神上获得满足的策略。首先要尊重对方，俗话说"投桃报李""你敬我一尺，我敬你一丈"，这些话的意思是要尊重谈判对手，尤其要尊重对方的人格。其次要做到礼貌文雅，同时要关注谈判对手提出的各种问题，并尽力给予解答。解答内容以有利于对方理解自己的条件为准，哪怕他重复提问，也应该耐心重复同样的解答，并争取做些证明，使自己的解答更令人信服。此外，还要接待周到，使对方有被尊重的感觉。必要时，可以请高层领导出面接见，以给其"面子"，满足其"虚荣心"。当然，谈话时最好先叙述双方的友谊，增进双方了解，分析对方做成这笔生意的意义，也可以客观评述双方立场的困难程度，最后表示愿意给予帮助的态度。

另外，为了能够同对方顺利达成谈判，获得对己方更为有利的条件，最好在谈判之外能够尽力给谈判对手以帮助，不管是生活上的还是其他方面的，力求建立其满意感，努力与其谈判成员建立起一种特殊的信任关系，最好可以使这种关系凌驾于公司利益之上。英国著名文学家莎士比亚曾经说过："人们满意时，就会付出高价。"一旦建立了这种关系，就可以在谈判中获得意想不到的好处。

实际上，建立满意感的最有效方式就是"投其所好"。"投其所好"就是指在谈判中故意去迎合对方的喜好，使其在心理上或感情上得到满足，在双方建立了一定的感情基础后，再进一步提出自己的要求和条件，使其易于接受，进而使谈判目的得以实现。心理学研究表明，如果己方能关心别人关心的人或事，在别人关心的人或事上成为他的伙伴或支持者，那么双方的感情就很容易沟通，从而成为互敬互让的朋友，在生意场上就可能成为一对很好的合作伙伴。

投其所好策略的具体形式有很多，如可以为对方提供舒适良好的住宿和伙食，使其有种宾至如归的感觉；也可以让对方参观投资环境或名胜古迹，使其产生兴趣；还可以恰如其分地施以小恩小惠。这些都可以使谈判产生事半功倍的效果，而关键在于弄清楚对方的兴趣所在。

（二）小圈子会谈

小圈子会谈是一种在正式谈判之外，双方采取小圈子会谈以解决棘手问题的做法，也叫作场外谈判或非正式谈判。其形式有：由双方主谈加一名助手或翻译进行小圈子会谈，地方可以在会议室，也可以在休息厅或其他地方。"家宴"或"游玩"也可以成为小圈子会谈的方式。这种策略有着很强的心理效果，突出了问题的敏感性，以及人物的重要性和责任感。此外，小范围易于创造双方信任的气氛，谈话更自由，便于各种可能方案的探讨，态度也更加随意灵活。

这种非正式谈判在时间上也很灵活，可以随时进行。例如，外交中，在全体会议以前，先举行首脑会议。商务谈判中也常常这样，即使是在谈判之中，也可以提出暂时休会，举行这种小圈子会议。这时候可以将一些不成熟，或者是有待完善的条件提出来讨论，既能够起到促进双方沟通的作用，又不会产生泄密而导致局面混乱的情况。

许多重大的决策，往往是提出于正式谈判以前，形成于这种小圈子会谈的洽谈之中，大会仅仅是作为公布这种决策或协议的场所而已。这种情况在政治外交中体现得最为明显。例如，北约和美国代表团在巴黎召开每周一次的会谈时，气氛都是非常的紧张。但是当会议桌上的代表正吵得不可开交时，坐在不远处的美国和北约的高级官员却在一边喝茶，一边聊天。事实上，最后起决定作用的当然是这些喝茶聊天的高级官员，他们会在不经意间就达成一致协议。

在正式谈判遭遇僵局时，非正式谈判就会起到很重要的作用。在谈判中，难以启齿的事情，可以在精神愉悦或酒足饭饱时很轻松地表达出来，只要几句话就能把愿意妥协的态度全部表现出来，而且不会伤及面子。也许这就提示了谈判人员，为什么一起打场高尔夫球或者一起共进晚餐，会比旷日持久地坐在谈判桌前更为有效了。

场外谈判固然在谈判过程中占有极其重要的地位，借着这座桥梁，双方得以沟通意见，了解彼此的要求，并且研究出可行的解决办法。但是场外谈判同样有其弊端，而且有时候引起的后果会相当严重，需要谈判人员随时提防。比如，在轻松友好的气氛中，对方可能会给己方提供一些假信息，己方也可能在这时候会表现得异常慷慨、大方；在酒兴发作时，可能会滔滔不绝，这就难免会泄露机密。因此，作为谈判人员，一方面必须重视这种小圈子会谈，并利用它促进谈判的顺利进行，另一方面必须对这种会谈中得到的消息进行甄别，而且要防止别人利用这种形式对付己方。

（三）"鸿门宴"

在商务谈判中，"鸿门宴"喻指做某件事表面是一回事，而本质却另有所图的各种活动。俗语讲"宴无好宴"，在如今的商务谈判中，同样适用。商务谈判中"鸿门宴"意不在杀人，而在于促使谈判前进，以求尽快达成协议。很多时候，谈判双方坐在一起举行宴会，显然其目的并不在宴会本身，而在于通过宴会缓解气氛，在宴会上将谈判的一些难点、敏感点消泯于无形之中，很多谈判中顽强的对垒可能在觥筹交错中丧失殆尽。例如，在某公司的钢化玻璃生产线出售谈判中，卖方设宴款待买方领导，并且在举杯共饮的时候谈及生意，这时买方毫无心理准备，但是迫于心理上的压力，宴会气氛相当友好、活跃，不忍心拒绝对方请求，仓促地答应了对方，使卖方占了便宜。显然，卖方的"鸿门宴"举办成功了。还有一种"鸿门宴"设在谈判达成协议之后、签约以前，可能是买方设宴为卖方饯行，买方在宴会上将卖方大大恭维一番，并且表示感谢，希望以后长远合作等，这时候卖方可能就会被感动，为了表示自己也有诚意，而主动将价格降低。这时候，买方的"鸿门宴"也就奏效了。

现在的商务交往中宴请几乎是必不可少的礼仪。作为商务谈判人员，在宴请对方时要有足够的诚意，当然也要有明确的目的，争取在宴请中能够有一定的收获；同时在被对方宴请时，要提高警觉，时刻保持清醒的头脑，切忌感情用事，不要在被感情冲昏了头脑的同时也冲走了利益。

（四）恻隐术

恻隐术是一种装可怜相，利用对手的同情心，以求取得商务谈判利益的做法。俗话说：

"恻隐之心，人皆有之。"人天生有一种同情弱者的良知，人是感情动物，每个人都有恻隐之心，人最不愿意做的事情就是落井下石。但是，有时恰恰就是这些优点会被谈判对手利用。所以，这些优点在一些谈判中就变成了弱点，如果这些弱点被谈判对手充分利用，就会使谈判向对己方不利的方向发展。

谈判人员要扮好可怜相，应该从语言、身体和道具三个方面着手。利用丰富生动的语言来传递可怜的意思，同时还要配合适当的面部表情、身体语言和道具。可以说这样的可怜话："如果我真的答应了你的条件，我们公司就会亏损，回去我可能就会被炒鱿鱼了。但是我上有老、下有小，一家人都靠我呢！求求你高抬贵手，把条件再放宽些！""我已经退到悬崖边了，不能够再退了，求你放我一马。"也可以装可怜相：有些谈判人员在谈判进行中就一把鼻涕一把泪，更有甚者在谈判桌上作揖磕头，还有一些谈判人员为了催动对方恻隐之心，精心准备一些道具。例如在一次商务谈判中，卖方邀请买方到自己的旅馆去谈判。等买方到了旅馆后发现，卖方主谈者头裹毛巾，腰间缠着毛毯，一副可怜的样子，好像是得了重病。当买方问怎么回事时，卖方就借机发挥，说："头痛、腰痛，谈判迟迟得不到进展，心里着急上火。"这一招很有感染力，特别是一些谈判经验不足的谈判人员，很容易被对方打动，从而向对方做出让步。

在国际商务谈判中，我国一般会强调要自尊自强等，在谈判中不卑不亢，所以在谈判中很少用到恻隐术的策略。但是，每个企业都有困难的时候，找机会将它暴露出来，有时很能感动没有经验的谈判对手。这一招在我们的邻国日本得到了广泛的应用，并且取得了很好的效果。在商务谈判中，遇到这种谈判策略时，千万要保持冷静，告诉自己这是商场，不要轻信别人的眼泪。只谈事实，不涉及个人感受，不能凭感情情绪化地处理一些重要的事情。要坚持不卑不亢、不为所动，在必要的时候提出休会，以待对方策略失效后再行谈判。

（五）故扮疯相

故扮疯相策略是指在谈判中，依照对手的言语或者谈判的情形发展，故意表现出相对应的着急、愤怒、发狂和暴躁的姿态，吓唬对手，给对手施加强大的心理压力，从而动摇其谈判决心，迫使其让步的谈判策略。该策略具有相当的难度，要掌握好施压的强度，而且要自然地流露，让对手认为己方真的愤怒了，不能让对手看出破绽，否则谈判效果就会大大减弱。

故扮疯相有很多种做法，要根据实际谈判情况决定到底采用哪种做法，争取达到最佳效果。以下简单介绍几种具体做法。

（1）拍桌子。在谈判的时候，一边论述己方观点，一边敲击桌面，为自己所论述的内容加强说服力，也借此表示自己的信心。也可以突然猛拍桌子，拍案而起，表示己方极大的愤怒，将自己声音放大，震起桌面上的其他物品，同时大声驳斥对方观点，表示己方不可能接受。

（2）摔纸笔或者文件。在听对手论述谈判条件时，或者是讨价还价时，突然将手中的纸、笔、文件等一扔，表示己方已经不耐烦了。更强烈的是将物品掷于桌面上或地上，伴之己方否定对方观点的发言，此时态度一定要坚定，脸色严肃，口气强烈，这样才能达到很好的效果。

（3）撕文件或者是一些废资料。一般可以撕自己的记录纸或者某些废资料来表达自己的不满，也可以将对方的某些文件撕掉，比如对方提交的报价单、还价资料等。这时候可以脸色阴沉地等待对方反应再做决定，也可以质问对方是否有合作诚意。

（4）大声吼叫。在谈判中，突然提高嗓门并驳斥对方讲话，同时配以面红耳赤和凶悍的眼神，另外再加以手势动作，从而压制对手的火力，结束对手的纠缠。但是要注意吼叫并不是辱骂对方，而是批评和驳斥对方的理由。

（5）离开谈判桌。在谈判中，故意借着一定的话题，越说越生气，然后原地站起，合上自己的谈判资料，离开谈判桌，摔门而走；对那些谈判经验不够丰富的人和一心想要成交的人将是一个极大的打击，可以起到很好的施压效果。

故扮疯相策略的使用一定要慎重，一定要把握好运用的"度"。而且在对方主谈是个相当有经验的谈判老手时，最好不要使用，因为此策略对其产生不了震慑，反而会让其认为己方没有修养，更可能由此导致谈判僵局的出现。

五、投石问路策略

投石问路策略是指谈判人员在不知对方虚实的情况下，在谈判中利用一些对对方具有吸引力或突发性的话题同对方交谈，或者通过谣言、密讯等手段，捉摸和探测对方的态度和反应，了解对方情况的战术。这种策略可以尽可能多地了解对方的打算和意图。

可以通过"投石"来看看对方的反应，发现和揭露对方的底牌，这样就可以掌握谈判的主动。有时在做出报价时也可以投石问路，看看对方的接受能力。例如，买主可以问一些问题，如"如果订货数量加倍呢？""假如我们与你们签订一年或更长的合同呢？""假如我们供给你们工具或其他机器设备呢？""假如我们买下你们的全部商品呢？"等。

投石问路是通过一种迂回的方式试探对方的价格等交易条件，从而在攻防中做到知己知彼。此策略一般是在市场价格行情不稳定、无把握或对对方不大了解的情形下使用。实施时要注意多多提问，而且要做到虚虚实实、煞有其事，要让对方难以摸清己方真实意图，同时不要使双方陷入"捉迷藏"，进而使问题复杂化。

★ 案例链接

美国谈判专家尼尔伦伯格曾与他人合伙购买了地处纽约州布法罗市的一家旅馆。他对旅馆经营的业务一无所知。所以，他事先就讲好了对该项业务的经营不承担任何责任。谁知事不凑巧，协议刚签署几天，那位合伙人就因患了重病不能经营旅馆了。怎么办？尼尔伦伯格没有其他的选择，只好亲自去经营旅馆。当时，该旅馆的经营很不景气，月亏损1 500美元。

3天之后，尼尔伦伯格将要被当作纽约市旅馆管理"专家"去布法罗市走马上任，并亲自指挥500名员工的工作。这位谈判专家焦急万分，首先找来了哈佛商学院有关管理的书籍、资料潜心钻研，结果收效甚微。他坐在办公室里冥思苦想，突然一个念头闪过：500名员工是绝对不会想到一个外行人会冒着风险来经营一家亏损严重的旅馆的，他们会认为我是这方面的专家，那么我就去扮演一个经营旅馆的专家吧。

尼尔伦伯格到了旅馆后，便从早到晚每15分钟接见一个人。他广泛地接触管理人员、厨师和勤杂人员，在和他们的谈话中了解了不少情况。他和员工的谈话是这样进行的：每一个员工走进尼尔伦伯格办公室，他都皱着眉头对员工说，你们不适合继续留在旅馆里工作。员工们一个个都感到愕然。接着，他说："我怎么能留用如此无用的人呢？表面上看还像是个能干的人，但我不能容忍这样荒唐的事情再继续下去了。"这时，凡谈话的每位员工都竭力为自己过去的行为巧言辩解，并表示愿意接受批评，好好工作。于是，尼尔伦伯格继续说："要是你能向我表明，你至少还懂得怎样去做，并使我相信，你已经知道事情错在哪里，那么我们或许还能一起干下去。"

就这样，尼尔伦伯格从员工们那里了解到旅馆亏损的原因所在，以及许多改进旅馆经营管理的新建议、新措施和新方法。他将这些方法——付诸实现。结果，旅馆在他接手的第一个月亏损降到了1 000美元，第二个月就赢利3 000多美元，旅馆的亏损局面得到了彻底扭转。

六、先声夺人策略

先声夺人策略是在谈判开局借助己方的优势和特点，以求掌握主动的一种策略。它的特点在于"借东风扬己所长"，以求在心理上抢占优势。

先声夺人策略是一种极为有效的谈判策略，但运用不当会给对方留下不良印象，有时会给谈判带来副作用。例如有些谈判人员为了达到目的，以权压人、过分炫耀等，会招致对方的反感，刺激对方的抵制心理。因此，采用先声夺人的"夺"应因势布局、顺情入理，适当施加某种压力也是可以的，但必须运用得巧妙、得体，才能达到"夺人"的目的。

对付先声夺人的策略是在心理上不怵，敢于和对手争锋。在次要性问题上可以充耳不闻、视而不见，但在关键问题上应"含笑夺理"。这样，先声夺人的"造势"策略便不攻自破了。

第三节　僵局及其应对策略

一、僵局的产生

（一）僵局的含义

僵局是指在商务谈判过程中，当谈判各方对于利益要求无法达成一致或共识，各方又都不肯做出让步时，导致谈判因暂时不可调和的矛盾而形成的对峙局面。僵局分为以下三类。

（1）策略性僵局。谈判的一方有意识地制造僵局，给对方造成压力而为己方争取时间和创造优势的延迟性质的一种策略。

（2）情绪性僵局。在谈判过程中，一方的讲话引起对方的反感，冲突升级，出现唇枪舌剑、互不相让的局面。

（3）实质性僵局。双方在谈判过程中涉及商务交易的核心利益时，分歧较大，难以达成一致意见，双方又固执己见，毫不相让，就会导致实质性僵局。

（二）易产生僵局的环节

在谈判中，双方观点、立场的交锋持续不断，当利益冲突变得不可调和时，危机便出现了。因此，僵局也是随时随地都有可能出现的。项目合作过程分为合同协议期和合同执行期，谈判僵局也就有了协议期的谈判僵局和执行期的谈判僵局两大类。前者是双方在磋商合作过程中意见产生矛盾而形成的僵持局面，后者是指在执行项目合同过程中双方对合同条款理解不同产生分歧，或出现双方始料未及的情况而把责任推向对方，或一方未能严格履行协议而引起另一方的严重不满等，由此引起对责任分担的争议局面。

若从签订合作协议的一场谈判来看，僵局可以发生在谈判的初期、中期或后期等不同阶段。

1. 谈判初期

谈判初期是双方彼此熟悉、了解、建立融洽气氛的阶段，双方对谈判都充满了期待。因此，谈判初期僵局一般不会发生，除非由于误解，或双方对谈判准备得不够充分等，使得一方感情受到很大伤害而有可能导致谈判草草收场。

2. 谈判中期

谈判中期是谈判的实质性阶段，双方需就有关技术、价格、合同条款等进行详尽讨论、协商，此时隐含于合作条件之中各自利益的差异就可能使谈判暂时朝着使双方难以统一的方向发展，产生谈判中期僵局。此种僵局常常会此消彼长、反反复复。有些僵局通过双方重新沟通，矛盾便迎刃而解，有些则因双方都不愿在关键问题上退让而使谈判长时间悬而未决。因此，中期僵局主要表现出纷繁多变的特点，谈判的破裂经常发生在这一阶段。

3. 谈判后期

谈判后期是双方达成协议阶段，在解决了技术、价格这些关键问题后，还要就诸如项目验收程序、付款条件等执行细节进行商议，特别是商议合同条款的措辞、语气经常引起争议。虽然合作双方的总体利益及各自利益的划分已经通过谈判确认，但只要正式的合同尚未签订，总会留有未尽的权利、责任、义务、利益和一些细节尚需确认与划分。所以谈判后期产生僵局一般不会像中期那样棘手，但是这个时期的僵局仍然轻视不得。如果掉以轻心，有时仍会出现重大问题，甚至导致前功尽弃。

二、僵局产生的原因

（一）立场观点的争执

谈判过程中，如果双方对某一问题各持自己的看法和主张，并且谁也不愿做出让步时，往往容易产生意见分歧。双方越是坚持自己的立场，双方之间的分歧就会越大。这时，双方真正的利益就被这种表面的立场掩盖，而双方为了维护各自的面子，非但不愿做出让步，反而以更顽强的意志来迫使对方改变立场。于是，谈判变成了一场意志力的较量。当冲突和争执激化，互不相让时，便会出现僵局。

经验表明，谈判双方在立场上关注越多，就越不能注意调和双方利益，也就越不可能达成协议。甚至谈判双方都不想做出让步，或以退出谈判相要挟，这就更增加了达成协议的困难。人们最容易在谈判中犯立场观点性争执的错误，这是形成僵局的主要原因。

★**案例链接**

图书馆里一片寂静，然而两个邻座的读者却为了一件小事发生了争执。一个想打开临街的窗户让空气清新一些，保持头脑清醒，有利于提高读书效率；一个想关窗不让外面的噪声进来，保持室内的安静，以利于看书。两人争论了半天，却未能找到双方满意的解决办法。这时，管理员走过来，问其中一位读者为什么要开窗，答曰："使空气流通。"她又问另一位为什么要关窗，答曰："避免噪声。"管理员想了一会儿，随之打开另一侧面对花园的窗户，既让空气得到流通，又避免了噪声干扰，同时满足了双方的要求。

（二）不合理的逼迫

谈判中，双方并非都是实力相当，经常存在一方强、一方弱，一方大、一方小等差别，这种情况往往容易使双方在进入谈判角色时定位产生偏差。

在商务谈判中，不仅存在经济利益上的相争，还有维护国家、企业及自身尊严的需要。因此，某一方越是受到逼迫，就越不会退让，谈判的僵局也就越容易出现。

★案例链接

上海某项扩建改造工程中，要求外方将其设备、材料存放在上海的施工现场，企图以此来保证工程的进度，然而在外方看来，这是强迫他们承担设备、材料损失的风险，为此相应提高了工程造价，造成了双方在项目价格上相持不下的僵局。

（三）沟通障碍

沟通障碍是指谈判双方在交流彼此情况、观点、合作意向、交易条件等的过程中，遇到的由于主观或客观原因所造成的理解障碍。实践中，由于信息传递失真而使双方之间产生误解、出现争执，并因此使谈判陷入僵局的情况屡见不鲜。这种失真可能是口译方面的，也可能是合同文字方面的，等等，这些都属于沟通方面的障碍因素。

沟通的障碍主要表现在：没有听清对方讲话的内容；没有理解对方陈述的内容；谈判情景和谈判方式枯燥乏味；一方有偏见，不愿意接受对方的观点。

（1）语言障碍。语言障碍一般表现为：一方能够听懂，但另一方不能听懂，或双方都听不懂，以及双方都能听懂，但经常产生误解。

（2）信息传递的环节过多。信息从一个人传给另一个人的过程中会越来越失真，一般每经过一个环节，就要丢失30%左右的信息。

（3）地位的差异。由于信息的发送者和接收者的地位存在差异，会导致信息的沟通存在障碍。一般来说，信息发送者的层次越高，接收者越倾向于接受。

（4）表达不明，渠道不畅。谈判人员没有很好地用语言表明自己的意图，而导致僵局出现。

（四）人员素质低下

谈判人员素质是谈判能否成功的重要因素，尤其是当双方合作的客观条件良好、共同利益较一致时，谈判人员素质往往会起决定性作用。事实上，仅就导致谈判僵局的因素而言，无论是何种原因，在某种程度上都可归结为人员素质方面的原因。但是，有些僵局的产生，往往很明显的是由于谈判人员的素质不佳，如使用一些策略时，因时机掌握不好或运用不当，导致谈判过程受阻或僵局的出现。因此，无论是谈判人员作风方面的不当，还是知识经验、策略技巧方面的不足，都可能导致谈判的僵局。

（五）双方利益的差异

从谈判双方各自的角度出发，双方各有自己的利益需求。当双方各自坚持自己的成交条件，而且这种坚持虽相去甚远，却合情合理时，这时，只要双方都迫切希望从这桩交易中获得所期望的利益而不肯做进一步的让步，那么谈判就很难进行，交易也没有希望成功，僵局也就不可避免。

（六）谈判人员情绪表露

在谈判中，除了人的观念问题之外，情感表露也会对谈判产生重要的影响。例如谈判对手刚刚做了一笔漂亮的生意，或者摸彩中了头奖，在谈判中不禁喜形于色，其高昂的情绪就可能使谈判进行得非常顺利，双方可能很快就达成协议。然而，也会碰到个别不如意的对手，他们情绪低落，谈判时甚至可能大发雷霆。如个别顾客冲着售货员就出售的货物质量或由于其他的原因产生争执，大发脾气，售货员觉得不是自己的问题而往往试图解释，而客户却根本听不进去，不但要求退货，而且继续大吵大闹，有时甚至双方会发生激烈的口角。

人的情绪高低可以决定谈判的气氛，如何对待谈判人员的情感表露，特别是处理好谈判人员低落的情绪，甚至是愤怒的情绪，对今后双方的进一步合作有深远的影响。谈判专家建议，处理谈判中的情感冲突，不能采取面对面的硬式方法。采取硬式的解决方法往往会使冲突升级，反而不利于谈判的继续进行。因此，不管你对对方的谈判组成员有多么大成见，或多深的情感，此时，应该把它搁置起来，就事论事，这样，才能做到公正合理，保证谈判双方的利益。

三、应对僵局的策略和技巧

谈判出现僵局，就会影响谈判协议的达成。无疑，这是谈判各方人员都不愿看到的。因此，在双方都有诚意的谈判中，尽量避免出现僵局。但是，谈判本身又是双方利益的分配，是双方的讨价还价，僵局的出现也就不可避免。因此，仅主观上不愿出现谈判僵局是不够的，也是不现实的，必须正确认识、慎重对待、认真处理这一问题，掌握处理谈判僵局的策略与技巧，从而更好地争取主动，为谈判协议的签订铺平道路。在僵局已经形成的情况下应该采取一定的策略来缓和双方对立情绪，使谈判能够出现转机。

（一）用语言鼓励对方打破僵局

当谈判出现僵局时，可以用话语鼓励对方："看，许多问题都已解决了，现在就剩这一点了。如果不一并解决的话，那不就太可惜了吗？"这种说法，看似很正常，实际上却能鼓动人，起到很大的作用。

对于牵涉多项讨论议题的谈判，更要注意打破存在的僵局。例如，在一场包含六项议题的谈判中，有四项是重要议题，其余两项是次要议题。现在假设四项重要议题中已有三项获得协议，只剩下一项重要议题和两项次要议题了。那么，针对僵局，可以这样告诉对方："四个难题已解决了三个了，剩下一个如果也能一并解决的话，其他的小问题就好办了，让我们再继续努力，好好讨论讨论唯一的难题吧！如果就这样放弃了，前面的工作就都白做了，大家都会觉得遗憾的！"听你这么说，对方多半会同意继续谈判，这样僵局就自然化解了。

可以通过叙述旧情、强调双方的共同点，即通过回顾双方以往的合作历史，强调和突出双方的共同点和合作的成果，以此来削弱彼此的对立情绪，以达到打破僵局的目的。

（二）采取横向式谈判打破僵局

当谈判陷入僵局，经过协商而毫无进展，双方的情绪均处于低潮时，可以采用避开该话题的办法，换一个新的话题与对方谈判，以等待高潮的到来。横向式谈判是回避低潮的常用方法。由于话题和利益之间的关联性，当其他话题取得成功时，再回来谈陷入僵局的话题，便会比以前容易得多。

把谈判的面撒开，先撇开争议的问题，谈另一个问题，而不是盯住一个问题不放，不谈妥誓不罢休。例如，在价格问题上双方互不相让，僵住了，可以先暂时搁置一旁，改谈交货期、付款方式等其他问题。如果在这些议题上对方感到满意了，再重新回过头来讨论价格问题，阻力就会小一些，商量的余地也就更大些，从而能弥合分歧，使谈判出现新的转机。

（三）寻找替代的方法打破僵局

俗话说得好："条条大路通罗马"，在商务谈判上也是如此。谈判中一般存在多种可以满足双方利益的方案，而谈判人员经常简单地采用某一种方案，而当这种方案不能为双方同时接受时，僵局就会形成。

商务谈判不可能总是一帆风顺的，双方磕磕碰碰是很正常的事，这时，谁能创造性地提出可供选择的方案（当然，这种替代方案一定既要能有效地维护自身的利益，又要能兼顾对方的利益）谁就掌握了谈判的主动权。不过，要试图在谈判开始就确定什么是唯一的最佳方案，这往往阻止了许多其他可作选择的方案的产生。相反，在谈判准备时期，就能构思对彼此有利的更多方案，往往会使谈判如顺水行舟，一旦遇到障碍，只要及时掉转船头，就能顺畅无误地到达目的地。

同时也可以对一个方案中的某一部分采用不同的替代方法。如：

（1）另选商议的时间。例如，彼此再约定好重新商议的时间，以便讨论较难解决的问题，因为到那时也许会有更多的资料和更充分的理由。

（2）改变售后服务的方式。例如，建议减少某些烦琐的手续，以保证日后的服务。

（3）改变承担风险的方式、时限和程度。在交易的所得所失不明确的情况下，不应该讨论分担的问题，否则只会导致争论不休。同时，如何分享未来的损失或者利益，可能会使双方找到利益的平衡点。

（4）改变交易的形态。使互相争利的情况改变为同心协力、共同努力的情况。让交易双方的领导、工程师、技工彼此联系，互相影响，共同谋求解决的办法。

（5）改变付款的方式和时限。在成交的总金额不变的情况下，加大定金，缩短付款时限，或者采用其他不同的付款方式。

（四）运用休会策略打破僵局

休会策略是谈判人员为控制、调节谈判进程，缓和谈判气氛，打破谈判僵局而经常采用的一种基本策略。它不仅是谈判人员为了恢复体力、精力的一种生理需求，而且是谈判人员调节情绪、控制谈判过程、缓和谈判气氛、融洽双方关系的一种策略技巧。在谈判中，双方因观点产生差异，出现分歧是常有的事，如果各抒己见、互不妥协，往往会出现僵持严重以致谈判无法继续的局面。这时，如果继续进行谈判，双方的思想还沉浸在刚才的紧张气氛中，结果往往是徒劳无益，有时甚至适得其反，导致以前的成果付诸东流。因此，比较好的做法就是休会，因为这时双方都需要时间进行思索，使双方有机会冷静下来，或者某一方的谈判成员相互之间需要停下来，客观地分析形势、统一认识、商量对策。

谈判出现僵局，双方情绪都比较激动、紧张，会谈一时难以继续进行，这时，提出休会是一个较好的缓和办法。谈判的一方把休会作为一种积极的策略加以利用，可以达到以下目的：

（1）仔细考虑争议的问题，构思重要的问题。

（2）可进一步对市场形势进行研究，以证实自己原来观点的正确性，思考新的论点与自卫方法。

（3）召集各自谈判小组成员，集思广益，商量具体的解决办法，探索变通途径。

（4）检查原定的策略及战术，研究讨论可能的让步，决定如何对付对手的要求。

（5）分析价格、规格、时间与条件的变动。

（6）阻止对手提出尴尬的问题，排斥讨厌的谈判对手。

（7）缓解体力不支或情绪紧张，应付谈判中出现的新情况，缓和谈判一方的不满情绪。

谈判的任何一方都可以把休会作为一种战术性的拖延手段，可走出房间，打个电话。当再回到谈判桌边时，可以说，自己原来说过要在某一特殊问题上让步是不可能的，但是自己的上级现在指示自己可以有一种途径，比如……这样可让对方感到你改变观点是合理的。但是，在休会之前，务必向对方重申一下己方的提议，引起对方的注意，使对方在头脑冷静下来以后，利用休会的时间去认真地思考。例如，休会期间双方应集中考虑的问题为：贸易洽谈的议题取得了哪些进展；还有哪些方面有待深谈；双方态度有何变化；己方是否应调整一下策略；下一步谈些什么；己方有什么新建议，等等。

谈判会场是正式的工作场所，容易形成一种严肃而又紧张的气氛。当双方就某一问题发生争执、各持己见、互不相让，甚至话不投机、横眉冷对时，这种环境更容易使人产生一种压抑、沉闷的感觉和烦躁不安的情绪，使双方对谈判继续下去都没有兴致。在这种情况下，可暂时停止会谈或双方人员去游览、观光、出席宴会、观看文艺节目，也可以到游艺室、俱乐部等地方消遣，把紧绷的神经松弛一下，缓和一下双方的对立情绪。这样，在轻松愉快的环境中，大家的心情自然也就放松了。更主要的是，通过游玩、休息、私下接触，双方可以进一步熟悉、了解，消除彼此之间的隔阂；也可以不拘形式地就僵持的问题继续交换意见，寓严肃的讨论和谈判于轻松活泼、融洽愉快的气氛之中。这时彼此之间心情愉快，人也变得慷慨大方，谈判桌上争论了几个小时无法解决的问题、障碍，在这儿也许会迎刃而解。

反过来，如果谈判的一方遇到对方采用休会缓解策略，而自己一方不想休会时，破解的方法有：

（1）当对方因谈判时间拖得过长、精力不济要求休会时，应设法留住对方或劝对方再多谈一会儿，或再讨论一个问题，因为到此时对手精力不济就容易出差错，意志薄弱容易妥协，所以延长时间就有可能取得谈判胜利。

（2）当己方提出关键性问题，对方措手不及、不知如何应付、情绪紧张时，应拖着其继续谈下去，对其有关休会的暗示、提示佯作不知。

（3）当己方处于强有力的地位，正在使用极端情绪化的手段去激怒对手，摧毁其抵抗力，对手已显得难以承受时，对对手的休会提议可佯作不知、故意不理，直至对方让步，同意己方要求。

休会一般先由一方提出，只有经过双方同意，这种策略才能发挥作用。首先，提建议的一方应把握时机，看准对方态度的变化，讲清休会时间。如果对方也有休会要求，很显然会一拍即合。其次，要清楚并委婉地讲清需要，但要让对方明白无误地知道。如东道主提出休会，客人出于礼貌，很少拒绝。再次，提出休会建议后，不要再提出其他新问题来谈，先把眼前的问题解决再说。

（五）更换谈判人员或由领导出面打破僵局

谈判中出现了僵局，并非都是由于双方利益的冲突，有时可能是由谈判人员本身的因素造成的。双方谈判人员如果互相产生成见，特别是主谈人，在争议问题时，对对方人格进行攻击，伤害了对方人员的自尊心，必然引起对方的愤怒，谈判就很难继续进行下去，使谈判陷入僵局。即使改变谈判场所或采取其他缓和措施，也难以从根本上解决问题。形成这种局面的主要原因，是在谈判中不能很好地区别对待人与问题，由对问题的分歧发展为双方个人之间的矛盾。

类似这种由谈判人员的性格、年龄、知识水平、生活背景、民族习惯、随便许诺、随意践约、好表现自己、对专业问题缺乏认识等因素造成的僵局，虽经多方努力仍无效果时，可以征得对方同意，及时更换谈判人员，消除不和谐因素，缓和气氛，这样就可能轻而易举地打破僵局，继续保持与对方的友好合作关系。这是一种迫不得已的、被动的做法，必须慎重。

然而有时在谈判陷入僵局时调换谈判人员并非因为他们失职，而可能是一种自我否定的策略，用调换人员来表示：以前己方提出的某些条件不能算数，原来谈判人员的主张欠妥，因而在这种情况下调换人员也常蕴含了向谈判对手致歉的意思。

临阵换将，把自己一方对僵局的责任归咎于原来的谈判人员——不管他们是否确实应该担负这种责任，还是莫名其妙地充当了替罪羊的角色——这种策略为自己主动回到谈判桌前找到了一个借口，缓和了谈判场上对峙的气氛。不仅如此，这种策略还含有准备与对手握手言和的暗示，成为己方调整、改变谈判条件的一种标志，同时这也向对方发出新的邀请信号：己方已做好了妥协、退让的准备，对方是否也能做出相应的灵活表示呢？

谈判双方通过谈判暂停期间的冷静思考，若发现双方合作的潜在利益要远大于既有的立场差距，那么调换人员就成了不失体面、重新开启谈判的有效策略，而且在新的谈判氛围中，在经历了一场暴风雨后的平静中，双方都会更积极、更努力地找到一致点，消除分歧，甚至做出必要的、灵活的妥协，僵局由此可能得到突破。但是，必须注意两点：第一，换人要向对方做婉转的说明，使对方能够予以理解；第二，不要随便换人，即使出于迫不得已而换人，事后也要对被换下来的谈判人员做一番思想工作，不能挫伤他们的积极性。

在有些情况下，如协议的大部分条款都已商定，却因一两个关键问题尚未解决而无法签订合同。这时，己方也可由地位较高的负责人出来参与谈判，表示对僵持问题的关心和重视。同时，这也是想向对方施加一定的心理压力，迫使对方放弃原先较高的要求，做出一些妥协，以利于协议的达成。

（六）从对方的漏洞中借题发挥打破僵局

实践证明，在一些特定的形势下，抓住对方的漏洞，小题大做，会使对方措手不及，对于突破谈判僵局会起到意想不到的效果，这就是所谓的从对方的漏洞中借题发挥。这种做法有时被看作一种无事生非、有伤感情的做法。然而，对于谈判对方某些人的不合作态度或试图恃强凌弱的做法，运用从对方的漏洞中借题发挥的方法做出反击，往往可以有效地使对方有所收敛。相反，不这样做反而会招致对方变本加厉地进攻，从而使己方在谈判中进一步陷入被动局面。事实上，当对方不是故意为难己方，而己方又不便直截了当地提出来时，采用这种旁敲侧击的做法，往往可以使对方知错就改、主动合作。

（七）利用"一揽子"交易打破僵局

所谓"一揽子"交易，即向对方提出谈判方案时，好坏条件搭配在一起。对方若要同意须一起同意。往往在这种情况下，卖方的报价里包含了可让与不可让的条件，所以在向卖方还价时，可采用把高档价与低档价合在一起进行还价的做法。比如把设备、备件、配套件三类价均分出 A、B、C 三个方案，这样报价时即可获得不同的利润指标。在价格谈判时，卖方应视谈判气氛、对方心理再做妥协让步。作为还价的一方也应同样如此。即把对方货物分成三档价，还价时取设备的 A 档价、备件 B 档价、配套件 C 档价，而不是都为 A 档价或 B 档价。这种策略的优点在于有吸引力，具有平衡性，对方易于接受，可以起打破僵局的作用。尽管在一次还价总额高的情况下该策略不一定有打破僵局的作用，但仍不失为一个合理还价的较好理由。

（八）有效退让打破僵局

达到谈判目的的途径是多种多样的，谈判结果所体现的利益也是多方面的，有时谈判双方对某一方面的利益分割僵持不下，从而轻易地让谈判破裂，这实在是不明智的。其实双方只要在某些问题上稍做让步，在另一些方面便有可能争取到更好的谈判条件。而这种辩证的思路是一个成熟的商务谈判人员应该具备的。

例如，国内有些商家欲从国外购买设备，双方在进行谈判时，有些谈判人员仅仅因价格分歧，便与对方不欢而散，至于诸如设备功能、交货时间、运输条件、付款方式等谈判尚未涉及，就匆匆退出，实在不太明智。事实上，购货一方有时可以考虑接受稍高的价格，然后在购货条件方面，向对方提出更多的要求，如增加若干功能，或缩短交货期，或除在规定的年限内提供免费维修服务外，还要保证在更长时间内免费提供易耗品，或采用分期付款等。

谈判犹如天平，当我们找到了可以妥协之处时，就等于找到了一个可以加重自己谈判成功的砝码。在商务谈判中，当谈判陷入僵局时，如果对国内、国际情况有全面了解，对双方的利益所在又把握得恰当准确，那么就应以灵活的方式在某些方面采取退让的策略，去换取另外一些方面的得益，以挽回本来看似已经失败的谈判，达成双方都能接受的协议。

（九）适当馈赠打破僵局

谈判人员在相互交往的过程中，适当地互赠些礼品，会对增进双方的友谊、沟通双方的感情起到一定的作用。这也是普通的社交礼仪，西方学者幽默地称之为"润滑策略"。每一个精明的谈判人员都知道：给予对方热情的接待、良好的照顾和服务，对于谈判往往会产生重大的影响。它对于防止谈判出现僵局是一种行之有效的途径。

所谓适当馈赠，就是说馈赠要讲究艺术。一是要注意对方的习俗；二是要防止有贿赂之嫌。有些企业为了达到自身的利益乃至企业领导人、业务人员自己的利益，在谈判中把送礼这一社交礼仪改变了性质，使之等同于贿赂，不惜触犯法律，无疑是错误的。所以，馈赠的礼物应该是在社交范围之内的普通礼物，要能突出"礼轻情义重"。如可在谈判时，招待对方吃一顿地方风味的午餐，陪对方度过一个美好的夜晚，赠送一些小小的礼物等。如果对方馈赠的礼品比较贵重，通常意味着对方要在谈判中"索取"较大的利益。对此，要婉转地暗示对方礼物"过重"，予以推辞，并要传达出自己不会因礼物的价值而改变谈判的态度的信息。

（十）场外沟通打破僵局

谈判会场外沟通亦称"场外交易""会下交易"等。它是一种非正式谈判，双方可以无拘无束地交换意见，达到沟通、消除障碍、避免出现僵局的目的。对于正式谈判出现的僵局，同样可以采用场外沟通的途径直接进行解释，消除隔阂。

1. 场外沟通策略的运用时机

（1）谈判双方在正式会谈中，相持不下，即将陷入僵局，彼此虽有求和之心，但在谈判桌上碍于面子，难以启齿时。

（2）当谈判陷入僵局，谈判双方或一方的幕后主持人希望借助非正式的场合进行私下商谈，从而缓解僵局时。

（3）谈判双方的代表因为身份问题，不宜在谈判桌上让步以打破僵局，但是可以借助私下交谈打破僵局，这样又可不牵扯到身份问题时。例如，主谈人不是专家，但实际做决定的却是专家，这样，在非正式场合，专家就可不必顾虑身份问题而出面从容商谈，打破僵局。

（4）谈判对手在正式场合严肃、固执、傲慢、自负、喜好奉承时。若如此，在非正式场合给予其恰当的恭维（因为恭维别人不宜在谈判桌上进行），就有可能使其做较大的让步，以打破僵局。

（5）谈判对手喜好郊游、娱乐时。若如此，在谈判桌上谈不成的事情，在郊游和娱乐的场合就有可能谈成，从而打破僵局，达成有利于己方的协议。

2. 场外沟通策略运用应注意的问题

（1）谈判人员必须明确。在一场谈判中用于正式谈判的时间是不多的，大部分时间都是在场外度过的。必须把场外活动看作谈判的一部分，场外谈判往往能得到正式谈判中得不到的效果。

（2）不要把所有的事情都放在谈判桌上讨论，而是要通过一连串的社交活动讨论和研究问题的具体细节。

（3）当谈判陷入僵局时，就应该离开谈判桌，举办多种娱乐活动，使双方无拘无束地交谈，促进相互了解，沟通感情，建立友谊。

（4）借助社交场合，主动和非谈判代表的有关人员（如工程师、会计师、工作人员等）交谈，借以了解对方更多的情况，往往会得到意想不到的收获。

（5）在非正式场合，可由非正式代表提出建议、发表意见，以促使对方思考。因为即使这些建议和意见很不利于对方，对方也不会追究，毕竟讲这些话的不是谈判代表。

（十一）以硬碰硬打破僵局

当对方通过制造僵局，给己方施加太大压力，且妥协退让已无法满足对方的欲望时，应采用以硬碰硬的办法向对方反击，让对方自动放弃过高要求。比如，揭露对方制造僵局的用心，让对方自己放弃所要求的条件，这样有些谈判对手便会降低自己的要求，使谈判得以进行下去。也可以离开谈判桌，以显示自己的强硬立场。如果对方也想谈成这笔生意，他们就会改变要求。这时，谈判的主动权就掌握在己方的手里。如果对方无意谈成这笔生意，己方继续同对方谈判，只能使自己的利益降到最低点，这样不如放弃谈判。

谈判陷入僵局时，如果双方的利益差距在合理限度内，即可明确地表明自己已无退路，希望对方能让步，否则情愿接受谈判破裂的结局。需注意，这样做的前提是双方利益差距不超过合理限度。只有在这种情况下，对方才有可能忍痛割舍部分期望利益，委曲求全，使谈判继续进行下去。相反，如果双方的利益差距太大，只靠对方单方面的努力与让步根本无法弥补差距时，就不能采用此策略，否则就只能使谈判破裂。

当谈判陷入僵局而又实在无计可施时，以硬碰硬策略往往成为最后一种可供选择的策略。在做出这一选择时，必须做好最坏的打算，否则一旦得不到己方想要的结果，就有可能茫然失措。切忌在毫无准备的条件下盲目滥用这一技巧，这样只会吓跑对方，结果将是一无所获。另外，如果运用这一策略而使僵局得以突破，己方就要兑现承诺，与对方签订协议，并在日后的执行中严格遵守承诺，保证谈判协议的顺利执行。

第四节　网络谈判及其策略

一、网络谈判的特征和类型

网络谈判是利用互联网、E－mail、视频会议等电子方式进行的谈判。通过网络谈判，谈判人员可以既协作又竞争地分享信息，从而提高谈判效率。

（一）网络谈判的特征

与传统谈判方式比较，网络谈判具有下述特征：

1. 实现多方即时交互和通信

互联网、E－mail、视频会议等电子方式的应用使谈判人员突破了时空的局限，不再局限于固定的时间、地点、场所。谈判各方可以通过多种方式实时交互，如热线协调、网络会议、信息交换和资料共享等。

2. 节省费用，理性地处理问题

使用互联网、E－mail等方式进行沟通，有助于谈判各方将人、事分开，各方的关系建立在正确的认识、清晰的沟通、适当的情绪上，保证了谈判的公平性。同时，网络谈判使谈判人员彼此之间存在一个"缓冲区"，使得谈判人员在时间和空间上进行更周密的思考。通过在线谈判，可以减少谈判的费用，增强谈判的灵活性，提高效率。

3. 提高谈判人员参与度

网络谈判可以提高多点谈判的可能性，大大提高谈判的整合性。Mc Guire等人的研究表明，在传统谈判中，男性首先提出可行性方案的比率是女性的2倍。而在网络谈判中，这一比率趋向于平均。此外，在传统谈判中，由于社会阶层等原因，谈判人员可能无法畅所欲言。但是在网络谈判中，谈判人员都无法得知谈判各方的社会阶层，因此，更倾向于畅所欲言、提供更多的解决方案。特别是在双方通过面对面沟通或在圆满合作已建立起信任关系之后，便可以充分利用网络谈判的优点。

4. 提高文档处理的效率

利用网络谈判系统自动地进行有关谈判记录和相关文件的处理与归档，谈判人员和调解人能方便地查询谈判中已讨论的问题与已达成的协议，使谈判过程有据可查。与传统谈判相比，节省了大量的记录工作，提高了效率，降低了成本。

5. 具有较高的安全性

通过用户身份识别、安全和保密技术，谈判服务可由可信任的第三方提供，谈判注册和文件由第三方维护，谈判文件仅可被授权的用户查询，系统中可利用公钥、私钥以及CA认证技术增加保密性。

（二）网络谈判的类型

1. 简单式网络谈判

简单式网络谈判是指借助即时通信技术手段实现双方交易谈判的过程，如在线QQ谈判、E－mail谈判、视频谈判等。相对于视频谈判而言，在线QQ谈判和E－mail谈判能够在双方之间制造一个缓冲区，使双方都有时间进行周密的思考。但是，E－mail谈判由于缺少声音和表情元素，也容易使人感到缺少信任和亲和感，因此，适合简单的商务谈判。

2. 复杂式网络谈判

复杂式网络谈判是指企业借助互联网发布供求信息，借助 Agent 代理技术自动搜寻合作伙伴，自动进行讨价还价，并达成协议的商务谈判。受技术影响，网络谈判系统可以处理规范性、标准化的信息（如商品规格的描述），而对谈判宏观环境分析、谈判人员性格分析等非标准信息的处理尚不够完善。因此，完全依靠网络谈判系统来达成商务协议的实践尚未出现，更多的是把网络谈判系统作为人员谈判的一种辅助手段。网络谈判系统可以通过对谈判协议的动态设置，进行招投标等特定类型的谈判活动。

二、网络谈判的策略

网店客服，在网店的推广、产品的销售，以及售后的客户维护方面，均起着极其重要的作用，不可忽视。

现在很多客户都会在购买之前针对不太清楚的内容询问商家，或者询问优惠措施等。客服在线能够随时回复客户的疑问，可以让客户及时了解需要的内容，从而立即达成交易。有的时候，客户不一定对产品本身有什么疑问，仅仅是想确认一下商品是否与事实相符，这个时候一个在线的客服就可以打消客户的很多顾虑，促成交易。同时，对于一个犹豫不决的客户，一个有着专业知识和良好的销售技巧的客服，可以帮助其选择合适的商品，促成其购买行为，从而提高成交率。有时候客户购买商品，但并不一定是急需的，这时在线客服可以及时跟进，通过向买家询问汇款方式等督促买家及时付款。

这里主要介绍网店客服在网络谈判各个阶段应采取的策略。

（一）先报价策略

1. 先发制人

如果卖家在定制价格的时候已经决定不再议价，那么就应该向要求议价的客户明确表示这个原则。比如说邮费，如果客户没有符合包邮条件，而给某位客户包了邮，钱是小事，但后果严重：

（1）其他客户会觉得不公平，使店铺失去纪律性。

（2）给客户留下经营管理不正规的印象，从而小看卖家的店铺。

（3）给客户留下价格产品不成正比的感觉，否则为什么卖家还有包邮的利润空间呢？

（4）客户下次来购物还会要求和这次一样的特殊待遇，或进行更多的议价，这样卖家需要投入更多的时间成本来应对。

2. 吊筑高台

在买家当中，确实有人会胡搅蛮缠，没完没了地讨价还价。这类买家与其说想占便宜不如说是成心捉弄人。即使卖家告诉了他最低价格，他仍要求降价。对付这类买家，一开始必须狠心把报价抬高，在讨价还价过程中要多花点时间，每次只降一点，而且降一点就说一次"又亏了"。就这样，降个五六次，他也就满足了。有的商品是有标价的，因标有价格所以降价的幅度十分有限，每一次降得要更少一点。

（二）讨价还价策略

1. 沉默是金

当买家要求降价时，最好先沉默一下，不要马上回复，如果马上回复拒绝，买家会觉得卖家不近人情，如果马上回复可以，买家又会觉得卖家这么容易就答应了，一定还可以再要求降低。通常可以这样回答：很抱歉，本店定价都是经过再三考虑的，利润有限，不接受议价，请多多理解……

2. 不开先例

当买家提出不合理要求时，应这样回答：亲，很抱歉哦，我们对每个买家都是一样公平公正的，请理解和支持，您也可以考虑后再决定购买，没关系哦……抱歉，亲，我们老板给我的最高权力是打 9 折……

3. 最后通牒

和买家讨价还价要分阶段一步一步地进行，不能一下子降得太多，而且每降一次要装出一副一筹莫展、束手无策的无奈模样。有的买家故意用夸大其词甚至威胁的口气，并装出要告辞的样子吓唬卖家。比如，他说："价格贵得过分了，没有必要再谈下去了。"这时卖家千万不要上当，一下子把价格压得太低。卖家可表现出很棘手的样子，说："先生，你可真厉害呀！"故意花上几十秒时间苦思冥想一番之后，使用交流工具打出一个思索的图标，最后咬牙做出决定："实在没办法，那就××？"比原来的报价稍微低一点，切忌降得太猛。当然对方仍不会就此罢休，不过，卖家可要稳住阵脚，并装作郑重其事、很严肃的样子宣布："再降无论如何也不成了。"在这种情况下，买家将觉得这是最低限度，有可能就此达成协议。也有的买家还会再压一次，尽管幅度不是很大："如果这个价我就买了，否则咱们拜拜。"这时卖家可狠下心来，"豁出去了！就这么着吧"，立刻把价格敲定。实际上，被敲定的价格与网店规定的下限价格相比仍高出不少。

4. 穷追不舍

当买家犹豫不决时，卖家可以说："其实您选的××款不错的，我觉得这款比较适合您，不用再犹豫了哦"。当买家拿不定主意，需要卖家推荐的时候，卖家可以尽可能多地推荐符合他要求的款式，在每个链接后附上推荐的理由，如"这款是刚到的新款，目前市面上还很少见""这款是我们最受欢迎的款式之一""这款是我们最畅销的了，经常脱销"等，以此来尽量促成交易。

（三）让步策略

在讨价还价过程中，买卖双方都是要做出一定让步的。尤其是作为网店卖家而言，如何让步是关系到整个洽谈成败的关键。就常理而言，虽然每一个人都愿意在讨价还价中得到好处，但并非每个人都是贪得无厌的，多数人是只要得到一点点好处，就会感到满足。

正是基于这种分析，网店卖家在洽谈中要在小事上做出十分慷慨的样子，使买家感到已得到对方的优惠或让步。比如，增加或者替换一些小零件时不要向买家收费，否则会因小失大，引起买家反感，并且使买家马上对价格敏感起来，影响下一步的洽谈。反之，免费向买家提供一些廉价的、微不足道的小零件或包装品，则可以增进双方的友谊，网店卖家是绝不会吃亏的。

（四）磋商阶段策略

1. 利用"怕买不到"的心理

人们常对越是得不到、买不到的东西，越想得到它、买到它。可利用这种"怕买不到"的心理，来促成订单。当对方已经有比较明显的购买意向，但还在最后犹豫中时，卖家可以用以下说法来促成交易："这款是我们最畅销的了，经常脱销，现在这批又只剩两个了，估计不用一两天又会没了，喜欢的话别错过了哦。"或者说："今天是优惠价的截止日，请把握良机，明天你就买不到这种折扣价的商品了。"

2. 利用买家希望快点拿到商品的心理

大多数买家希望在付款后卖家越快寄出商品越好。所以在买家已有购买意向，但还在最后犹豫中时，卖家可以说："如果真的喜欢就赶紧买下吧，快递公司的人再过 10 分钟就要来了，如果现在支付成功的话，马上就能为你寄出了。"对于可以用网上银行转账或在线支付的买家，这招尤为有效。

3. 赞美法

当买家说："太贵了！"可通过赞美让买家不得不为面子而掏腰包。如"先生，一看您就知道平时很注重××（如仪表、生活品位等）的啦，不会舍不得买这种产品或服务的。"

4. 投其所好，以心换心

站在他人的立场上分析问题，能给他人一种为他着想的感觉，这种投其所好的技巧常常具有极强的说服力。要做到这一点，"知己知彼"十分重要，唯先知彼，而后方能从对方立场上考虑问题。

课后习题

【基本目标题】
一、选择题

1. (　　)是指在商务谈判过程中，以两个人分别扮演"红脸"和"白脸"的角色，或一个人同时扮演这两种角色，使谈判进退更有节奏，效果更好。

　　A. 红白脸策略　　　B. 欲擒故纵策略　　　C. 抛放低球策略　　　D. 旁敲侧击策略

2. 投石问路策略最适合在商务谈判的哪个阶段使用？(　　)

　　A. 谈判开局阶段　　B. 谈判磋商阶段　　C. 谈判结束阶段　　D. 缔约阶段

3. 寻找替代打破僵局的做法是指(　　)。

　　A. 创造性地提出既能有效地维护自身利益，又兼顾对方要求的方案

　　B. 寻找第三者来参与谈判的方案

　　C. 提出对方要求以外能体现对方利益的方案

　　D. 更换谈判小组成员

二、简答题

1. 报价阶段的策略有哪些？

2. 在商务谈判的磋商阶段，可以采取哪些应对策略？

3. 请指定一个运用以退为进策略的方案。

4. 在什么情况下可以使用声东击西策略？

5. 商务谈判中当双方谈判陷入僵局时有哪些策略可以化解僵局？

【升级目标题】
三、案例分析

中方 A 公司与美方 B 公司就某项条款进行谈判，由于美方 B 公司就该项条款与中方 A 公司始终未达成协议，且始终不愿做出进一步的让步，因此，在进一步的谈判中，A 方人员虽然

耐心地重申了己方的有关要求，并希望双方都能在互利互惠的基础上做出进一步的让步，但 B 方人员却含糊其词，顾左右而言他，一会儿说对 A 方的有关要求还是不够明确，一会儿又借口有急事需要处理，希望谈判能够继续拖延，要么就是将谈判委托给无实际决策权的人员来进行。

(1) 你认为 B 方人员的所作所为有何不妥之处？

(2) 你认为谈判结果将如何？

四、技能训练

假如你是某种零件的供应商。某日下午你接到了某家大客户的紧急电话，要你立即赶到现场跟他商谈有关向你大量采购的事宜。他在电话中言明，有急事去深圳。你认为这是你难得的机会，因此你在他登机前 30 分钟赶到了机场。他向你表明，如果你能以最低价格供应零件，他愿意与你签订一年的购货合同。

在这种情况下，你该怎么办？

★补充阅读

迪吧诺公司是纽约有名的面包公司，该公司的面包远近闻名，纽约很多的大酒店和餐饮消费场所都与该公司有合作业务，因此，面包销量越来越大。与多数饭店不同的是，迪吧诺公司附近的一家大型饭店却一直没有向他们订购面包，这种局面持续长达 4 年。

其间，迪吧诺公司销售经理及公司创始人迪吧诺先生每周都去拜访这家大饭店的经理，参加他们举行的会议。甚至以客人的身份入住该饭店，想方设法同大饭店进行接触，一次又一次地同他们进行推销谈判，但无论采用任何手段，迪吧诺的一片苦心始终未能促成双方成功谈判。这种僵持局面令迪吧诺暗暗下定决心，不达到目的决不罢休。

从此以后，迪吧诺一改过去的推销策略和谈判技巧，开始对这家饭店的经理所关心和爱好的问题进行调查。通过长时间详尽细致的调查，迪吧诺发现，饭店的经理是美国饭店协会的会员，而且由于热衷于协会的事业，还担任会长一职。这一重大发现给了迪吧诺很大帮助。当他再一次去拜会饭店经理时，就以饭店协会为话题，围绕协会的创立和发展以及有关事项和饭店经理交谈起来，果然起到了意想不到的结果。这一话题引起了饭店经理的极大兴趣，他的眼里闪烁着兴奋的光芒，和迪吧诺谈起了饭店协会的事情，还口口声声称这个协会如何给他带来了无穷的乐趣，而且邀请了迪吧诺参加这个协会。

这一次同饭店经理"谈判"时，迪吧诺丝毫不提关于面包销售方面的事，只是就饭店经理所关心和感兴趣的协会话题讨论了许久，取得了很多一致性的见解和意见。饭店经理甚至表示与迪吧诺有相见恨晚之感。

几天以后，那家饭店的采购部门突然给迪吧诺打电话，让他立刻把面包的样品以及价格表送到饭店。饭店的采购组负责人在双方的谈判过程中笑着对迪吧诺说："我真猜不出您究竟使用了什么样的花招，使我们的老板那么赏识你，并且决定与你们公司进行长期的业务合作。"听了对方的话，迪吧诺有些哭笑不得，之前自己向他们推销了 4 年面包，进行了若干次推销谈判，竟连一块面包都没销售出去。如今只是对饭店经理关心的事表示了一下关注，却使他发生了 180 度的转变。若非如此，恐怕到现在自己还要跟在他身后穷追不舍地推销自己的面包呢。

理解并运用商务谈判成交阶段策略

★任务简介

本任务共分三节，主要介绍商务谈判成交阶段的判定、成交阶段的促成策略，以及商务谈判后期索赔和理赔的策略。

★基本目标

了解成交应具备的条件与主要影响因素、商务合同的含义及内容；熟悉成交信号的接收、商务合同订立的程序。

★升级目标

熟练掌握商务谈判成交阶段的各种策略和索赔及理赔的方法，商务合同权利义务的终止和违约责任判定，把握其精髓，学会在实际谈判中灵活运用上述知识。

★教学重点与难点

教学重点：

1. 成交应具备的条件与主要影响因素。

2. 商务合同的含义及内容。

3. 商务谈判成交阶段的各种策略和索赔及理赔的方法。

教学难点：

1. 成交信号的接收。

2. 商务合同订立的程序。

在克服了许多障碍和分歧之后，谈判双方的交易条件趋于一致，但也存在最后的一些问题。在谈判的最后阶段，仍然需要善终，孜孜以求。如果放松警惕，急于求成，有可能导致前功尽弃，功亏一篑。成交阶段就是双方下决心按磋商达成的最终交易条件成交的阶段。这一阶段的主要目标有三个：一是尽快达成协议；二是尽量保证已取得的利益不丧失；三是争取最后的利益收获。为了达到这些目标，双方都会采取很多策略。

有经验的谈判人员总是善于在关键的、恰当的时刻，抓住对方隐含的签约意向或巧妙地表明自己的签约意向，趁热打铁，促成交易的达成与实现。因此成功的签约者应该做到：灵活把握签约意向，善于使用促成签约的策略，熟记签约的流程，懂得签约的礼仪，掌握适时签约的技巧等。

商务谈判的最后环节即签约。谈判双方经过你来我往多个回合的讨价还价，就商务交往中的各项重要内容完全达成一致以后，为了双方权利与义务关系的固定，取得法律的确认和保护，而签订具有法定效力的合同文书，它是商务谈判取得成果的标志，是全部谈判过程的重要组成部门，是谈判活动的最终落脚点。签约意味着全部工作的结束。商务谈判工作做得再好，沟通得再顺利，没有合同的签订与规范也是无效的。

第一节　商务谈判的成交与促成

商务谈判中的各项谈判工作固然重要，但是，即使谈成了业务，如果不签订合同，双方的权利义务关系不固定下来，以后执行就可能成为问题。所以说，合同的签订不可忽视，而且合同的签订也是商务谈判取得成果的标志。当然，合同签订后要按照合同约定来履行，否则可能造成违约责任。

★案例链接

王峰是国内一家电子元件生产企业的销售人员，新开发了一家全球知名跨国公司客户，经过一个多月的接触和多次谈判，双方签订了长期供货合作协议，王峰非常高兴签下了这个大客户。王峰决心以出色服务维护好与这个大客户的关系。十天前客户第一个订单通过传真发了过来，对方约定交货期是自下订单当日算起两周后的月底，王峰想这是大客户，一定要做好一切服务，于是提前一周送货上门。送货后第四天，此客户采购部给王峰发来一份传真，要求王峰公司支付仓储费用及其他人工费用 12 000 元，理由是王峰他们公司提前送货，没有按照合同规定执行，给对方增加了额外的负担。

一、成交应具备的条件及信号识别

所谓成交，指谈判人员接受对方的建议及条件，愿意根据这些条件达成协议，实现交易的行动过程。

（一）成交应具备的条件

（1）使对方必须完全了解企业的产品及产品的价值。在实际谈判过程中，可以假设，如果对方比较熟悉己方的商品，他们就会表现出购买的热情，容易接受谈判人员的建议。因此，作为谈判人员，应该主动地向谈判对手展示自己的商品，主动地介绍商品的各种优势、性能、用途等，尽可能消除对手的疑虑。总之，要根据对手的心理，多给他们了解的机会。

（2）使对方信赖己方和己方所代表的公司。如果对方对己方以及己方所代表的公司没有足够的信心和信赖，那么即使己方的商品质量再好，价格再优惠，对方成交的意愿也会产生动摇、变化。因此，谈判人员在谈判时，必须取得对方的信任，这是成交的必要条件。

（3）使对方对己方的商品有强烈的购买欲望。根据市场营销学的原理，人类的需要有限，但其欲望很多，当具有购买能力时，欲望便转化成需求，这就说明市场营销者连同社会上的其他因素，只是影响了人们的欲望，并试图向人们指出何种特定商品可以满足其欲望，进而使商品更有吸引力，适应对手的支付能力且使之容易得到，影响需求。因此，作为谈判人员，工作重心应放在做好谈判说明中的工作，这样才能影响和带动对方的购买欲望与购买能力的产生。

（4）准确把握时机。"事在人为"，只要通过努力都有可能改变或影响某一事物的发展和变化。因此，作为谈判人员，要等待合适的时机，必要时要想办法制造合适的时机，促使对方做出成交决策。

★案例链接

某办公用品销售人员到某办公室去销售碎纸机。办公室主任在听完产品介绍后摆弄起样机，自言自语道："东西倒是挺合适，只是办公室这些小年轻毛手毛脚，只怕没用两天就坏了。"销售人员一听，马上接着说："这样好了，明天我把货运来的时候，顺便把碎纸机的使用方法和注意事项给大家讲讲，这是我的名片，如果使用中出现故障，请随时与我联系，我们负责维修。主任，如果没有其他问题，我们就这么定了？"

（5）掌握促成交易的各种因素。谈判人员对商品的认识，谈判人员的购买意图，谈判人员的性格、情绪、工作态度以及谈判人员的业务能力都会影响成交。在谈判实践中，经常出现这样一些情形，如果谈判人员业务能力较强，则对商品的介绍、分析非常合理、科学，让人深信不疑，反之则会给人一个"听不明白"，或"越听越糊涂"，或"听了以后反增加疑虑"的感受，这必然会影响商品的成交。如果谈判人员善于创造一种氛围，有效地诱导对方，则肯定会给商品多一些成交机会，反之，即使有了成交机会，可能也会丧失。

另外，商品的因素也会影响交易的达成。谈判人员多数都比较看重商品自身的质量，如果商品质量低劣，即便是价格特别优惠，也不愿意购买。花钱买"垃圾"，谁都不会做。这是影响成交的一个主要因素。许多时候商品的价格实际上反映了商品的质量，然而，即使商品质量可靠、耐用，但其价格过高，对方也会感到可望而不可即，这也是影响成交的一个主要因素。一般来讲，商品品牌好，知名度高，成交的可能性就相对大些，在成交时商品品牌效应影响较大。

（6）为圆满结束做出精心安排。作为谈判人员，应对谈判工作有一个全面的安排方案，根据方案明确自己的工作目标和方向，同时明确自己下一步的工作规划和要求。尤其是在洽谈的最后阶段，对对方提出来的意见要处理好，使他们自始至终对己方的谈判工作及所谈判的商品保持浓厚的兴趣，要引导他们积极参与己方的工作。

（二）成交信号的识别

成交信号是指商务谈判的各方在谈判过程中所传达出来的各种希望成交的暗示。对于大多数商务谈判人员而言，第一时间识别对方发出的成交信号，在对方发出此类信号时能往成交的方向引导，并最终促成成交，成为所有成功谈判的"必杀技"。一些经验欠丰富的谈判人员，往往在对方"暗送秋波"——发出成交信号时，仍然"不解风情"，南辕北辙，导致最终与成交擦肩而过，失之交臂。那如何成功识别对方的"秋波"呢？

1. 成交的语言信号

在谈判过程当中，谈判对手最容易通过语言方面的表现流露出成交的意向，经验丰富的谈判人员往往能够通过对对手的密切观察及时、准确地识别对手通过语言信息发出的成交信号，从而抓住成交的有利时机。

（1）某些细节性的询问表露出的成交信号。当对方产生了一定的成交意向之后，如果谈判人员细心观察、认真揣摩，往往可以从他对一些具体信息的询问中发现成交信号。比如，对方向己方询问一些比较细致的产品问题，向己方打听交货时间，向己方询问产品某些功能及使用方法，向己方询问产品的附件与赠品，向己方询问具体的产品维护和保养方法，或者向己方询问其他老客户的反应、公司在客户服务方面的一些具体细则等。在具体的交流或谈判实践当中，对方具体采用的询问方式各不相同，但其询问的实质几乎都可以表明其已经具有了一定的成交意向，这就要求谈判人员迅速对这些信号做出积极反应。

（2）某些反对意见表露出的成交信号。有时，对方会以反对意见的形式表达他们的成交意向，比如他们对产品的性能提出疑问，对产品的某些细微问题表达不满等。对方有时候提出某些反对意见可能是他们真的在某些方面存在不满和疑虑，谈判人员需要准确识别成交信号和真实反对意见之间的区别，如果一时无法准确识别，那么不妨在及时应对反对意见的同时，对他们进行一些试探性的询问以确定他们的真实意图。

★ 案例链接

客户："这种材料真的经久耐用吗？你能保证产品的质量吗？"

谈判人员："我们当然可以保证产品的质量。我们公司的产品已经获得了多项国家专利和各种获奖证书，这一点您大可以放心。购买这种高品质的产品是您最明智的选择，如果您打算现在要货的话，我们马上就可以到仓库中取货。"

客户："不，我还是有些不放心，我不能确定这种型号的产品是否真的如你所说的那么受欢迎……"

谈判人员："这样吧，我这里有该型号产品的谈判记录，而且仓库有具体的出货单，这些出货单就是产品谈判量的最好证明了……购买这种型号产品的客户确实很多，而且很多老客户还主动为我们带来了很多新客户，如……这下您该放心了吧，您对合同还有什么疑问吗？"

2. 成交的行为信号

有时，对方可能会在语言询问中采取声东击西的战术，比如他们明明希望产品的价格能够再降一些，可是他们却会对产品的质量或服务品质等提出反对意见。这时，谈判人员很难从他们的语言信息中有效识别成交信号。在这种情形下，谈判人员可以通过对方的行为信息探寻成交的信号。

比如当对方对样品不断抚摸表示欣赏时，当他们拿出产品的说明书反复观看时，当他们在谈判过程中忽然表现出很轻松的样子时，当他们在你进行说服活动时不断点头或很感兴趣地聆听时，当他们在谈判过程中身体不断向前倾时，等等。

当对方通过其一定的行为表现出某些购买动机时，谈判人员还需要通过相应的推荐方法，进一步增加对方对产品的了解，比如当对方拿出产品的说明书反复观看时，谈判人员可以适时地针对说明书中的内容对相关的产品信息进行充分说明，然后再通过语言上的询问进一步确定对方的购买意向，如果对方并不否认自己的购买意向，那么谈判人员就可以借机提出成交要求，促进成交的顺利实现。

★ 案例链接

情景一：

客户："我还从来没有用过这种产品，那些使用过的客户感觉用起来方便吗？"销售人员："当然了，操作简单、使用方便是这种新产品的一个重要特点。以前也有一些客户在购买之前怕使用起来不方便，可是在购买之后他们觉得这种产品既方便又实用，所以已经有很多客户长期到我们这里来购买产品了，您现在就可以试一试，如果您也觉得用起来方便的话，就可以买回去好好享用它的妙处了……"

情景二：

客户："你们在服务公约上说可以做到三年之内免费上门服务和维修，那么我想知道，如果三年以后产品出现问题该怎么办？"销售人员："您提的这个问题确实很重要，我们公司也一直关注这个问题。为了给客户提供更满意的服务，我们公司已经在各大城区都建立了便民维修点，如果在保修期之外出现问题的话，您只要给公司总部的服务台打电话说明您的具体地址，那么我们公司就会派离您最近的便民维修点的维修员上门服务，服务过程中只收取基本的材料费用而不收取任何额外的服务费……"

3. 成交的表情信号

对方的面部表情同样可以透露其内心的成交欲望。比如，当对方的眼神比较集中于谈判人员的说明或产品本身时，当对方的嘴角微翘、眼睛发亮显出十分兴奋的表情时，或者当对方渐渐舒展眉头时等，这些表情上的反应都可能是对方发出的成交信号，谈判人员需要随时关注这些信号，一旦对方通过自己的表情语言透露出成交信号，谈判人员就要及时做出恰当的回应。

★ 案例链接

"在一次与客户进行谈判的过程中，刚开始我发现那位客户一直紧锁着眉头，而且时不时地针对产品的质量和服务提出一些反对意见。对他提出的问题我都一一给予了耐心、细致的回答，同时我还针对市场上同类产品的一些不足强调了本公司产品的竞争优势，尤其是针对客户比较关心的服务品质方面着重强调了本公司相对完善的客户服务系统。在我向他一一说明这些情况的时候，我发现他对我的推荐不再是一副漠不关心的模样，他的眼睛似乎在闪闪发亮，我知道我的介绍说到了他的心坎儿上，于是我便趁机询问他需要订购多少产品，他告诉了我他们打算订购的产品数量，我知道这场谈判很快就要成功了……"

4. 成交的进程信号

成交的进程信号主要有：转变洽谈环境，主动要求进入洽谈室或在谈判人员要求进入时，非常痛快地答应，或谈判人员在合同上书写内容、做成交付款动作时，对方没有明显的拒绝和异议；向谈判人员介绍和自己同行的有关人员，特别是谈判的决策人员身份，如主动向谈判人员介绍"这是我的太太""这是我的领导×××"等。

根据终端环境的不同、谈判对象的不同、产品的不同，谈判人员介绍能力的不同、成交阶段的不同，谈判对手表现出来的成交信号也千差万别，不一而足，无一定之规。优秀的谈判人员可以在终端实战中不断总结，不断揣摩，不断提升。总之，如何读懂商务谈判中对方的"秋波"，对大多数商务谈判人员来说，是"运用之妙，存乎一心"！

二、成交促成的策略

成交促成策略是在成交过程中，谈判人员在适当的时机，用以启发对手做出决策，达成协议的谈判技巧和手段。对于任何一个谈判人员来讲，熟悉和掌握各种成交的方法与技巧是非常重要的。

（一）主动请求法——单刀直入，要求成交

1. 含义

主动请求法即谈判人员用简单明确的语言，向谈判对手直截了当地提出成交建议，也叫直接请求成交法。这是一种最常用也最简单有效的方法。例如，谈判人员："先生，您刚才提出的问题都得到解决了，是否现在可以谈购买数量的问题了？"又如谈判人员："某某主任，您是我们的老客户了，您知道我们公司的信用条件，这次看是否在半个月后交货？"

2. 适用性

主动请求法的优点是可以有效地促成购买；可以借要求成交向对方直接提示并略施压力；可以节省洽谈时间，提高谈判效率。但它也存在一些局限性，如过早直接提出成交可能会破坏不错的谈判气氛；可能会给对手增加心理压力；可能使对方认为谈判人员有求于他，从而使谈判人员处于被动等。

运用主动请求法，应把握成交时机，一般来说以下情况下可以更多地运用此方法。

（1）与关系比较好的老客户谈判时。

（2）在对方不提出异议，想购买又不便开口时。

（3）在对方已有成交意图，但犹豫不决时。

（二）自然期待法——引导对方，提高效率

1. 含义

自然期待法是指谈判人员用积极的态度，自然而然地引导对方提出成交的一种方法。自然期待法并非完全被动地等待对方提出成交，而是在成交时机尚未成熟时，以耐心的态度和积极的语言把洽谈引向成交。例如，谈判人员："这是我们刚上市的新产品，价格适中，质量绝对没有问题，您看看怎么样？"谈判人员："我知道您对产品的款式、颜色等较满意，就是好像价格高了些，怎么样，给您优惠一点，行吗？"

2. 适用性

自然期待法优点是较为尊重对方的意向，避免对方产生抗拒心理；有利于保持良好的谈判气氛，循序诱导对方自然过渡到成交上；防止出现新的僵局和提出新的异议。但缺点也明显存在，主要为可能贻误成交时机，同时，花费的时间较多，不利于提高谈判效率。

谈判人员运用自然期待法时，既要保持耐心温和的态度，又要积极主动地引导。谈判人

员在期待对方提出成交时，不能被动等待，要表现出期待的诚意，简述成交的有利条件，或用身体语言进行暗示。

★案例链接

轰动世界的美国促销奇才哈利，在他15岁做马戏团的童工时，就非常懂得做生意的要诀，善于吸引客户前来光顾。有一次，他在马戏团售票口处，使出浑身的力气大叫："来！来！来看马戏的人，我们赠送一包顶好吃的花生米。"观众就像被磁场吸引了一样，涌向马戏场。这些观众边吃边看，一会就觉得口干，这时哈利又适时叫卖柠檬水和各种饮料。其实，哈利在加工这些五香花生米时，就多加了许多盐。因此观众越吃越渴，这样他的饮料生意才兴隆。以饮料的收入去补给花生米的损失，收益甚丰。这种颇有心计而又合法的促销绝招，不动脑筋是想不出来的。

（三）配角赞同法——做好配角，营造氛围

1. 含义

配角赞同法是指谈判人员把对方作为主角，自己以配角的身份促成交易实现的方法。从性格学理论来讲，人的性格有多种多样，如外向型与内向型、独立型与支配型等。一般的人都不喜欢别人左右自己，对于内向型与独立型的人，更是如此，他们都处处希望自己的事情由自己做出主张。在可能的情况下，谈判人员应营造一种促进成交的氛围，让对方自己做出成交的决策，而不要去强迫他或明显地左右他，以免引起对方的不愉快。例如，谈判人员："我认为您非常有眼光，就按您刚才的意思给您拿一件样品好吗？"谈判人员："您先看看合同，看完以后再商量。"

2. 适用性

配角赞同法的优点是既满足了对方的自尊心，又富有积极主动的精神，促使对方做出明确的购买决策，有利于谈判成交。这种方法的缺陷也是明显的，它必须以对方的某种话题作为前提条件，不能充分发挥谈判人员的主动性。

运用这种方法时，关键应牢记一个法则，即始终当好配角，不能主次颠倒。可以借鉴"四六"原则，即谈判人员只做引导性的发言和赞同的附和，一般占洽谈时间的40%；启发对手多讲，一般可占洽谈时间的60%。当然，不能忘记，在当配角的过程中，应认真听取对方的意见，及时发现和捕捉有利时机，并积极营造良好的氛围，促成交易。

★案例链接

史密斯先生在美国亚特兰大经营一家汽车修理厂，同时还是一位十分有名的二手车推销员。在亚特兰大奥运会期间，他总是亲自驾车去拜访想临时买一部廉价二手车开一开的客户。

他总是这样说："这部车我已经全面维修好了，您试试性能如何？如果还有不满意的地方，我会为您修好。"然后请客户开几千米，再问道："怎么样？有什么地方不对劲吗？"

"我想方向盘可能有些松动。"

"您真高明。我也注意到了这个问题，还有没有其他意见？"

"引擎很不错，离合器没有问题。"

"真了不起，看来您的确是行家。"

这时，客户便会问他："史密斯先生，这部车子要卖多少?"

他总是微笑着回答："您已经试过了，一定清楚它值多少钱。"

若这时生意还没有谈妥，他会怂恿客户继续一边开车一边商量。如此做法，使他的笔笔生意几乎都顺利成交。

(四) 假定成交法——心理暗示，代为决策

1. 含义

假定成交法是指谈判人员以成交的有关事宜进行暗示，让对方感觉自己已经决定购买的方法。谈判人员在假设对方接受谈判建议的基础上，再通过讨论一些细微问题而推进交易。例如，谈判人员："先生，既然您对商品很满意，那么就这样定了……"谈判人员："先生，这是您刚才挑选的衣服，我给您包装一下好吗?"

2. 适用性

假定成交法的优点是节约时间，能提高谈判效率;可以减轻对方的成交压力。因为它只是通过暗示，对方也只是根据建议来做决策。这是一种最基本的成交技巧，应用很广泛。但它的局限性也是存在的，主要是可能产生过高的成交压力，破坏成交的气氛;不利于进一步处理异议;如果没有把握好成交时机，就会引起对方反感，产生更大的成交障碍。

谈判人员在运用此种方法时，必须对对方成交的可能性进行分析，在确认对方已有明显成交意向时，才能以自己的假定代替对方的决策，但不能盲目地假定;在提出成交假定时，应轻松自然，绝不能强加于人。最适用的条件是:较为熟悉的老顾客和性格随和的人员。

(五) 肯定成交法——先入为主，获得认同

1. 含义

肯定成交法指谈判人员以肯定的赞语坚定对方成交的信心，从而促成交易实现的方法。从心理学的角度上讲，人们总是喜欢听好话，多用赞美的语言认同对方的决定，可以有力地促进其无条件地选择并认同谈判人员的提示。例如，一位服装销售人员看到一位客户进来时，就热情地招呼:"先生，您看看这件衣服挺漂亮的，您试穿一下吧，反正不收您的试穿费用。"当客户试穿衣服时，他又开始赞美:"您看，这件衣服穿在您身上有多合适，好像特意为您做的。"许多人听了类似的赞美词后，就会痛快地将自己腰包内的钱掏给老板了。

2. 适用性

肯定成交法先声夺人，先入为主，免去了许多不必要的重复性说明与解释;谈判人员的热情可以感染对方，并坚定对方的成交信心与决心。但它有时会给人强加于人之感，运用不好可能遭到拒绝，难以再进行深入的洽谈。

运用此方法，注意必须事先进行实事求是的分析，看清对象，并确认产品可以引起对方的兴趣，且肯定的态度要适当，不能夸夸其谈，更不能愚弄对方。一般可在成交时机成熟后，针对对方的犹豫不决而用此方法来解决。

(六) 选择成交法——二者择一，增加概率

1. 含义

选择成交法即谈判人员直接向对方提供一些成交决策选择方案，并且要求他们立即做出决策的一种成交方法。它是假定成交法的应用和发展。谈判人员可以在假定成交的基础上，

向对方提供成交决策比较方案，先假定成交，后选择成交。例如，谈判人员："您要红颜色的还是灰颜色的商品？"谈判人员："您用现金支付还是用转账支票？"

2. 适用性

选择成交法的理论依据是成交假定理论，它可以减轻对方决策的心理负担，在良好的气氛中成交；同时可以使谈判人员发挥顾问的作用，帮助对方顺利完成购买任务，因而具有广泛的用途。但是如果运用不当，可能会分散对方注意力，妨碍他们选择。运用此方法时应自然得体，既要主动热情，又不能操之过急，不能让对方有受人支配的感觉。

（七）小点成交法——循序渐进，以小带大

1. 含义

小点成交法是指谈判人员通过引导次要问题的解决，逐步地过渡到成交的实现的方法。从心理学的角度看，谈判人员一般都比较重视一些重大的成交问题，轻易不做明确的表态，而相反，对一些细微问题，往往容易忽略，决策时比较果断、明确。小点成交法正是利用了这种心理，避免了直接提示重大的和对方比较敏感的成交问题。先小点成交，再大点成交；先就成交活动的具体条件和具体内容达成协议，再就成交活动本身与对方达成协议，最后达成交易。例如，对方提出资金较紧张，谈判人员对于不那么畅销的商品，这时可以说："这个问题不大，可以分期付款，怎么样？"

2. 适用性

小点成交法可以避免直接提出成交的敏感问题，减轻对方成交的心理压力，有利于谈判人员推进，但又留有余地，较为灵活。它的缺点是可能分散对方的注意力，不利于针对主要问题进行劝说，影响对方果断地做出抉择。

运用此种方法时，要根据对方的成交意向，选择适当的小点，同时将小点与大点有机结合起来，先小点后大点，循序渐进，达到以小点促成大点的成交目的。

（八）从众成交法——争相购买，及时诱导

1. 含义

从众成交法即谈判人员利用人的从众心理和行为促成交易实现的一种方法。心理学研究表明，从众心理和行为是一种普遍的社会现象。人的行为既是一种个体行为，又是一种社会行为，受社会环境因素的影响和制约。从众成交法也正是利用了人们的这种社会心理，创造一定的众人争相购买的氛围，促成对方迅速做出决策。

例如，大街上经常可以看到这样一种景象：一帮人正围着一摊主抢购某种商品，其实，这一帮人并不是真正的客户，而是摊主同伙人，他们的做法就是为了营造一种"抢购"的氛围，让大家都来购买。这种现象也称为"造人气"。

2. 适用性

从众成交法可以省去许多谈判环节，简化谈判劝说内容，促成大量的购买，有利于相互影响，有效地说服对方。但是它也不利于谈判人员准确地传递信息，缺乏劝说成交的针对性，只适用于从众心理较强的对手。运用此种方法，要掌握对手的心态，进行合理的诱导，不能采用欺骗手段诱使对方上当。

（九）最后机会法——机不可失，过期不候

1. 含义

最后机会法是谈判人员向对方提示最后成交机会，促使他们立即做出决策的一种成交方法。这种方法的实质是谈判人员通过提示成交机会，限制成交内容和成交条件，利用机会心理效应，促进成交。例如，"这种商品今天是最后一天降价……""现在房源紧张，如果您还不做出决定，这房子就不给您保留了……""机不可失，时不再来"等，往往在最后机会面前，人们会由犹豫变得果断。

最后机会法利用人们怕失去能得到某种利益的心理，能够引起对手的注意力，可以减少许多谈判劝说工作，避免对手在成交时再提出各种异议；可以在对手心理上产生一种"机会效应"，把他们成交时的心理压力变成成交动力，促使他们主动提出成交。但是，也有谈判人员通过向对手提供一定的优惠条件而促成成交的方法。这种方法实际上是一种让步，主要满足对方的求利心理动机。例如，答应在某一阶段内销售数量达到某一额度时，可追补一些广告费用；顾客购买某种商品，可以获得赠送品；顾客购买量达到一定数量时，可以给予特别折扣；等等。

2. 适用性

最后机会法一般是通过向对方提供优惠成交条件，有利于巩固和加深买卖双方的关系，对于较难谈判的商品，能够起到有效的促销作用。但它会增加谈判费用，减少收益，有时可能会加深对方的心理负担。运用此种方法，要注意针对对方求利的心理动机，合理地使用优惠条件；要注意不能盲目提供优惠；要注意在给予回扣时，遵守有关的政策和法律法规，不能变相行贿。

★**案例链接**

在美国的一个边远小镇上，由于法官和法律人员有限，因此组成了一个由12名农夫组成的陪审团。按照当地的法律规定，只有当这12名陪审团成员都同意时，某项判决才能成立，才具有法律效力。有一次，陪审团在审理一起案件时，其中11名陪审团成员已达成一致看法，认定被告有罪，但另一名认为应该宣告被告无罪。由于陪审团内意见不一致，审判陷入了僵局。其中11名企图说服另一名，但是这位代表是个年纪很大、头脑很顽固的人，就是不肯改变自己的看法。从早上一直到下午审判都不能结束，11个农夫有些心神疲倦，但另一个还没有丝毫让步的意向。

就在11个农夫一筹莫展时，突然天空布满了阴云，一场大雨即将来临。此时正值秋收过后，各家各户的粮食都晒在场院里。眼看一场大雨即将来临，11名农夫都在为自家的粮食着急，他们都希望赶快结束这次判决，尽快回去收粮食，于是都对另一个农夫说："老兄，你就别再坚持了，眼看就要下雨了，我们的粮食都在外面晒着，赶快结束判决回家收粮食吧。"可那个农夫丝毫不为所动，坚持说："不成，我们是陪审团的成员，我们要坚持公正，这是国家赋予我们的责任，岂能轻易做出决定，在我们没有达成一致意见之前，谁也不能擅自做出判决！"这令那几个农夫更加着急，哪有心思讨论判决的事情。为了尽快结束这令人难受的讨论，11个农夫开始动摇了，开始考虑改变自己的立场。这时一声惊雷震破了11个农夫的心，他们再也忍受不住了，纷纷表示愿意改变自己的态度，转而投票赞成那一个农夫的意见，宣告被告无罪。

按理说，11 个人的力量要比一个人的力量大。可是由于那一个坚持己见，更由于大雨即将来临，那 11 个人在不经意中为自己定了一个最后期限——下雨之前，最终被迫改变了看法，转而投向另一方。在这个故事中，并不是那一个农夫主动运用了最后期限法，而是那 11 个农夫为自己设计了一个最后的期限，并掉进了自设的陷阱里。

在众多谈判中，有意识地使用最后机会法以加快谈判的进程，并最终达到自己的目的的高明的谈判人员往往善于巧妙地设定一个最后期限，使谈判过程中纠缠不清、难以达成的协议在期限的压力下，得以尽快解决。

（十）保证成交法——允诺保证，客户放心

1. 含义

保证成交法是指销售人员直接向客户提出成交保证，促使客户立即成交的一种方法。所谓成交保证就是指销售人员对客户所允诺担负交易后的某种行为，例如，"您放心，这个机器我们 3 月 4 日给您送到，全程的安装由我亲自来监督。等没有问题以后，我再向总经理报告。""您放心，您这个服务完全是由我负责，我在公司已经有 5 年的时间了。"

2. 适用性

产品的单价过高，缴纳的金额比较大，风险比较大，客户对此种产品并不是十分了解，对其特性质量也没有把握，产生心理障碍，犹豫不决时，销售人员应该向客户提出保证，以增强其信心。保证成交法可以消除客户成交的心理障碍，增强客户成交信心，同时可以增强说服力以及感染力，有利于销售人员妥善处理有关的成交异议。使用该方法时应该看准客户的成交心理障碍，针对客户所担心的几个主要问题直接提出有效的成交保证，以解除客户的后顾之忧。

根据事实、需要和可能，向客户提供可以实现的成交保证，切实地体恤对方；要维护企业的信誉。除以上几种主要方法外，谈判人员在谈判实践中还总结出了一些好的方法、手段。如下：

（1）异议成交法。谈判人员在转化异议以后，及时提出成交要求。

（2）欲擒故纵法。谈判人员佯装消极销售的样子，诱使对方积极配合而实现成交。这是一种以被动的谈判换取对方主动购买的方法。

（3）相关群体法。谈判人员利用对对方决策有重要影响的群体促成交易。这是一种利用对方趋同于某一些社会群体的购买心理动机促成成交的方法。

（4）试用成交法。谈判人员想办法把少量包装的商品留给对方，使他们对产品拥有一段时间的使用权而促成成交的方法。这种方法主要是请求对方试用少量的商品，如果其满意，可购买某一特定数量的商品。

★案例链接

中国某公司与日本某公司在上海著名的国际大厦，围绕进口农业加工机械设备，进行了一场别开生面的竞争与合作、竞争与让步的谈判。

中方认为日方报价中所含水分较大。基于此，中方确定"还盘"价格为 750 万日元。日方立即回绝，认为这个价格很难成交。中方坚持与日方探讨了几次，但没有结果。鉴于讨价还价的高潮已经过去，因此，中方认为谈判的"时钟已经到了"，该是展示自己实力、运用谈判技巧的时候了。于是，中方主谈人使用了具有决定意义的一招，郑重向对方指出：

"这次引进，我们从几家公司中选中了贵公司，这说明我们有成交的诚意。此价虽比贵公司销往C国的价格低一点，但由于运往上海口岸比运往C国的费用低，所以利润并没有减少。另一点，诸位也知道我国有关部门的外汇政策规定，这笔生意允许我们使用的外汇只有这些。要增加，需再审批。如果这样，那就只好等下去，改日再谈。"

这是一种欲擒故纵的谈判方法，旨在向对方表示己方对该谈判已失去兴趣，以迫使对方做出让步。但中方觉得这一招的分量还不够，又使用了类似"竞卖会"的高招，把对方推向了一个与"第三者竞争"的境地。中方主谈人接着说："A国、C国还等着我们的邀请。"说到这里，中方主谈人把一直捏在手里的王牌摊了出来，恰到好处地向对方泄露，把中国外汇使用批文和A国、C国的电传递给了日方主谈人。日方见后大为惊讶，他们坚持继续讨价还价的决心被摧毁了，陷入必须"竞卖"的困境；要么压价握手成交，要么谈判就此告吹。日方一时举棋不定。握手成交吧，利润不大，有失所望；告吹回国吧，跋山涉水，兴师动众，花费了不少的人力、物力和财力，最后空手而归，不好向公司交代。这时，中方主谈人便运用心理学知识，根据"自我防卫机制"的文饰心理，称赞日方此次谈判的确精明强干，中方就只能选择A国或C国的产品了。

日方掂量再三，还是认为成交可以获利，告吹只能赔本。这正如本杰明·富兰克林的观点所表明的那样："最好是尽自己的交易地位所能来做成最好的交易。最坏的结局，则是由于过于贪婪，结果本来对双方都有利的交易却根本没能成交。"

第二节　商务谈判的签约

一、合同及其签订的程序

(一) 合同的概念

合同又称为契约，具有广义和狭义两种。广义的合同泛指双方或多方当事人之间订立的发生一定权利、义务关系的协议；狭义的合同专指"当事人之间设立、变更、终止民事关系的协议"。

1. 合同的法律特征

从《中华人民共和国民法通则》关于合同的定义可以看出，合同具有以下法律特征：合同是一种民事法律行为；合同当事人之间设立、变更、终止民事法律关系的协议；合同是在当事人平等基础上达成的协议。

2. 合同的法律约束力

合同一旦依法成立，在当事人之间便产生如下法律约束力：当事人必须全面地、适当地履行合同中约定的各项义务；合同依法成立以后，除非通过双方当事人协商同意，或者出现了法律规定的原因，可以将合同变更或解除外，任何一方当事人都不得擅自更改或删除合同；当事人一方不履行或未能全部履行合同义务时，便构成违约行为，要依法承担民事责任。另一方当事人有权利请求法院强制其履行义务，并支付违约金或赔偿损失。

（二）合同订立的程序

合同订立的程序是当事人就商务合同内容进行协商并达成一致意见的过程。《中华人民共和国合同法》（以下简称《合同法》）第13条规定，"当事人订立合同，采取要约、承诺方式"。

1. 要约与要约邀请

要约是缔约人一方向另一方发出订立合同的提议并提出合同条件的意思表示，是订立合同的必经阶段。一般来说，要约是一种订约行为。《合同法》第14条规定，"要约是希望和他人订立合同的意思表示"。可见，要约是一方当事人以缔结合同为目的，向对方当事人所作的意思表示。

要约，又称为发盘、出盘、发价、出价或报价等。要约在国际商贸实践中称为发盘或出盘，在商业活动中有时也叫发价、出价或者报价。发出要约的一方叫要约人，接受要约的一方或要约所指向的人称为受要约人或相对人（如受要约人做出承诺，则称其为承诺人），简称受约人。

★案例链接

某市建筑公司 C 急需水泥，遂向 A 和 B 发出电报，电报称："我公司急需建筑用水泥500 吨，如贵厂有货，请于见电报之日起两日内通知我公司，我公司将派技术员前往验货并购买。"A 和 B 在收到电报后均向 C 回电并报了价。其中 A 在回电同时将 200 吨水泥运往 C 所在地。在该批水泥到达前，C 得知 B 的质量较好，且报价合理，于是便又向 B 发电报一份："我公司愿购买贵厂 500 吨水泥，盼速发货，运费由我方出。"当天下午，A 的水泥运到，而 C 告诉 A 他们已决定购买 B 的水泥。A 认为 C 既然发出了要约，自己又在规定时间内做出了承诺，C 就应受要约约束，不应不守信用。

要约是希望和他人订立合同的意思表示。这说明：首先，要约既不是事实行为，又不是法律行为，只是一种意思表示。其次，要约的目的，是希望与相对人订立合同；若无此目的，即不构成要约。要约邀请是当事人订立合同的预备行为，在发出要约邀请时，当事人仍处于订约的准备阶段，其目的在于引诱他人向自己发出要约。其内容往往是不明确、不具体的，其相对人是不特定的。所以，要约邀请不具有要约的约束力，发出要约邀请的人不受其约束。

需要注意要约和要约邀请的区别：首先，要约的目的是与他人订立合同，而要约邀请的目的是要对方想跟自己订立合同；其次，要约一发出，要约人即受法律约束；而要约邀请发出后，对于要约邀请人来说是没有法律上的意义的。

2. 承诺

承诺是指受要约人同意接受要约的条件以缔结合同的意思表示。承诺的法律效力在于一经承诺并送达于要约人，合同便告成立。承诺的效力在于使合同成立，订立合同的阶段结束。

由于承诺一旦生效，将导致合同的成立，因此承诺必须符合一定的条件。在法律上，承诺必须具备以下条件，才能产生法律效力：

（1）承诺必须由受要约人向要约人做出。

（2）承诺必须在规定的期限内达到要约人。

（3）承诺的内容必须与要约的内容一致。

（4）承诺的方式符合要约的要求。

承诺原则上应采取通知方式，但根据交易习惯或者要约表明可以通过行为（如意思实现）做出承诺的除外。这里的行为通常是履行行为，如预付价款、装运货物，或者在工地上开始工作等；也可体现为受领行为，即表示合同成立的取得权利的行为，如拆阅现物要约所寄来的书。

★ 案例链接

大名农场向多家果品加工企业寄送了水果品种简介及价目表。甲企业收到后，立即回电表示希望按照价目表所列价格购买苹果100吨，并要求一周内运至指定地点。农场收到电报后立即装车发货。第五天，大名农场将苹果运至指定地点。此时，当地水果已经大幅度降价，甲企业遂要求农场按市场价销售。遭到拒绝后，甲企业拒不收货，并表示自己不收货因双方合同不成立。大名农场则认为合同已经成立，便诉至法院，要求甲企业履行合同。

本案例中，甲企业向大名农场发出的回电，内容清楚、具体，属于要约，具有法律上的约束力；而大名农场接电后立即装车发货，并在约定时间运至指定地点，是以实际履行合同的行为进行了承诺（《合同法》规定，承诺应当以通知的形式做出，但根据交易习惯或者要约表明可以以通过行为做出承诺的除外）。因此，双方的合同自承诺生效时已经成立。甲企业应承担违约责任。

（三）合同订立的原则

1. 平等互利原则

平等互利原则是指合同当事人的民事法律地位平等。要求当事人之间在订立合同时应平等协商，任何一方不得将自己的意志强加给另一方。当事人之间要互利，不得损害对方利益。

2. 自愿原则

自愿原则是指当事人依法享有自愿订立合同的权利，任何单位和个人不得干预。当事人在法律规定的范围内，可以按照自己的意愿订立合同，自主地选择订立合同的对象、决定合同内容及订立合同的方式。

3. 公平原则

公平原则要求合同双方当事人之间的权利义务要公平合理，要大体上平衡，强调一方给付与对方给付之间的等值性，合同上义务的负担和风险的合理分配。在订立合同时，要根据公平原则确定双方的权利和义务。不得欺诈，不得假借订立合同进行恶意磋商。

4. 诚实信用原则

诚实信用原则是指当事人在订立合同时诚实守信。不得隐瞒事实的真相，诱使对方签订意思表示不真实的合同。

二、商务合同的含义及内容

（一）商务合同的含义

商务合同是指当事人在商务活动中为了实现一定目的而设立、变更、终止民事权利、义务关系的协议，也称契约。

（1）合同是当事人意思表示一致的结果。当事人意思表示不一致，合同就不能成立，这是订立合同的首要条件，因为合同是属于双方或多方的法律行为。

当事人意思表示一致，就是指当事人各方想要达到的目的一致。但并不代表意思表示的一致，在有的合同中当事人的意思表示是对应的。比如，在货物买卖合同中，一方要卖，一方要买，意思表示对应，但买卖双方想转移标的物所有权以取得利益，则是一致的。

（2）合同是合法的民事行为。合同之所以能够发生法律效力，就是由于当事人在订立、履行合同时遵守法律、行政法规，尊重社会公德，不扰乱社会秩序、损害社会公共利益，因而被国家法律承认和保护。否则，不但得不到国家法律的认可和保护，并且要承担由此而产生的法律责任。

（3）合同依法成立，就具有法律约束力。依法成立的合同对当事人具有法律约束力，即当事人在合同中约定的权利义务关系发生法律效力。当事人应当履行自己的义务，任何一方不得擅自变更合同的内容。

（二）商务合同的形式

商务合同的形式是指商务合同当事人达成协议的表现形式。依据《合同法》的规定，当事人订立合同可以采取以下几种形式。

1. 书面形式

书面形式指商务合同是以合同书、信件和数据电文（包括电报、电传、传真、电子数据交换和电子邮件）等可以有形地表现所载内容的形式进行的。书面合同最大的优点是合同有据可查，发生纠纷时容易取证，便于分清责任。因此，对于关系复杂的合同、重要的合同，最好采用书面形式。

2. 口头形式

口头形式是指商务活动当事人以谈话方式所订立的商务合同，如当面交谈、电话交谈等。口头形式的缺点是发生合同纠纷时难以取证，不易分清责任。一般来讲，对于不能即时签订的较重要的商务合同，不宜采用口头形式。

3. 推定形式

当事人未用语言、文字表达其意思，仅用行为向对方发出要约，对方接受该要约，以做出一定或指定的行为承诺，合同成立。如租期届满后，承租人继续交纳房租，出租人接受房租，由此可推知当事人双方做出了延长租期的法律行为。

（三）商务合同的主要内容

商务合同的内容是指商务合同当事人依照约定所享有的权利和承担的义务。商务合同的内容通过商务合同的条款来体现，由商务合同的当事人约定。因商务合同的种类不同，其内容也有所不同，但一般来说，商务合同的内容主要有以下方面。

1. 当事人的名称（或姓名）和住所

名称，是指法人或者其他组织在登记机关登记的正式称谓；姓名是指公民在身份证或者户籍登记表上的正式称谓。住所对公民个人而言，是指其长久居住的场所；对法人和其他组织而言，是指主要办事机构所在地。当事人是合同法律关系的主体，因此，在合同中应当写明当事人的有关情况，否则，就无法确定权利的享有者和义务的承担者。

2. 标的

标的是商务合同当事人的权利义务所共同指向的对象，就是合同法律关系的客体。在商务合同中标的必须明确、具体、肯定以便商务合同的履行。合同的标的可以是物、劳务、智力成果等。

3. 数量

数量是以数字和计量单位对商务合同标的进行具体的确定，标的的数量也是衡量合同身价的尺度之一。数量也是确定商务合同当事人权利义务范围、大小的依据，如果当事人在商务合同中没有约定标的数量，也就无法确定双方的权利和义务。

4. 质量

质量是以成分、含量、纯度、尺寸、精密度、性能等来表示合同标的内在素质和外观形象的优劣状态。如产品的品种、型号、规格、等级和工程项目的标准等。合同中必须对质量明确加以规定。

5. 价款或者报酬

价款或者报酬，又称价金，是当事人一方取得标的物或接受对方的劳务而向对方支付的对价。在商务合同标的为物或智力成果时，取得标的物所应支付的对价为价款；在合同标的物为劳务时，接受劳务所应支付的对价为报酬。

价金一般由当事人在订立商务合同时约定，如果是属于政府定价的，必须执行政府定价。如果是属于政府指导价的，当事人确定的价格不得超出政府指导价规定的幅度范围。

6. 履行期限、地点和方式

履行期限是当事人履行合同义务的时间规定。履行期限是衡量商务合同是否按时履行的标准，当事人在订立商务合同时，应将商务合同的履行期限约定得明确、具体。

履行地点是当事人履行义务的空间规定，即规定什么地方交付或提取标的。当事人订立商务合同时要明确规定履行合同的地点。

履行方式是当事人履行义务的具体方式。商务合同履行的方式依据商务合同的内容不同而不同。

7. 违约责任

违约是当事人没有按照商务合同约定全面履行自己义务的行为。违约责任，是指商务合同当事人因违约应当承担的法律责任。当事人为了确保商务合同的履行，可以在商务合同中明确规定违约责任条款。承担违约责任的方式一般是违约方向对方支付违约金或赔偿金。

8. 争议的解决方法

争议的解决方法是当事人在履行合同过程中发生争议后，通过什么样的方法来解决当事人之间的争议。争议的解决方法有协商、调解、仲裁和诉讼。

三、商务合同的履行

商务合同的履行是指商务合同生效后，当事人按照商务合同的规定，全面完成各自承担的义务。商务合同的履行是商务合同法律约束力的具体表现，当事人应当按照约定全面履行自己的义务。

（一）商务合同履行的原则

1. 实际履行原则

实际履行原则是指当事人按照合同约定的标的完成合同中各自义务的原则。具体含义是：在履行合同过程中，要按照约定的标的来履行，不能用其他标的代替原合同标的履行。也就是说，对有效成立的合同，其约定的标的是什么，当事人就应该履行什么样的标的；实际履行标的，不能以其他方式代替原标的履行。义务人如果不能按合同约定的标的履行，就要承担违约责任。如果合同的标的在合同履行之前不存在，或者是履行原合同约定的标的没有实际意义，或者履行原合同的标的已经没有必要，可以以其他方式来代替原合同标的的履行。

2. 全面履行原则

全面履行原则是指当事人按照合同约定的全部条款来履行自己的义务。就是按照约定的数量、质量、价金、履行期限、履行地点全面完成合同约定义务的履行原则。

3. 协作履行原则

协作履行原则是指合同当事人不仅要履行自己的合同义务，同时应协助对方当事人履行合同义务的履行原则。

在合同的履行中，如果只有一方当事人的给付行为，没有对方当事人的接受，合同订立的目的仍不能实现。在技术开发合同、技术转让合同等合同中，债务人实施给付行为也需要债权人的积极配合，否则，合同的内容也不能实现。因此合同的履行不仅需要债务人的履行，也需要债权人配合，因此协助履行是债权人的义务。只有双方当事人在合同履行过程中相互协作，合同才会得到适当履行。

4. 经济履行原则

经济履行原则是指要求在履行合同时，讲求经济效益。

在履行合同过程中要贯彻经济合理原则，债务人在履行债务时可以选择合理的运输方式、合理的履行期限履行合同义务，当履行原合同的费用超过原合同的价值时，可以适当考虑用其他方法来代替原合同的履行。

（二）商务合同内容约定不明确的履行规定

商务合同的条款应当明确具体，以便合同的履行。但由于主观或客观的原因，有时商务合同的条款欠缺或约定不明确，在履行这些条款时，当事人可以达成补充协议；不能达成补充协议的，按照《合同法》的规定采取一系列补救措施。

（1）质量要求不明确的履行，按照国家标准、行业标准履行；没有国家标准、行业标准的，按照通常标准或者符合合同目的的特定标准履行。

（2）价款或者报酬不明确的履行，按照订立合同时履行地的市场价格履行；依法应当执行政府定价或者政府指导价的，按照规定履行。

（3）履行地点不明确的履行，给付货币的，在接受货币一方所在地履行；交付不动产的，在不动产所在地履行；其他标的，在履行义务一方所在地履行。

（4）履行期限不明确的履行，债务人可以随时履行，债权人也可以随时要求履行，但都应当给对方必要的准备时间。

（5）履行方式不明确的履行，按照有利于实现合同目的的方式履行。

（6）履行费用不明确的履行，由履行义务一方负担。

四、合同权利义务的终止与违约责任

（一）合同权利义务终止

合同权利义务终止，是指合同当事人之间合同关系的消灭，原合同中约定的当事人之间的权利义务关系消灭。依据《合同法》的规定，合同中权利义务关系有下列情形之一的即行终止：

（1）债务已经按照约定履行。

（2）合同解除。

（3）债务相互抵消。

（4）债务人依法将标的物提存。

（5）债权人免除债务。

（6）债权债务同归于一人。

（7）法律规定或者当事人约定终止的其他情形。

合同的权利义务终止后，当事人应当依照《合同法》的规定，遵循诚实信用原则，根据交易习惯履行通知、协助、保密等义务。

（二）合同解除

合同解除，是指合同有效成立后，还没有完全履行之前，因当事人一方或者双方的原因而使合同权利义务终止的一种法律行为。

1. 约定解除

约定解除指合同当事人依法可以通过协商解除合同。《合同法》规定，经当事人协商一致，可以解除合同。当事人可以约定解除合同的条件。当解除合同的条件成立时，权利人可以解除合同。

2. 法定解除

法定解除是指当事人之间的合同，因法定事由的出现，当事人依法行使合同解除权而解除合同。依据《合同法》的规定，有下列情形之一的，当事人可以解除合同：

（1）因不可抗力致使不能实现合同目的。

（2）在履行期限届满之前，当事人一方明确表示或者以自己的行为表明不履行主要债务。

（3）当事人一方迟延履行主要债务，经催告后在合理期限内仍未履行。

（4）当事人一方迟延履行债务或者有其他违约行为致使不能实现合同目的。

（5）法律规定的其他情形。

法律规定或者当事人约定有解除权行使期限的，当事人在期限届满前不行使的，期限届满后，该权利消灭。法律没有规定或者当事人之间没有约定合同解除权行使期限的，如果经对方催告后在合理期限内不行使的，合同解除权消灭。

当事人一方依照约定一方解除合同的条件成立或有前述解除合同的情形之一而当事人主张解除合同的，应当通知对方。合同自通知到达对方时解除。对方有异议的，可以请求人民法院或者仲裁机构确认解除合同的效力。

法律、行政法规规定解除合同应当办理批准、登记等手续的，依照其规定。

合同解除后，原合同尚未履行的，终止履行；原合同已经履行的，根据实际情况和合同的性质，采取其他补救措施。合同权利义务关系终止，原合同中结算和清理条款仍然有效。

（三）违约责任及其承担的形式

1. 违约责任

违约责任是指合同当事人违反合同的约定所应当承担的法律责任。依法订立的合同，具有法律约束力，当事人应当按照合同的约定全面履行自己的义务，否则，就要承担违约责任。违约责任制度是保证当事人履行合同义务的重要措施，使合同具有法律约束力，有利于促进合同的履行和弥补违约造成的损失，对合同当事人和整个社会都是有益的。

2. 承担违约责任的主要形式

根据《合同法》的规定，承担违约责任的形式主要有继续履行、赔偿损失、支付违约金、定金等。

（1）继续履行。继续履行是指一方当事人在拒不履行合同或者不适当履行合同的情况下，另一方不愿解除合同，也不愿接受违约方以金钱赔偿方式代替履行合同，而坚持要求违约方履行合同约定的给付的一种违约责任的承担方式。

继续履行在以下三种违约情况下适用：

①债务人无正当理由拒不履行合同，债权人可以要求其履行。《合同法》规定，当事人一方未支付价款或者报酬的，对方可以请求其支付价款或者报酬。

②债务人不适当履行合同，债权人可以请求继续实际履行。《合同法》规定，当事人一方不履行非金钱债务，或者履行非金钱债务不符合约定的，对方可以请求履行。

③债权人迟延受领的，债务人则可请求债权人履行受领债务人给付的义务。

（2）赔偿损失。当事人一方不履行合同义务或者履行合同义务不符合约定的，在履行义务或者采取补救措施后，对方还有其他损失的，应当赔偿损失。

赔偿损失的金额应当以因违约所造成的损失为限，包括权利人的直接损失和间接损失，但不得超过违反合同一方订立合同时预见到或者应当预见到的因违反合同可能造成的损失。

当事人一方违约后，非违约方应当采取适当措施防止损失的扩大；如若没有采取适当措施，而放任损失扩大的，不得就扩大的损失要求赔偿。当事人因防止损失扩大而支出的合理费用，由违约方承担。

（3）支付违约金。违约金是指由当事人通过协商预先确定或者法律直接规定的，当一方违约时，违约方向对方支付的一定数额的货币。《合同法》规定，当事人可以约定一方违约时应向对方支付一定数额的违约金，也可以约定违约责任发生后违约金的计算方法。

如果约定的违约金过分低于造成的损失，债权人可以请求人民法院或者仲裁机构予以增加；如果约定的违约金过分高于造成的实际损失，债务人可以请求人民法院或者仲裁机构予以适当减少。

当事人就迟延履行支付违约金的，违约方支付违约金后，非违约方要求继续履行合同的，违约方应当继续履行。

（4）定金。定金是指合同当事人约定一方事先向对方所支付的一定数额的货币，以担保合同的履行。《合同法》规定，当事人可以依照《中华人民共和国担保法》的规定，约定一方向对方给付定金作为债权的担保。债务人履行债务后，定金应当抵作价款或者收回。如果给付定金的一方违约，无权要求返还定金；接受定金的一方违约，应当双倍返还定金。

因此当事人为了避免失去定金或者加倍返还定金，就必须严格履行已经生效的合同，从而起到合同担保的作用。

3. 免责事由

免责是指在合同履行的过程中，因出现了法定的免责条件或合同约定的免责事由，违约人将因此而免于承担违约责任。这些法定的免责条件和约定的免责事由被统称为免责事由。《合同法》仅承认不可抗力为法定的免责事由。

第三节　索赔与理赔策略

买卖双方在履行合同过程中发生争议，对争议的处理往往归结为索赔与理赔，即交易一方认定对方违约对己方造成损害而向对方索取赔偿；被索赔的一方则对索赔的要求进行处理。在商品交易活动中，索赔和理赔涉及面广、业务技术强，需要审慎对待。

一、索赔与理赔的特征

索赔与理赔的特征主要体现在以下四个方面。

（1）以合同为唯一基础和标准。判断违约不违约，守约不守约，是以合同为唯一基础条件的，合同是判定是否违约的唯一标准。

（2）重视证据。违约后就要承担赔偿责任，这时就需要提供翔实的证据来使索赔成立。不同情况下需要不同的证据，如对质量问题，需要技术鉴定书；对数量问题，要有商检的记录。有的还需要提供电传、传真、照片、录像、信件等证据。总之，"证据"是确立索赔与理赔的重要法律依据。

（3）重视时效。不管谈判的标的物是什么，索赔的权利是有期限的，过期则不负责任。如有的合同规定在"交货后几个月""交工后几个月""验收后几个月"可以索赔；有的则以地点为界，如"货物到达某地之前的问题可以索赔"等。因此，在任何合同签订时都要注意索赔期。

（4）注意处理好双方关系。在索赔过程中，既要维护自己的合法权益，又要处理好双方之间的关系。对于签约人之间有着良好的往来且过去信誉一直比较好的，那么对偶尔发生的索赔，通过协商很容易就能处理。对于有些通过协商无法解决的索赔，则需要通过诉诸法院，由仲裁法庭做出法律性决定，进行"强行索赔"。

二、索赔与理赔的技巧

1. 把握时机

提出索赔的一方要在规定的期限内提出索赔要求。关于索赔期限，除原合同中有特殊规定外，通常规定货物索赔期限为货物到达目的地后的 30～45 天。一旦超过这个期限，即使能提供充分有力的证据，对方也会拒绝受理。

2. 划清责任在先，讨论索赔在后

在索赔谈判中，要先把合同争议搞清楚，分析原因，明确责任，在此基础上再讨论索赔问题。在处理贸易争议和索赔中，不仅要掌握对方理赔的态度和可能采取的对策，还要了解有关法律、货运、储存、检验和公证手段等情况。进出口业务的索赔还要掌握国际贸易管理方面的知识，以便掌握谈判的主动权。

3. 利用对方维护其信誉的心理

一个有声誉的企业，会希望尽快解决索赔纠纷，不愿意在这些问题上纠缠，以免事态扩大影响到企业业务的开展。索赔一方如能及时掌握这一点，就应当适时地给对方加一些压力，如制造舆论，提出要通过仲裁和法律手段解决等，以求对方及早做出让步，从而获得满意的索赔结果。

4. 分寸适度

在索赔、理赔谈判中，既要据理力争，又要表现出充分的耐心，不要急于求成，以免造成僵局。不到万不得已，不要轻易申请仲裁和诉讼，以免影响双方以后的合作。

课后习题

【基本目标题】

一、单项选择题

1. 你为处理某桩买卖纠纷到达深圳，并通知香港客商到深圳面议。但后来你发现对方并非卖主本人，而是他的下属。在这种情况下，你应该（　　）。

    A. 坚持与卖主本人谈判

    B. 问该人是否能够全权代理，而无须征求卖主本人的意见

    C. 以边谈边看的方式和该代理进行谈判

    D. 无所谓，反正握有主动权

2. 谈判人员一般都将（　　）作为商务谈判中最重要的条款，因为它是涉及双方利益的关键问题。

    A. 交易价格　　　　B. 物质利益　　　　C. 利润率　　　　D. 对方让步

3. （　　）曾经说过："谈判桌前的结果完全取决于你能在多大程度上抬高自己的要求。"

    A. 基辛格　　　　B. 莎士比亚　　　　C. 周恩来　　　　D. 毛泽东

二、多项选择题

1. 在使用最后期限策略时，应注意（　　）。

    A. 不要激怒对方　　　　　　　　B. 给对方一定的时间考虑

    C. 对原有条件适当让步　　　　　D. 不给对方回旋的余地

2. 判断商务谈判成功的标准是（　　）。

    A. 谈判目标的实现程度　　　　　B. 建立谈判关系

    C. 是否建立并改善了人际关系　　D. 履行协议

3. 成功的谈判模式包括（　　）。

    A. 制定谈判计划　　　　　　　　B. 谈判是否富有效率

    C. 达成协议　　　　　　　　　　D. 谈判对手是否失败

    E. 维持良好关系

三、简答题

1. 商务谈判成交阶段的策略有哪些？

2. 成交应具备哪些条件?

3. 合同是什么?

4. 商务合同订立的原则有哪些?

5. 索赔和理赔可以运用哪些技巧?

【升级目标题】

四、案例分析

速达电子公司的一个客户有个奇怪的习惯,每次业务人员和电子公司谈妥所有条件后,客户公司的经理就会出面要求业务人员再给两个优惠。开始时速达电子公司还据理力争,想把对方这一要求挡回去,后来打交道多了之后,就干脆在谈判的过程中预留两项,专门等待对方经理来谈,然后爽快答应,双方皆大欢喜。

速达电子公司谈判成功的原因是什么?

五、技能训练

实训内容:拟定一份西装贸易合同

实训目标:通过实训,掌握商务合同的基本形式,熟悉商务合同的签订方法,了解商务合同签订过程中的注意事项。

实训组织:

(1) 学生分成若干谈判小组,每组成员 3~5 人,选出组长。

(2) 指导教师讲解基本格式,并出示式样。

(3) 小组互换点评拟定的贸易合同。

★补充阅读

华爵和凯联的谈判

本次谈判华爵是主方,凯联是客方,这次是凯联总经理带领重要人员到华爵的总部厦门进行谈判。

背景:凯联股份有限公司目前已确定在南京开发一个总投资达 45 亿元人民币的生态社区,位于南京奥体中心生态城的这个生态社区项目,占据了生态城 3 个相邻地块,预计总建筑面积将达到 36 万平方米。首期开发的约 450 套高层公寓住宅预计在 ×× 年下半年开盘,而整个项目将在 ×× 年全部建成,其中 200 套别墅的建造与装修将由凯联股份有限公司全权负责,它的设计与装修理念体现"人、自然、社会"的完美结合。该工程别墅将临水而建,让居住者感受到"小桥,流水,人家"的氛围。

1. 开局阶段

双方坐定,华爵总经理介绍自己和相关人员,凯联总经理介绍自己及相关人员。

(凯联)总经理:刘总,你好,我公司预计向贵公司初步购取各类实木地板 250 万平方米。希望贵公司提供优质的实木地板材料以及合理的价格。关于之前贵公司给我们的产品方案,我们已经初步看过,我认为这个方案非常好,尤其是在细节方面我们相当满意。

(华爵)总经理:感谢陈总对我们公司的认可,那么这次谈判我们就产品的价格、质量、运输和支付问题做一个商定。

(华爵)总经理:相信贵公司在之前已经对我们公司有一定的了解,华爵韦达木材有限公司前身是中国最大的实木地板制造商上海华爵地板有限公司,我们无论在产品质量还是在售后服务方面，都在社会专业界得到了广泛的认可。下面由我们的销售经理向贵公司对我们产品做一个简单的介绍。

（华爵）销售经理：我们的实木地板以天然木材为原料，从面到底是同一树种加工而成的地板。优点：由于其选用天然材料，始终保持自然本色，不会产生污染，不易吸尘，是名副其实的绿色建材产品，容易配衬各款家具装饰。缺点：对潮湿及阳光的耐性差，潮湿易令木材膨胀，干透会使木材收缩，因而会导致隙缝的产生甚至屈曲翘起，需要定期打蜡。下面由我们的财务部经理给大家介绍一下各项实木地板的具体价格。

2. 磋商报价

（华爵）财务部经理：大自然实木地板每平方米 500 元。

（凯联）总经理：贵公司的报价真的让我们难以接受，相信大家既然坐在这里，就很有诚意合作，因此我希望贵公司拿出点诚意来，免除这些账面上的虚理。

（华爵）总经理：那么你们在价格上有什么意见，如果合理的话，我们也会虚心接受。

3. 讨价还价

（凯联）总经理（与财务部经理等人私下低语）：刚刚经过简单的交流，我们给予贵公司的价格是所有种类实木地板价格的三折，每平方米 150 元。

（华爵）总经理：这个价格是前所未有的，恕我们不能接受。相信贵公司也知道当前实木地板的行情，这是一份最新的实木地板的价格走势。

（华爵）销售部经理：目前，国内市场已逐步趋稳，楼市开始活跃，随着经济刺激政策的推动，我认为今明两年实木地板市场需求将会呈现稳步增长，价格可能小幅波动，总体趋向稳中有升的局面。这是我公司以前做的一些装修实木地板的案例，我只是想向贵公司再次强调我们的产品绝对有质量保证与优势（再次强调公司地板的优点），我们的实木地板是其他公司所无法比拟的！

（凯联）采购部经理：我们选择贵公司当然是在一定程度上肯定了贵公司的能力以及你们产品的质量，实话说在这之前我们对所有著名地板品牌做了详细的了解，我们很开心，你们公司的大自然实木地板在我国乃至国际地板界都占有一席之地。

（华爵销售部经理适当点头并道谢）

（凯联）采购部经理：但是大家都知道，实木地板取材自天然木料，工艺上不需要经过任何处理，直接用设备加工而成，最大的优点是自然舒适。而它的缺点也显而易见：干燥要求较高，不宜在湿度变化较大的地方使用，否则易发生胀缩变形；怕酸、碱等化学药品腐蚀，怕灼烧。用一句通俗的话来说，它就像一位娇贵的姑娘需要我们时时去呵护。实不相瞒，这次我们选择贵公司的实木地板就是看中它取材于自然而优于自然，很符合我们这次的设计装修理念。据我们了解，贵公司目前的主打产品还是实木地板，但是我们相信，贵公司在实木地板的维护方面一定花费了不少的人力与资金，恰恰我们公司的庞大进货可以大大减少贵公司的烦恼。薄利多销这句话相信无论在哪里都适用，那么贵公司何不考虑考虑呢？

（华爵）采购部经理：贵公司的话相当有理，确实贵公司对于我们来说是一个很大的客户，那么这样吧，贵公司能接受的最高价格是多少？

（凯联）财务部经理：最高价格相信我们在开始就已经给了贵公司，当然我们也可以做适当的让步，这样，我们全部产品 3.5 折购买，但是对番龙眼我们给的最高价格只能是每平方米 120 元。

（华爵）总经理：这种价格我们不可能接受，可以说在任何地方你都不会以这种价格成交！

（凯联）法律顾问：据我们了解，贵公司在上海的一家长期客户，美家临装饰装修公司于今年刚刚宣布破产，我们可不可以这样说，这估计会给贵公司的利润甚至是经营上带来一定的影响，那么在这个时候何不放低价格寻求像我们这样的一个大客户作为长期合作伙伴呢？

（华爵）法律顾问：美家临公司确实是我们之前的一个客户，但是我们公司经营面之广、资金之雄厚，目前股市市值每股都保持在 10 元以上，我相信它的破产没有给我们带来任何影响！

（华爵）总经理：我想听听贵公司对各类实木地板分别购买多少呢？

（凯联）销售经理：目前我们对各类实木地板没有准确的购买数字，但是初步的计划是：番龙眼不少于 100 万平方米，贵族尊品系列 96S16 - 柞木约 80 万平方米，大自然实木地板赛鞋木豆和新森等其他木材各约 50 万平方米。再者其他木材我们后期会根据质量价格以及消费者的满意度增加购买。

4. 第二次报价

（华爵）总经理（私下与众人商讨）：根据贵公司的具体购买情况，我们给予的让利价格是各类实木地板 6 折，其中番龙眼每平方米 300 元，贵族尊品系列 96S16 - 柞木每平方米 260 元。

（凯联）总经理：这个价格我们不能满意，如果可以的话，我们能给的最高价位只能是 4 折。

5. 僵局

（冷场 3 秒）

（华爵）总经理：这样吧，既然在价位上我们暂时不能达成一致，就先把这个问题放一放。我们先看看在产品质量上大家有什么看法吧。嗯，说起服务质量，我想请大家先看看我们对大自然实木地板在网上做的一项客户满意度调查。

（华爵）销售部经理（发两张大自然实木地板的消费调查满意表）：相信大家可以看到我们公司在客户中有相当好的口碑……

（凯联）总经理：这份调查表可以说我们很满意，对贵公司的产品在质量上我们还是很认可的。但是你们也知道，我们这次的项目之大是前所未有的，而且为了迎合××年××市××青年奥运会，所以在细节上我们的要求会非常严格。这份"实木地板细节要求表"将由我们的技术部经理和大家解说一下。

（凯联技术部经理分发要求表，解说上面的内容，对其中几点进行细讲，其他一笔带过）

（华爵技术部经理与总经理等人看要求表大约 1 分钟，商量）

（华爵）技术部经理：技术要求方面我相信对于敝公司来说是完全有能力满足的，我相信我们会给贵公司一个满意的地板装修成品。但是这样一来验货上肯定是要花费一定的人力物力，我们希望贵公司在交货的期限上可以放宽一点，不知意下如何？

（凯联技术部经理和总经理低语几句）

（凯联）技术部经理：这个我们当然可以允许！

（凯联）总经理：这个问题大家已经达成了共识，那么下面我们可以就运输与支付问题做进一步的探讨，你们看怎么样？

（华爵）销售部经理：我想这是一个单线运输，航线是厦门到南京。可以的话我们采用集装箱水运与火车运输相结合，由厦门到上海采用水运集装箱，再由火车运往南京，你看可不可以？

（凯联）总经理：这方面我们绝对相信贵公司会做出最优的选择，我们绝对支持。但是我也刚刚和我们的技术部经理谈过，她觉得就在海上运输造成的质量问题有必要做一些确认。

（华爵）销售部经理：这个当然可以，请说！

（凯联）技术部经理：在运输过程中尤其是海上运输，若是遇到雨水造成地板的色差、胀缩变形等问题，我们希望由贵公司负责。也就是说，我们希望在无自然灾害的前提下，这批实木地板在到达我们公司时，它的质量是完全合格的。

（华爵）销售部经理：这个是当然，我们绝对有责任在运输过程中保证它的质量，但是相对于实木地板，这批运输费用将是一笔不小的数目，不知道贵公司有没有什么意见？

（凯联总经理以及财务经理等人私下交谈）

（凯联）总经理：刚刚我们的总经理以及财务经理一致认为我们将全权为这次运输的合理费用买单，不知道这能不能令贵公司满意。

（华爵）总经理：这个我们当然十分乐意，那么就支付问题，我想我们谈一下，如果贵公司能够一次性支付所有项目的款项，我们会给予相当的优惠措施（以手示意财务部经理）。

（华爵）财务部经理：我们会在开始的各项地板的价格上再做相应的让利，并且放宽质量保障期，对购买超过100万平方米的实木地板，我们另赠送价值10万元对应产品的现金券。

（凯联）财务部经理：实不相瞒，目前在资金转化上我们不能满足贵公司的要求，但是我们有必要使你们相信，我们公司是有能力支付贵公司的一切费用的。这份是我们公司年度对外利润报表（发报表并做讲解），所以我们公司决定预先支付所有包括运输费用的20%，在所有产品运输到位并且无质量问题的前提下，我们公司将分3个月偿还所有的费用并且按当时市场上的最高利率计算费用。不知道贵公司能不能接受这个要求？

（华爵所有人在一起商量，技术部经理与法律顾问再在一起探讨）

（华爵）技术部经理：这个要求我们可以满足，但是根据我们的法律顾问的要求，在合同上必须写清楚"按最高利率计算所有款项"这一点，且3个月后若贵公司无法偿还所有的款项，将做违约处理，不知道贵公司可不可以接受？

（凯联法律顾问与总经理等人一起讨论）

（凯联）法律顾问：经过我们的讨论，我们接受这个要求。

（凯联）技术部经理：但是我们也有一个要求，相信贵公司也知道，实木地板的维护与保养是一个很严格的问题，所以，在安装好的半年内如出现色差、变形等质量问题，我们要求无条件退换，在业主使用的两年内由贵公司相关人员上门进行定期保养。可以的话告诉业主正确的保养、使用知识与注意事项等。

（华爵）技术部经理：半年内出现色差、变形等质量问题我们接受无条件退换，但是定期保养所消耗的人力是巨大的，而且在后期的维护中出现的问题也会千奇百怪，这些问题的处理将会给我们带来相当大的困扰，所以我们一致决定免费保养期改为一年，之后若是继续保养维护我们会相应地收取一定的费用。

（凯联）技术部经理：这个我们可以接受。

（凯联）总经理：那么大家还有什么其他问题呢？

（华爵所有人私下交流 5 秒）

（华爵）总经理：我方目前除价格外都非常满意，已经没有其他问题。

（凯联）总经理：那么我们就再一次地讨论一下价格问题。

（华爵）销售部经理：我们知道贵公司对我们来说是一个相当大的客户，这也是我们的第一次合作，我相信只要你们使用了我们的产品，一定会对我们的产品有相当的了解，我们也期待还有下一次的合作，所以我们给予的最大让利是各类实木地板 4.8 折，其中番龙眼每平方米 250 元，贵族尊品系列 96S16 - 柞木每平方米 220 元。

（凯联）总经理：我相信我们公司在房地产甚至装修领域有相当广的人脉关系，如果这次的合作成功，对贵公司的产品在使用后不出意外有很好的了解，我们可以做长久的合作，在我们新建的二期项目也会与贵公司合作，并且为贵公司介绍一些潜在的客户，所以我们最后的最高价格是各类实木地板 4.2 折，其中番龙眼每平方米 230 元，贵族尊品系列 96S16 - 柞木每平方米 200 元。不知贵公司意下如何？

（华爵财务部经理私下计算各种地板打折后的价格，并告诉总经理等人）

6. 结束阶段

（华爵）总经理（微微点头）：虽然这个价格是我们公司历史以来的最低价，但是我们愿意和贵公司合作！那么这次的谈判应该说非常顺利，虽然这是我们第一次合作，但是不减我们双方的默契呀，我相信你公司使用我们的产品后会对我们更加有信心！

（凯联）总经理：这是必然的，我也期待我们的下一次合作！

（华爵法律顾问在总经理的耳边低语，说一些关于合同的准备事项）

（华爵）总经理：刚刚我们的法律顾问已经把合同准备好了，如果现在准备签字仪式，不知道贵公司有什么意见？

（凯联）总经理：这很好，我们没什么意见。

华爵和凯联总经理坐在一起，其他人站在后面，双方翻看内容，并签字握手。

谈判结束。

第三篇

辅助模块

掌握商务谈判语言技巧

★任务简介

本任务共分五节，主要介绍商务谈判中的语言技巧，涵盖谈判的语言类型，谈判语言中说服、倾听、提问、回答和拒绝等技巧，并阐述了从事商务人员需具备的肢体语言技巧。

★基本目标

了解商务谈判用语的原则，掌握商务谈判中说服、倾听、提问、回答、拒绝等技巧及其要求，并熟悉商务谈判中的肢体语言。

★升级目标

学会在商务谈判中灵活运用说服、倾听、提问、回答、拒绝等技巧，并且在商务谈判中能理解和使用肢体语言。

★教学重点与难点

教学重点：
1. 商务谈判语言类型。
2. 商务谈判用语的原则。
3. 商务谈判中说服的技巧。
4. 商务谈判中倾听的技巧。
5. 商务谈判中提问、回答、拒绝等技巧。

教学难点：
商务谈判中的肢体语言技巧。

商务谈判不仅在商务活动中占据相当大的比重，而且具有相当重要的地位。谈判的成功与否，直接关系到整个商务活动的效果，关系到企业能否在市场建立必要的销售网络，能否获得理想的合作伙伴，能否获得进入市场的良好途径等。要想在商务谈判中取得满意的效果，必须充分理解商务谈判的特点和要求。这不仅对那些以市场为舞台的企业经营者来说是必要的，而且对所有参与商务活动并希望取得理想效果的人们来说都是必要的。就其外部流程和形态而言，商务谈判又是双方谈判人员运用语言传达观点、交流意见的过程。因此，商务谈判中的语言运用，对谈判的进程与结果起着举足轻重的作用。

第一节　商务谈判语言概述

一、商务谈判语言分类

商务谈判的语言多种多样，从不同的角度或依照不同的标准，可以把它分成不同的类型：①按照语言表达方式，可以分为有声语言和无声语言；②按照语言表达特征，可以分为专业语言、法律语言、外交语言、文学语言和军事语言等。每种类型的语言都有各自运用的条件，在商务谈判中必须相机而定。

二、语言艺术在商务谈判中的重要性

（1）语言艺术是商务谈判人员表达自己观点的有效工具。在整个商务谈判过程中，谈判人员要把自己的判断、推理、论证的思维成果准确地表达出来，必须出色地运用语言艺术。

（2）语言艺术是通向谈判成功的桥梁。在商务谈判中，同样的一个问题或一段话运用恰当的语言艺术来表达，可以使对方听起来更有兴趣，并乐于听下去；否则，对方觉得是陈词滥调，会产生反感，进而抵触。

（3）语言艺术是实施谈判策略的主要途径。谈判策略的实施，必须讲究语言艺术。在商务谈判过程中，许多策略如软硬兼施、"红白脸"等的运用，都需要比较高超的语言技巧与艺术。

（4）语言艺术是处理商务谈判中人际关系的关键。成功的谈判应重视三个价值评判标准，即目标实现标准、成本优化标准和人际关系标准。在商务谈判中，除了争取实现自己的预定目标，努力降低谈判成本外，还应该重视建立和维护双方的友好合作关系，这需要谈判人员在沟通时准确地运用语言技巧。

★案例链接

美国一位著名的谈判专家有一次替他的邻居与保险公司交涉赔偿事宜，谈判是在专家的客厅里进行的，双方就保险理赔金额展开了谈判。

理赔员先发表了意见："先生，我们都知道你是谈判专家，一向都是针对巨额款项谈判，恐怕我方无法承受你的报价，我们公司若是只出100美元的赔偿金，你看如何？"

专家表情严肃，沉默着，据以往经验，不论对方提出的条件如何都应表示出不满，因为当对方提出第一个条件后，总是暗示着可以提出第二个，甚至是更多。

果然理赔员沉不住气了："抱歉，请勿介意我刚才的提议，我再加一点，200美元如何？"

"加一点？抱歉，无法接受。"

理赔员继续说："好吧，那么300美元如何？"

专家沉吟了一会儿道："300美元？嗯……我不知道。"

理赔员显得有点惊慌了，他说："好吧，400美元，这在以往的赔偿金额中算很高的了。"

"400美元？嗯……我不知道。"

"那就500美元好了！真的不能再高了。"

"500美元？嗯……我不知道。"

"这样吧，我们最多出到600美元。"

专家无疑又用了"嗯……我不知道"，谈判在继续进行着。

最后这桩理赔案终于以950美元的赔偿金额达成协议，然而邻居原本只希望得到300美元！

谈判是一项双方的交涉活动，每一方都在捕捉对方的反应，以确定自己的谈判方案。在这个过程中，谈判的语言技巧显得尤为重要。本案例中，理赔员本来想先发制人，在恭维对方的同时直接抛出自己的报价，占据谈判的主动权。但谈判专家始终以不变应万变，一句"嗯……我不知道"高深莫测，让对方始终猜不出底线。谈判专家和理赔员的一问一答其实都是在试探对方，这是双方博弈的一个过程。理赔员看似牢牢地掌握着报价的主动权，但其实他的每一次报价都是试探性的，谈判专家深谙理赔员的这种不确定的心理，变被动为主动，步步为营，直到大获全胜。

★案例链接

中国某公司与美国公司谈判投资项目。其间双方对原工厂的财务账目反映的原资产总值有分歧。

美方：中方财务报表上有模糊之处。

中方：贵方可以核查。

美方：核查也难，因为被查的依据就不可靠。

中方：美方不应该空口讲话，应有凭据证明查账依据不可靠。

美方：所有财务证均系中方工厂所造，我作为美国人无法一一核查。

中方：那贵方可以请信得过的中国机构协助核查。

美方：目前尚未找到可以信任的中国机构帮助核查。

中方：那贵方的断言只能是主观的，是不能令人信服的。

美方：虽然我方没有法律上的证据证明贵方账面数字不合理，但我们有经验，贵方的现有资产不值账面价值。

中方：尊敬的先生，我承认经验的宝贵，但财务数据不是经验，而是事实。如果贵方诚意合作，我愿意配合贵方查账，到现场一一核对物与账。

美方：不必贵方做这么多工作，请贵方自己纠正后，再谈。

中方：贵方不想讲理？我奉陪！

美方：不是我方不想讲理，而是与贵方的账没法说理。

中方：贵方是什么意思，我没听明白，什么"不是、不想；而是、没法"？

美方：请原谅我方的直率，我方感到贵方欲利用账面值来扩大贵方所占股份。

中方：感谢贵方终于说出了真心话，给我指明了思考方向。

美方：贵方应理解一个投资者的顾虑，尤其像我公司与贵方诚心合作的情况下，若让我们感到贵方账目有虚占股份之嫌，实在会使我方却步不前，还会产生不愉快的感觉。

中方：我理解贵方的顾虑。但在贵方心理恐惧面前，我方不能只申辩，这不是"老虎账"，来说它"不吃肉"。但愿听贵方有何"安神"的要求。

美方：我通过与贵方的谈判，深感贵方代表的人品，由于账面值让人生畏，不能不请贵方考虑修改问题，或许会给贵方带来麻烦。

中方：为了合作，为了让贵方安心，我方可以考虑账面总值的问题，至于怎么做账是我方的事。如果我没理解错的话，我们双方将就中方现有资产的作价进行谈判。

美方：是的。

对该案例进行分析，可发现：

（1）因为是合作性的谈判，双方均可以用文学用语开始调好气氛，减少对抗。再以商业法律语言讲实事，有问题讲问题。美方可以指出不妥或提出相应要求。中方也可以再做一次调账，然后再谈。运用一点外交用语，效果会更好。

（2）我方代表语言富有弹性、灵活、丰富。言语十分讲究，做到了语言含蓄幽默，具体生动。谈判中涉及账目，但是我方代表很有经验，避免了使用含有上下限的数值。

（3）熟练地运用了提问、回答、倾听等语言技巧，取得了非常好的效果。

三、商务谈判的用语原则

在谈判中，语言表达能力十分重要，因为叙事清晰、论点明确、证据充分的语言表达，能够有力地说服对方，取得相互之间的谅解，协调双方的目标和利益，保证谈判的成功。在谈判中，双方的接触、沟通与合作都是通过语言表达来实现的。说话的方式不同，对方接收的资讯、做出的反应也不同。这就是说，虽然人人都会说话，但说话的效果取决于表达的方式。谈判语言丰富多彩，但恰当的谈判语言都具有以下特征：

1. 客观性

商务谈判语言的客观性是指在谈判过程中，双方谈判人员的语言表述要尽可能尊重客观事实，反映客观事实，而不能信口开河，无限夸大事实。不管是商品的交换或劳务的交换，在商务谈判中总有供方和需方。从供方来说，谈判语言的客观性主要表现在：介绍本方的情况要真实，介绍商品性能、质量要恰如其分，介绍客户对本方产品的评价要实事求是，报价要恰当可行，要避免小摊贩那种"漫天要价，就地还钱"的报价方式，既要努力谋取己方利益，又要考虑对方接受的可能性。从需方来说，谈判语言的客观性主要表现在：介绍自己的购买力时不要夸大其词，评价对方产品的质量和性能要尽可能中肯，不要到处挑刺、任意贬损，针对对方报价，在还价时要有诚意，提出压价时要提供充分的理由等。谈判语言有了客观性，就能促使双方产生信任感，留下"以诚相待"的印象，拉近双方的立场、观点，为取得谈判的成功创造良好的合作氛围。

2. 针对性

商务谈判语言的针对性是指双方的语言一定要始终围绕谈判的主题，做到有的放矢，而不能随意转移话题。商务谈判的种类很多，包括商务交易谈判、劳务输出谈判、投资信托谈判、租赁保险谈判等。具体到一次谈判过程来说，谈判内容一旦确定之后，就要认真准备有关资料，充分考虑特定的谈判过程中将会使用到的行话和术语；对于不同的谈判对手，要尽可能熟悉和了解其个性特征、文化水平、接受能力、兴趣爱好等，采用适当的语言，以求收到良好的效果。有时候，即便是同一个谈判对手，在不同的谈判过程中，也会有不同的需求，这也要求我们采用有针对性的语言，或重点介绍产品的质量和性能，或重点介绍己方的经营状况，或重点阐述己方产品优越的性能价格比等。

3. 逻辑性

商务谈判语言的逻辑性是指谈判人员的语言要符合逻辑思维的规律，体现出严密的逻辑思路，表现出强大的逻辑说服力量。具体来说，就是表达概念要明确、清晰，不能含糊其词，不能偷换概念；表达一个判断要准确无误，不能模棱两可，亦似亦非；推理过程要严丝合缝，不能违反逻辑推理的规律。

一般来说，谈判人员在谈判以前需要搜罗大量的材料，并对这些材料进行认真的分析和研究，找出这些材料的内在关系。在切实掌握这些材料之后，还需要对这些材料的表达过程进行逻辑梳理，想清楚如何表达才能更好地被对方所接受。在进入谈判过程后，无论是叙述问题、提出意见还是回答对方提问，都要注意语言的逻辑性：介绍情况时要言简意赅，有条不紊；提出问题时要把握时机，切中要害；回答问题时要答其所问，详略得当；试图说服对方时要善于引导对方设身处地思考问题。总而言之，要使语言产生强大的逻辑说服力，使对方心悦诚服。

4. 规范性

商务谈判语言的规范性是指在谈判过程中的语言表述要合乎现代汉语或其他谈判语言的表达规范。商务谈判是在对等的基础上进行的一种商务交流活动，谈判双方不管各自具有怎样的经济实力和贸易需求，在谈判中都是处在平等的地位。因此，在谈判语言的运用上就必须尊重对方，坚持文明礼貌的原则，符合商界的特点和要求，不能一味地凭借自己强大的经济实力来胁迫对方，产生"话语霸权"的现象，更不能使用粗鲁污秽的语言或攻击辱骂的语言。尤其在涉外商务谈判中，要尽量避免使用意识形态分歧较大的语言。在商务谈判中使用的语言必须清晰明了，发音要标准，表达要流畅，语速要适当，以便使对方能够最大限度地理解我方的意图。

5. 情感性

商务谈判的主体是人，而人本身就是一种有着丰富感情的动物。在语言交流活动中表现出来的感情，是作为人的天性的一种自然流露。任何谈判人员，不论他进行的是什么样的谈判，都不愿坐在自己对面的是一个像冷冰冰的石头一样的谈判对手。如果说在商务谈判中的一大法宝是用不可辩驳的事实，用强大的语言逻辑力量去说服对方，即人们所说的"以理服人"的话，另一大法宝就是通过谈判中的情感交流去打动对方，即人们常说的"以情感人"。只有把理性的力量和情感的力量完美地结合起来，才能达到最优的谈判效果。从这个角度说，商务谈判语言具有鲜明的情感性特征。

四、商务谈判中语言运用常见问题

在商务谈判中语言运用容易出现的问题如下。

1. 感情运用不当，夸大事实

在商务谈判过程中，当事人双方应以诚相待，在建立良好信任的基础上展开合作谈判，最终解决分歧，达成一致。但事实上，不难发现其中的某一方为了达到利益需求而盲目投其所好，过分夸大事实，胡编乱造，捕风捉影，为的只是让自己充分达到对方所喜好的要求。而这样往往会让人觉得没有真实感，而使谈判失败。

2. 话题过于广泛，缺乏针对性

在商务谈判中，谈判语言有针对性才能对准目标、有的放矢，才能切中要害，很多人往往忽视了这最重要的一点，可能是一时兴起，也可能是被对方的语言迷惑，而跟着对方走。谈判人员往往自我感觉良好，认为自己和对方已经建立起良好的感情关系，可忽视了自己最终的目的，而最终导致谈判失败。

3. 条理不清，缺乏逻辑性

在谈判开始，谈判人员就应该准备好自己的谈判步骤，这样有利于在谈判过程中逐步深入了解对方的意图，并且及时更换策略，最终达到目的。有些谈判人员忽视了语言逻辑条理性的重要性，在谈判过程中没有抓住重点，而且话题具有跳跃性，甚至重复已经达成一致的话题，这样不仅可能暴露自己的弱点，而且会乱了自己的阵脚，使对方趁机而入，不能说服对方，最终导致谈判失败。

4. 语言运用不规范

谈判中最忌讳随意表达自己的看法，或是说没有抓住语言传达给人的感觉。谈判人员过于口语性的表达会让人觉得这不是生意而是一场游戏，或者让对方对己方的实力产生怀疑而终止合作关系，更糟的是对方会抓住己方的弱点而使己方无反击之力。常见的如整个过程中语调没有变化，这样会让人心烦意乱，而且突出不了重点；还有的如语调过高、使用方言、乱用比喻、用词不当等，都可能导致谈判的失败。

五、商务谈判中的语言技巧

对于在商务谈判中语言运用的常见问题，有一些语言应对技巧，可以使谈判顺利进行。

1. 合理地运用感情，尊重事实

谈判中要摸清对方的真实需要、掌握对方的心理状态，以事实为根据，进而表达自己的观点、意见，通过谈判解决问题。运用语言交流思想、传递信息时，应该以客观事实为依据，并且运用恰当的语言向对方提供令其信服的证据。例如，在谈判中，介绍企业情况和产品内容时要实事求是，不可虚张夸大，如果是实物还可以进行样品展示，显示己方的真诚和企业的态度，博得对方的信任，从而开展谈判。除此以外，谈判人员还需明确提问内容。提问的人首先应明确自己问的是什么。如果己方要对方明确回答，那么己方的问话也要具体明确。提问一般只是一句话，因此，一定要用语准确、简练，以免使人产生不必要的误解。因为发问容易使对方陷入窘境，引起对方的焦虑与担心，因此在措辞上一定要慎重，不能有刺伤对方、为难对方的表现。

谈判中应尽量使用委婉语言，这样易于被对方接受。有些事情直述其意过于生硬，可能

会伤害对方感情，破坏谈判气氛。婉转的语言可以使对方感到发人深省，起到柔中有刚、刚柔并济的作用。即使是反驳、说服，甚至是否决对方要求的话，也要用婉转的表达方式说出，使对方听得入耳。比如，在否决对方要求时，可以这样说："您说得有一定道理，但实际情况稍微有些出入……"然后再不露痕迹地提出自己的观点。这样做既不会驳了对方的面子，又可以让对方心平气和地认真倾听自己的意见。

在商务谈判中，谈判高手往往努力把自己的意见用婉转的方式伪装成对方的见解，提高说服力。在己方意见提出之前，先问对方如何解决问题。当对方提出解决问题的方法以后，若和己方的意见一致，要让对方相信这是他自己的观点。在这种情况下，对方有被尊重的感觉，他就会认为反对这个方案就是反对他自己，因而容易达成一致，获得谈判成功。

2. 紧绕主题，突破重点

谈判人员在谈判过程中要紧紧围绕中心主题，抓住急需解决和确认的问题，以求达成一致。针对某次谈判来说，谈判内容一旦确定之后，就要认真准备有关资料，同时还要充分考虑到谈判桌上将要使用的相关语言甚至行话。可设置不同的场景和可能出现的情况，趁早做好准备以应对突发情况。谈判进入主题时，如果对方有意绕开，则要适时进行引导，避免偏题带来的失利，避免钻入对方的圈套。

对于重点主题，要寻求一个双方都能接受的方式来进行解决，以免把谈判关系弄僵。还要针对同一谈判对手的不同需要，恰当地使用有针对性的语言，例如，对脾气急躁、性格直爽的谈判对手，运用简短明快的语言可能更受欢迎；对慢条斯理的谈判对手，则采用倾心长谈可能效果更好。

3. 明确谈判步骤，条理中不乏灵活

谈判过程中，对于需要解决哪些问题，如何来解决，都需要事先明确好谈判步骤，这样才能有的放矢，做到有针对性地解决问题。因此，谈判人员在谈判前要掌握大量的相关资料，并加以分析整理。只有通过具有逻辑规律的语言表达出来，才能为谈判对手所理解和认同。在谈判过程中，无论是陈述问题，撰写备忘录，还是提出各种意见、设想或要求，都要注意语言的逻辑性，这是紧紧抓住对方，进而说服对方的基础。

同时，因为谈判过程中可能会出现突发情况，谈判方案的设计要预留出一定的空间，这样才能更有针对性地解决问题，赢得谈判。谈判形势的变化是难以预料的，往往会遇到一些意想不到的尴尬，这要求谈判人员具有灵活的语言应变能力，巧妙地摆脱困境。如一次服装展销订货会上，一位售货员正在向众多顾客介绍服装的式样，突然听到有位顾客说："式样不错，就是老了点。"这位售货员一听，灵机一动，马上说："这位顾客说得对，我们设计的服装式样好，又是老店，质量有保证，价格公道……"

其实，那位顾客说的是式样老了点的意思。售货员怕其他顾客受这句话的影响，耽误了生意，因而急中生智，利用谐音，岔开了对自己不利的话题，巧妙地把大家的注意力引导到对自己有利的方面来。

在谈判中，语言的灵活运用能力要与应变手段相联系。当遇到对方逼己方立即做出选择时，己方若说"让我想一想""暂时很难决定"之类的话，便会被对方认为缺乏主见，从而使己方在心理上处于劣势。此时，可以看看表，然后有礼貌地告诉对方："真对不起，几点钟了？我得出去一下，与一个约定的朋友通电话，请稍等5分钟。"于是，便得体地赢得了5分钟的思考时间。

4. 规范运用语言

首先，谈判语言必须坚持文明礼貌的原则，必须符合商界的特点和职业道德要求。无论出现何种情况，都不能使用粗鲁、污秽或攻击辱骂的语言。其次，谈判所用语言必须清晰易懂。口音应当标准化，不能用对方听不懂的方言或黑话、俗语之类与人交谈。最后，谈判语言应当注意抑扬顿挫、轻重缓急，应当准确、严谨，特别是在讨价还价等关键时刻，更要注意一言一语的准确性。因此，必须认真思索，谨慎发言，用严谨、精练的语言准确地表述自己的观点、意见，如此，才能通过商务谈判维护或取得己方的经济利益。必要时，也可使用恰当的无声语言。谈判人员通过姿势、手势、眼神、表情等非发音器官表达的无声语言，往往在谈判过程中发挥着重要的作用。比如，己方要认购一块地皮，如果己方谈判人员一开始就流露出一种迫切心情，对方就可能步步紧逼，抬高价格。但是，如果己方谈判人员上场后不急不躁，让对方认为己方买地皮并不是因为急需，而是视价格高低决定是否购买，这样己方在谈判中就会掌握主动权。

商务谈判中，在有些特殊的环境里，有时需要沉默，就像得体的有声语言一样，可以取得意想不到的良好效果。美国发明家爱迪生发明了发报机之后，不知道该卖多少钱。他问妻子说："应该卖多少钱？"当时他们的生活十分拮据，他的妻子希望能多卖些钱，于是回答："2万元。""2万元太多了吧？"爱迪生吃惊地叫了起来。"我看肯定值2万元"，妻子坚定地回答。爱迪生有些犹豫地说："那就试试吧。"过了几天，美国西部一位商人要买他的发报机制造技术。在洽谈时，商人问到价格，爱迪生总认为报价太高，无法说出口。因此，无论商人怎么催问，爱迪生总是支支吾吾，就是没有勇气说出2万元的价格。最后，急于成交的商人耐不住了，说："那我说个价格吧，10万元，怎么样？""10万元？"爱迪生几乎被惊呆了，随即拍板成交。爱迪生以沉默应对，获得了意外的收获。

第二节　商务谈判中的说服技巧

一、说服在商务谈判中的重要性

很多专家和学者对谈判中所使用的说服技巧都有深入的研究，并从不同的角度对说服技巧进行了定义，可谓仁者见仁，智者见智。20世纪后半叶以来，此项研究更是硕果累累，一些学者认为，说服是一种人们在沟通中通过传递信息使对方改变信仰、态度或行为的活动过程；也有学者认为，说服是一种通过沟通使听话人自愿改变其信仰、态度或行为的活动。无论何种定义，其核心都是一样的，那就是依靠理性的力量和情感的力量，通过自己的语言策略，令对方朝着对自己有利的方向改变。

（1）说服可以使对方改变初衷，心悦诚服地接受己方的意见。在商务谈判中，很重要的工作就是说服，它常常贯穿谈判的始终。双方的接触、沟通与合作都是通过反复的提问、回答等语言的表达来实现的，巧妙地运用语言艺术提出创造性的解决方案，不仅满足双方利益的需要，也有利于谈判的顺利进行。因此巧妙的语言运用为谈判增添了成功的砝码，起到事半功倍的效果。那么，谈判人员在谈判中能否说服对方接受己方的观点，从而促成谈判的和局，就成了谈判能否成功的一个关键。语言在商务谈判过程中犹如桥梁，拥有谈判过程中对客户最直接、最大的影响力，无论对谈判的进程还是结果都起着举足轻重的作用。谈判双方都有自己的利益，这是不言而喻的，在商务谈判中，有效的说服能使对方心悦诚服地接受己方的观点，最终使谈判顺利进行。

（2）说服能够促进贸易的往来，促使成交进一步深化，提高双方签单成功率，使双方达到双赢。谈判中能否说服对方接受己方的观点，是决定谈判能否成功的一个关键。谈判中的说服，就是综合运用听、问、叙等各种技巧，使对方改变起初的想法而心甘情愿地接受己方的意见。在谈判之前，谈判的双方都有设法说服对方的意图，然而谁能说服谁，或者彼此都没有被说服，或者相互说服，达成一种折中意见，这三种结局往往是谈判人员无法预见的。谈判人员只有进入谈判过程，才能一较高低，得出结果。因此，说服是谈判过程中最艰苦、最复杂，同时也是最富有技巧性的工作。在谈判中，说服工作常常贯穿始终。在谈判的过程中，双方都有自己的观点，都想达到自己利益的最大化，这就需要谈判人员能够运用有效的说服技巧说服对方，最终达到共鸣，提高双方签单成功率，使以后的合作持续下去，达到双赢的效果。

（3）说服能够为下一次面谈以及业务往来留下良好印象，维持良好的人际关系。在商务谈判中，双方都是在谈判过程中慢慢了解对方的，在了解的过程中，冲突是在所难免的，有效的说服能轻松地解决这些冲突，给下一次业务往来架起桥梁，使双方建立良好的人际关系。

二、商务谈判中的说服障碍

1. 顽固者

在商务谈判中，大多数对手是通情达理的，但是也会遇到固执己见、难以说服的对手。对于这些难以说服的对手，要掌握他们的心理规律，运用三寸不烂之舌，晓之以理，动之以情，将他们说服，为公司创造更多的利益。其实有时候顽固者也搞不清自己的观点是对是错，但是还是会坚持自己的观点；有时候明明知道自己错了，但是由于自尊心的作用，也不轻易承认自己的错误。这类人很固执，坚持己见，绝不退缩，易使谈判陷入僵局。

2. 自恋者

在商务谈判中，难免会遇到某些自恋的人，这种人过于自信，趾高气扬、目空一切，坚决认为自己拥有的就是最好的，自己说的即是正确的，很难接受新的思想和事物，坚决不听取别人的意见，使谈判很难进行。

三、有效的说服技巧

1. 下台阶法

当对方自尊心很强、不愿承认自己的错误时，不妨先给对方一个台阶下，如说一说他正确的地方或者错误存在的客观依据，这也给对方提供了一些自我安慰的条件和机会。这样，对方就不会感到失掉面子，因而愿意接受己方善意的说服。

2. 等待法

对方可能一时难以说服，不妨等待一段时间，这是因为对方虽然没有当面改变看法，但对己方的态度和己方所讲的话，事后会加以回忆和思考。必须指出，等待不等于放弃。任何事情，都要给他人留有一定的思考和选择的时间。同样，在说服他人时，也不可急于求成，等时机成熟时再和他交谈，效果往往比较好。

3. 迂回法

当对方很难听进正面道理时，不要强逼他进行辩论，而应该采取迂回的方法。就像作战一样，对方已经防备森严，从正面很难突破，最好的解决办法就是迂回前进，设法找到对方的弱点，一举击破。说服他人也是如此，当以正面道理很难说服对方时，就要暂时避开主题，谈论一些对方的看法，让他感觉到你的话对他来说是有用的，己方是可以信任的。这样再把话转入主题，晓之以利害，他就会更加冷静地考虑己方的意见，并容易接受己方的说服。

4. 沉默法

当对方提出反驳意见或有意刁难时，有时是可以做些解释的，但是对于那些不值得反驳的意见，需要讲一点艺术手法，不要有强烈的反应，相反可以表示沉默。对于一些纠缠不清的问题，或者遇上不讲道理的人，不予理睬，对方就会觉得自己所提的问题可能没有什么道理，人家根本就没有在意，于是自己也就感到没趣了，从而也就不再坚持自己的意见了，这就达到了说服对方的目的。

5. 利用法

谈判要尽可能地抓住对方某些可以直接或间接利用的反对意见，并可以把这些反对意见作为业务洽谈的起点和基础。如果对方提出类似下面一些问题，不妨运用此种方法来解决有关争议。比如对方说："贵方所提供的产品固然质量很好，但价格过高，服务条件也较苛刻，所以，我们很难达成协议。"对此，己方可以这样进行说服："我很高兴你提出这样的问题。正如你刚才所说的，我们的产品质量很好，其他企业无法与之相比，所以，价格高于同类产品是完全正常的。再说，产品质量好，也无须像有些企业不厌其烦地提供'三包''五包'。这样，对于我们来说是互惠互利，这又何乐而不为呢？"这样的话，能使那些自恋者和顽固者退缩，做到滴水不漏。

6. 重复法

要完全消除不确切和夸大了的意见是件十分困难的事。但对一个有经验的谈判人员来说，总是可以用比较婉转的语言和方式把对方的反对意见加以重复，让对方给予认可，进而削弱其分量，改变反对意见的性质。比如对方提出："产品价格太昂贵了，太不合理了。"己方不妨用温和的语气和婉转的方式回答："是的，我理解您的心情，您是否认为这些产品不太便宜。"进而再回答对方提出的问题，这里"不太便宜"和"太昂贵""太不合理"虽然是一个问题，但分量和强度显然有所改变，而这一点对于说服对方是非常有益的。同样，重复法对于某些自恋者和顽固者也很奏效。

7. 比较法

用比较的方法说服对方，比直截了当地反驳对方效果要好得多。可以列举对方比较熟悉的资料和例子进行各方面的比较。例如，在销售电风扇的洽谈中，对方对己方的产品在质量、价格、维修服务等方面提出非议或不合理的要求，己方不妨就这几方面的问题与对方所熟知的电风扇或名牌电风扇进行具体的比较说明。这样做远比单一的、直接的说教效果好。

四、说服的基本要诀

(一) 说服的环节

1. 建立良好的人际关系，取得他人的信任

一般情况下，当一个人考虑是否接受说服者的意见时，总是先衡量一下自己与说服者之

间的关系，是否熟悉与友好。如果互相熟悉，相互信任，自己才会正确地、友好地理解说服者的观点与理由。信任是人际沟通的过滤器，只有信任一个人，才会理解其友好的动机，否则，即使其动机再友好，也难以让人接受，可能还会产生负面作用。所以，说服别人时首先要取得别人的信任，才能进行有效的说服。

2. 分析自己的意见可能导致的影响

首先应该向对方诚恳地说明要他接受意见的充分理由，以及对方一旦被说服将产生的利弊得失；其次要坦率地承认如果对方接受己方的意见，己方也会获得一定的利益，这样一来，对方才会觉得己方诚实可信，否则，对方会认为己方话中有诈而将己方拒之门外。这样做的好处有两个：一方面使对方感觉到己方意见的客观、符合情理；另一方面当对方接受己方的意见后，如果出现了恶劣的情况，己方也可以进行适当的解释，使双方达到双赢的效果。

3. 简化对方接受说服的程序

当对方初步接受己方的意见时，为避免其中途变卦，要简化确认这一结果的程序。在需要书面协议的场合，可提前准备一份原则性的协议书草案让对方签署。这样往往可当场取得被说服者的承诺，避免在细节问题上出现过多的纠缠。

4. 争取对方的认同

在商务谈判中要想说服对方，除了要赢得对方的信任，消除对方的对抗情绪，还要利用双方共同感兴趣的话题作为跳板，因势利导地解开对方思想的纽结，说服才能奏效。事实证明，认同是双方相互理解的有效方法，也是说服他人的一种有效方法。认同，就是人们把自己的说服对象看成是与自己相同的人，寻找共同点，这是人与人之间心灵沟通的桥梁，也是说服对方的基础。在商务谈判中，双方本着合作的态度走到一起，共同点本来就多，随着谈判的进展，双方越来越熟悉，在某种程度上就会感到越来越亲近，这时，某些心理上的疑虑和戒心会减轻，从而更容易说服对方。

5. 强调双方立场、期望一致的方面

在研究对方的心理及需求特点时，不要急于求成，要先谈好的消息和有利的情况，再谈坏的消息和不利的情况，对于有利的消息要多次重复，强调互相合作、互惠互利的可能性、现实性，朝着期望的目标奋进。

6. 耐心说服

说服必须耐心细致，不厌其烦地动之以情，晓之以理，把接受己方意见的好处和不接受己方意见的坏处讲深、讲透。要不怕挫折，一直坚持到对方能够听进己方的意见为止。

（二）说服技巧的要点

1. 站在他人的角度设身处地谈问题，不要只说己方的理由

要说服对方，就要考虑到对方的观点或行为存在的客观理由，要设身处地为对方着想，从而使对方对己方产生一种亲近的感觉。这样，对方就会相信己方。

2. 消除对方的戒心，创造良好的氛围

从谈话一开始，就要创造一个说"是"的氛围，不要形成一个说"否"的气氛。不要把对方置于不同意、不愿做的地位，然后去批驳他、劝说他。商务谈判实践表明，从积极的、主动的角度去启发对方、鼓励对方，会帮助对方提高自信心，也有助于对方接受己方的意见。

3. 说服用语要推敲

在商务谈判中，欲说服对方，言语一定要经过推敲。事实上，说服他人时，用语的色彩不一样，说服的效果就会截然不同。通常情况下，在说服他人时要避免用"愤怒""怨恨""生气""恼怒"这类字眼。即使在表达自己的情绪，如担心、失意、害怕、担忧等时，也要在用词上进行推敲，这样才能收到良好的效果。另外，忌用胁迫或欺诈的方法进行说服。

4. 把握说服的时机

在对方情绪激动或不稳定时，在对方喜欢或敬重的人在场时，在对方的思维方式极端定式时，暂时不要进行说服。这时首先应当设法安定对方的情绪，避免让对方失面子。用事实先适当地给他以教训，然后才可进行说服。

★知识链接

谈判中的说服语言

1. 礼节性的交际语言

礼节性的交际语言指商务谈判中所有委婉、礼貌的表达方式的用语。礼节性的交际语言的特征在于语言表达中的礼貌、温和、中性和圆滑，并带有较强的装饰性。在一般情况下，这类语言不涉及具体的实质性的问题。礼节性的交际语言的功能主要是缓和与消除谈判双方的陌生和戒备、敌对的心理，联络双方的感情，创造轻松、自然、和谐的氛围。

2. 专业性的交易语言

专业性的交易语言指在商务谈判过程中使用的与业务内容有关的一些专用或专门的术语。专业性的交易语言是商务谈判中的主体语言，该语言的特征表现为专业性、规范性和严谨性。在商务谈判中，为了避免在理解上的偏差，需要将交易用语用统一的定义和统一的词汇来表达，甚至表达形式也加以符号化、规格化，从而使其语言具有通用性。另外，要使谈判双方的权利、责任、义务落在实处、确保执行、减少风险，只有用严谨、逻辑性很强的语言来加以描述和规定。

3. 模糊语言

在商务谈判中，出于谈判人员的立场和语言表达的策略需要，谈判人员在使用规范、精确语言的同时，也常用模糊语言来保证谈判的严谨、礼貌和高效。在弹性语言中，模糊语言是谈判中经常使用的留有余地的重要手段。灵活性强和适应性强是模糊语言的两个最为典型的特点。谈判中对某些复杂的事情或意料之外的事情，不能一下子做出准确的判断，就可以运用模糊语言来避其锋芒，做出有弹性的回答，以争取时间做必要的研究和制定对策。另外，模糊语言在谈判过程中的合理运用，可以使己方避开直接的压力而给谈判赢得主动。

4. 威胁性的军事语言

威胁性的军事语言进入谈判领域，主要是起强化态度，从心理上打击对方的作用，也用于振奋谈判人员的工作精神和意志。威胁性的军事语言具有干脆、简明、坚定、自信、冷酷无情的特征，因而往往会强化谈判双方的敌对意识，会使谈判变得更加紧张。威胁性的军事语言在谈判中排斥了犹豫不决，也给谈判双方创造了决战氛围，加速了谈判过程。另外，威胁性的军事语言在谈判过程中的运用，可以使己方尽可能在有利的情况下达成协议，但是不宜过多使用。

5. 幽默诙谐的文学语言

幽默诙谐的文学语言是思想学识、智慧和灵感在语言运用中的结晶，它诙谐、生动、富有感染力，能引起听众强烈的共鸣。幽默诙谐的文学语言大体上具备六个主要特征，即不协调性、不一致性、反常性、奇巧得体性、精练含蓄性、失败—胜利性。

第三节　商务谈判中的倾听技巧

国际商务谈判的过程复杂多变，为了取得令人满意的效果，保证实现利益目标，谈判人员必须在谈判中适时而灵活地实施战略方案。本节将从国际商务谈判技巧入手，分析商务谈判中倾听的技巧及其运用。

一、倾听前的准备

谈判人员在谈判中要认真倾听对方说话，这是一个很基本的问题。我们了解和把握对方观点与立场的主要手段和途径就是听。实践证明，只有在清楚地了解对方观点的真实含义和立场之后，才能准确地提出己方的方针和策略。从日常生活经验来看，当人们专注于倾听别人讲话的时候，就表示对讲话者所表达的观点很感兴趣或者很重视，从而给讲话者以一种满足感，这样就在双方之间产生一定的信赖感。正如美国科学家富兰克林所说："与人交谈取得成功的重要秘诀，就是多听，永远不要不懂装懂。"因此，作为商务谈判人员，一定要学会如何听，在认真、专注倾听的同时，积极地对讲话者的语言做出反应，以便获得较好的倾听效果。所以在对方发言的时候，我们应该在旁边不带任何主观意见地倾听，不能因为对方是我们的谈判对手而对对方的发言不屑一顾，听不进去。

二、有效倾听的要点

1. 对自己听的习惯要有一定了解

首先要了解我们在听别人讲话方面有哪些不好的习惯，我们是否对别人的话匆忙做出判断，是否经常打断别人的话，是否经常制造交往的障碍。了解自己听的习惯是正确运用听的技巧的前提。

2. 全身心投入地去听

要面对说话者，同他保持目光交流，要以我们的姿势和手势证明我们在倾听。无论我们是站着还是坐着，都要与对方保持最适宜的距离。说话者都愿与认真听的人交往。

3. 要把注意力集中在对方所说的话上

不仅要努力理解对方语言含义，抓住重点地听，而且要努力理解对方的感情。

4. 要努力表达出理解

在与对方交谈时，要利用有反射地听的做法，努力弄明白对方的感觉如何，他到底想说什么。如果我们能全神贯注地听对方讲话，不仅表明我们对他持称赞态度，使他感到我们理解他的情感，而且有助于我们更准确地理解信息。

5. 要倾听自己的讲话

倾听自己的讲话对培养倾听他人讲话的能力是特别重要的。倾听自己讲话可以使我们了解自己，一个不了解自己的人，是很难真正了解别人的。倾听自己对别人讲什么是了解自己、改变和改善自己倾听习惯与态度的手段，如果我们不倾听自己是如何对别人讲话的，我们就不会知道别人如何对我们讲话，当然也无法改变和改善自己倾听的习惯和态度。

三、倾听的技巧

可以将倾听的技巧归纳为"五要""三不要"。

1. 五要

（1）要专心致志、集中精力地听。谈判人员在听对方发言时要聚精会神，同时还要配以积极的态度。为了专心致志，就要避免出现心不在焉、"开小差"的现象发生。因为对方的发言只说一遍，我们没有认真听的话，错过了就无法挽回，没有再来一次的机会。所以即使自己已经熟知的话题，也不可充耳不闻，万万不可将注意力分散到研究对策问题上去，因为这样非常容易出现讲话者的内容为隐含意义时，没有领会到或理解错误，造成事倍功半的效果。精力集中地听，是倾听艺术最基本、最重要的原则。作为一名商务谈判人员，应该养成有耐心地倾听对方讲话的习惯，这也是一个合格的谈判人员个人修养的体现。在商务谈判过程中，当我们对对方的发言不太理解甚至难以接受时，千万不可表示出拒绝的态度，因为这样做对谈判非常不利。

（2）要通过记笔记来集中精力。通常，人们即席记忆并保持的能力是有限的，为了弥补这一不足，应该在听讲时做大量的笔记。俗话说得好，好记性不如烂笔头。实践证明，谈判结束后，即便记忆力再好也只能记住一个大概内容，有的人干脆忘得干干净净。因此，记笔记是不可少的，也是比较容易做到的用以清除倾听障碍的好方法。

（3）要有鉴别地倾听对手发言。在专心倾听的基础上，为了达到良好的倾听效果，要有鉴别地倾听对手发言。通常情况下，人们说话时是边说边想，来不及整理，有时表达一个意思要绕着弯子讲许多内容，从表面上听，根本谈不上什么重点突出。因此，听话者就需要在用心倾听的基础上，鉴别收听过来的信息的真伪，去粗取精、去伪存真，这样才能抓住重点，收到良好的倾听效果。

（4）要克服先入为主的倾听做法。先入为主地倾听，往往会扭曲讲话者的本意，忽视或拒绝与自己心愿不符的意见，这种做法实为不利。因为听话者不是从讲话者的立场出发来分析对方的讲话，而是按照自己的主观意识来听取对方的讲话。其结果往往是听到的信息变形地反映到听话者的脑中，导致接收的信息不准确，判断失误，从而造成行为选择上的失误。将讲话者的意思听全、听透是倾听的关键。

（5）要创造良好的谈判环境，使谈判双方能够愉快地交流。人们都有这样一种心理，即在自己所属的领域里交谈，无须分心于熟悉环境或适应环境。如果能够进行主场谈判是最为理想的，因为这种环境下会有利于己方谈判人员发挥出较好的谈判水平。如果不能争取到主场谈判，至少也应选择一个双方都不十分熟悉的中性场所，这样也可避免由于"场地优势"给对方带来便利和给己方带来不便。

2. 三不要

（1）不要因轻视对方而抢话、急于反驳而放弃听。抢话不同于问话，问话是由于某个信息或意思未能记住或理解而要求对方给予解释或重复，因此问话是必要的。抢话纠正别人的错误，或用自己的观点来取代别人的观点，是一种不尊重他人的行为。因此，抢话往往会阻塞双方的思想和感情交流的渠道，对创造良好的谈判气氛非常不利，对良好的收听更是不利。另外，谈判人员在没有听完对方讲话的时候就急于反驳对方某些观点，也会影响到收听效果。

（2）不要使自己陷入争论。当我们内心不同意讲话者的观点时，对他的话不能充耳不闻而只想着自己发言。一旦发生争吵，也不能一心只为自己的观点寻找根据而把对方的话当成耳旁风。如果我们不同意对方的观点，也应等对方说完以后，再阐述自己的观点。

（3）不要为了急于判断问题而耽误听。当听了对方讲述的有关内容时，不要急于判断其正误，因为这样会分散精力而耽误倾听其下文。虽然人的思维速度快于说话的速度，但是如果在对方还没有讲完的时候就去判断其正误，无疑会削弱本方听的效果。

第四节　其他语言技巧

一、谈判中提问的技巧

谈判中的提问是摸清对方的真实需要、掌握对方的心理状态、表达自己的观点意见而通过谈判解决问题的重要手段。在日常生活中，问是很有艺术性的。比如有一名教士问他的神父："我在祈祷时可以抽烟吗？"这个请求遭到断然拒绝。另一名教士说："我在抽烟时可以祈祷吗？"抽烟的请求得到允许。为什么在相同的条件下，一个被批准，另一个被拒绝呢？原因就是说话的艺术性。被同意的理由是"抽烟时还念念不忘祈祷，不忘敬拜上帝"；被拒绝的理由是"祈祷时心不专一，用吸烟来提神，对上帝不恭敬"。其实，这就是提问的艺术，哪些方面可以问，哪些方面不可以问，怎样问，什么时间问，这在谈判中是非常重要的。因此要做到有效地发问，就要掌握提问的艺术与技巧。

1. 明确提问的内容

提问的人首先应明确自己问的是什么。如果我们要对方明确回答，那么我们的提问也要具体明确。提问一般只是一句话，因此，一定要用语准确、简练，以免使人产生不必要的误解。在措辞上也一定要慎重，不能有刺伤对方、为难对方的表现。即使我们是谈判中的决策人物、核心人物，也不要显示自己的特殊地位，表现出咄咄逼人的气势，否则，提问就会产生相反的效果。

2. 提问方式的选择

提问方式的选择很重要，提问的角度不同，引起对方的反应也不同，得到的回答也就不同。在谈判过程中，对方可能会因为我们的问话而感到烦躁不安。这主要是由于提问的问题不明确，或者给对方以压迫感、威胁感，归根结底是提问的策略没有掌握。同时，在提问时，注意不要夹杂含混的暗示，避免提出问题本身使我们陷入不利的境地。

例如，某商场休息室里经营咖啡和牛奶，刚开始服务员总是问顾客："先生，喝咖啡吗？"或者"先生，喝牛奶吗？"其销售额平平。后来，老板要求服务员换一种问法："先生，喝咖啡还是牛奶？"结果其销售额大增。原因在于，第一种问法容易得到否定回答，而后一种是选择式，大多数情况下，顾客会选择一种。

3. 注意提问的时机

提问的时机也很重要。如果需要以客观的陈述性的讲话作开头，而我们采用提问式的讲话，就不合适。把握提问的时机还表现为，交谈中出现某一问题时，应该待对方充分表达之后再提问。过早提问会打断对方的思路，而且显得不礼貌，也影响对方回答问题的兴趣。掌握提问的时机，还可以控制谈话的引导方向。如果我们想从被打岔的话题中回到原来的话题上，那么，我们就可以运用提问，如果我们希望别人能注意到我们提的话题，也可以运用提问的方式，并借连续提问，把对方引导到我们希望的结论上。

4. 考虑提问对象的特点

对方坦率耿直，提问就要简洁；对方爱挑剔、善抬杠，提问就要周密；对方羞涩，提问就要含蓄；对方急躁，提问就要委婉；对方严肃，提问就要认真；对方活泼，提问可诙谐。

★知识链接

商务谈判中的 13 种提问方法

1. 封闭式提问

封闭式提问指在特定的领域中能带出特定的答复（如"是"或"否"）的问句。例如，"您是否认为售后服务没有改进的可能""您第一次发现商品含有瑕疵是在什么时候"等。封闭式问句可令提问者获得特定的资料，而答复这种问题的人并不需要太多的思索。但是，这种问句有时会有相当程度的威胁性。

2. 开放式提问

开放式提问指商务谈判中采用的那些常见的广泛征求意见的提问方法。这种提问方法通常用于提问"怎么样""为什么""有什么意见""有哪些建议"等问题中。非关键性问题的提问多为开放式。

3. 澄清式提问

澄清式提问是针对对方的答复，重新提出问题以使对方进一步澄清或补充其原先答复的一种问句。例如，"您刚才说对目前进行的这一宗买卖可以取舍，这是不是说您拥有全权跟我们进行谈判？"澄清式问句的作用就在于：它可以确保谈判各方能在叙述"同一语言"的基础上进行沟通，而且是针对对方的提问进行信息反馈的有效方法，是双方密切配合的理想方式。

4. 强调式提问

强调式提问旨在强调自己的观点和己方的立场。例如，"这个协议不是要经过公证之后才生效吗""我们怎能忘记上次双方愉快的合作呢"。

5. 探索式提问

探索式提问是针对对方的答复，要求引申或举例说明，以便探索新问题，找出新方法的一种提问方式。例如，"这样行得通吗""您说可以如期履约，有什么事实可以说明吗""假设我们运用这种方案会怎样"等。探索式提问不但可以进一步发掘较为充分的信息，而且可以显示提问者对对方答复的重视。

6. 借助式提问

借助式提问是一种借助第三者的意见来影响或改变对方意见的提问方式。例如，"某某先生对你方能否如期履约关注吗""某某先生是怎么认为的呢"等。采取这种提问方式时，应当注意提出的第三者必须是对方所熟悉而且十分尊重的人，这种问句会对对方产生很大的影响力；否则，运用一个对方不很知晓且谈不上尊重的人作为第三者加以引用，很可能会引起对方的反感。因此，这种提问方式应当慎重使用。

7. 选择式提问

选择式提问旨在将己方的意见抛给对方，让对方在一个规定的范围内进行选择回答。例如，"支付佣金是符合国际贸易惯例的，我们从法国供应商那里一般可以得到3%～5%的佣金，请贵方予以注意，好吗?"运用这种提问方式要特别慎重，一般应在己方掌握充分的主动权的情况下使用，否则很容易使谈判陷入僵局，甚至破裂。需要注意的是，在使用选择式提问时，要尽量做到语调柔和，措辞达意得体，以免给对方留下强加于人的不良印象。

8. 证明式提问

证明式提问旨在通过己方的提问，使对方对问题作出证明或理解。例如，"为什么要更改原已定好的计划呢，请说明理由好吗?"

9. 多层次提问

多层次提问是含有多种主题的问句，即一个问句中包含有多种内容。例如，"你是否能就该协议的背景、履约情况、违约的责任以及双方的看法和态度给予解释?"这类问句因含有过多的主题而使对方难以周全把握。

10. 诱导式提问

诱导式提问旨在开渠引水，对对方的答案给予强烈的暗示，使对方的回答符合己方预期的目的。例如，"谈到现在，我看给我方的折扣可以定为4%，你方一定会同意的，是吗?"这类提问几乎使对方毫无选择余地而按提问者所设计好的答案回答。

11. 协商式提问

协商式提问指为使对方同意自己的观点，采用商量的口吻向对方提问。例如，"你看给我方的折扣定为3%是否妥当?"这种提问，语气平和，对方容易接受。

12. 理解性提问

理解性提问指那些在表示理解对方观点的基础上，提其他相关问题让对方回答的提问。理解性提问由于理解在先，很容易得到对方的赞同。

13. 假设性提问

假设性提问指那些在问题中有假设条件的提问。假设性提问的问题都是以"假设"为前提条件，目的是寻找自己的最佳效益。

二、谈判中回答的技巧

人际交往中，有问必有答。要能够有效地回答问题，就要预先明确对方可能提出的问题。在谈判前，一个优秀的谈判人员往往会先针对谈判假设一些难题来思考。在商务谈判中，谈判人员所提问题往往千奇百怪、五花八门，多是对方处心积虑、精心设计之后才提出的，可能含有谋略、圈套，如果对所有的问题都直接回答，未必是一件好事，所以回答问题必须运用和掌握一定的技巧。

1. 换位思考

在商务谈判中，谈判人员提出问题的根本目的往往是多种多样的，动机也是比较复杂的。如果在谈判中没有弄清对方的根本意图，就按照常规做出回答，效果往往是不佳的，甚至会中对方的圈套。问答的过程中，有两种心理假设，一是问话人的，一是答话人的。答话人应换位思考，依照问话人的心理假设回答，而不要考虑自己的心理假设。

2. 点到为止

点到为止即答复者经常将对方提的问题缩小范围，或者不做深层次的答复，以达到某种特殊的效果。不做彻底回答的另外一个方法是闪烁其词。比如你是个推销员，正在推销一台洗衣机，应门的人问你价钱多少？你明知把价钱一说，他很可能会因为觉得价格不便宜而砰然关上门。于是你不能照实回答，可以闪烁其词地说："先生，我相信你会对价格很满意的。请让我把这台洗衣机和其他洗衣机不同的特殊性能说明一下好吗？我相信你会对这台洗衣机感兴趣的。"

3. 避实就虚

谈判中有时会遇到一些很难答复或不便确切答复的问题，己方可以采取含糊其词、模棱两可的方法作答，也可以把重点转移。这样，既避开了提问者的锋芒，又给自己留下了一定的余地，实为一箭双雕之举。

在谈判中，当对方询问己方能否将产品价格再压低一些时，己方可以答复："价格确是大家非常关心的问题，不过，请允许我问一个问题……"

4. 淡化兴致

提问者如果发现了答复者的漏洞，往往会刨根问底地追问下去。所以，答复问题时要特别注意不要让对方抓住某一点继续发问。假如己方在答复问题时确实出现了漏洞，也要设法淡化对方追问的兴致，可用这样的答复堵住对方的口："这个问题容易解决，但现在还不是时候""现在讨论这个问题为时尚早""这是一个暂时无法回答的问题"。

5. 思而后答

一般情况下，谈判人员对问题答复得好坏与思考的时间成正比。正因为如此，有些提问者会不断地追问，迫使我们在对问题没有进行充分思考的情况下仓促作答。经验告诉我们，作为答复者一定要保持清醒的头脑，谨慎从事，不慕所谓"对答如流"的虚荣，当问题很难回答时，我们可通过点烟、喝水、整理一下桌上的资料等动作来延缓一下时间，给自己留有一个合理的时间考虑一下对方的问题；也不必顾忌谈判对方的追问，而是转告对方我们必须进行认真思考，因而需要充分的时间。

6. 笑而不答

谈判人员有回答问题的义务，但并不等于谈判人员必须回答对方所提的每一个问题，特别是对某些不值得回答的问题，可以委婉地加以拒绝。例如，在谈判中，对方可能会提一些与谈判主题无关或关系不大的问题。回答这种问题不仅是浪费时间，而且会扰乱自己的思路，甚至有时对方有意提一些容易激怒我们的问题，其用意在于使我们失去自制力。答复这种问题只会损害自己，因此可以一笑了之。

7. 借故拖延

在谈判中，当对方提出问题而我们尚未思考出满意答案并且对方又追问不舍时，可以用资料不全或需要请示等借口来拖延答复。例如，可以这样回答："对您所提的问题，我没有第一手资料来作答复，我想您是希望我为您作详尽圆满的答复的，但这需要时间，您说对吗？"不过，拖延答复并不是拒绝答复，因此，谈判人员要进一步思考如何来回答问题。

三、谈判中拒绝的技巧

商务谈判中，讨价还价是难免的，也是正常的，有时对方提出的要求或观点与自己相反或相差太远，这就需要拒绝、否定。但若拒绝、否定死板、武断甚至粗鲁，会伤害对方，使谈判出现僵局，导致生意失败。高明的拒绝、否定应是审时度势，随机应变，有理有节地进行，让双方都有回旋的余地，使双方达到成交的目的。下面是四种商务谈判中常用的拒绝对方的方法。

1. 幽默拒绝法

当无法满足对方提出的不合理要求时，在轻松诙谐的话语中设一个肯定与否定之间的答复或讲述一个精彩的故事让对方听出弦外之音，既避免了让对方难堪，又转移了对方被拒绝的不快。如某公司谈判代表故作轻松地说："如果贵方坚持这个进价，请为我们准备过冬的衣服和食物，贵方总不忍心让我们员工饿着肚子瑟瑟发抖地为你们干活吧！"

★ 案例链接

某洗发水公司的产品经理，在抽检中发现分量不足的产品，对方趁机以此为筹码不依不饶地讨价还价，该公司代表微笑着娓娓道来："美国一专门为空降部队伞兵生产降落伞的军工厂，产品不合格率为万分之一，也就意味着一万名士兵将有一名在降落伞质量缺陷上牺牲，这是军方所不能接受和容忍的，他们在抽检产品时，让军工厂主要负责人亲自跳伞。据说从那以后，合格率为100%。如果你们提货后能将那瓶分量不足的洗发水赠送给我，我将与公司负责人一同分享，这可是我公司成立8年以来首次碰到使用免费洗发水的好机会哟。"这样拒绝不仅转移了对方的视线，还阐述了拒绝、否定的理由，即合理性。

2. 移花接木法

在谈判中，对方要价太高，自己无法满足对方的条件时，可移花接木或委婉地设计双方无法跨越的障碍，既表达了自己拒绝的理由，又能得到对方的谅解。如"很抱歉，这个超出了我们的承受能力……""除非我们采用劣质原料使生产成本降低50%才能满足你们的价位"，暗示对方所提的要求是可望而不可即的，促使对方妥协。也可运用社会局限如法律、制度、惯例等无法变通的客观限制，如"如果法律允许的话，我们同意，如果物价部门首肯，我们无异议。"

3. 肯定形式法

人人都渴望被了解和认同，可利用这一点从对方意见中找出彼此同意的非实质性内容，予以肯定，产生共鸣，造成"英雄所见略同"之感，借机顺势表达不同的看法。如某玩具公司经理面对经销商对产品知名度的诘难和质疑，坦然地说："正如你所说，我们的品牌不是很知名，可我们将大部分经费运用在产品研发上，生产出式样新颖时尚、质量上乘的产品，面市以来即产销两旺，市场前景看好，有些地方已脱销……"

4. 迂回补偿法

谈判中有时仅靠以理服人、以情动人是不够的，毕竟双方最关心的是切身利益，断然拒绝会激怒对方，甚至造成交易终止。假使我们在拒绝时，在能力所及的范围内，给予适当优惠条件或补偿，往往会取得曲径通幽的效果。如自动剃须刀生产商对经销商说："这个价位不能再降了，这样吧，再给你们配上一对电池，既可赠送促销，又可另作零售，如何？"房地产开发商对电梯供销商报价较其他同业稍高极为不满，供销商信心十足地说："我们的产品是国家免检产品，优质原料，进口生产线，相对来说成本稍高，但我们的产品美观耐用，安全节能，况且售后服务完善，一年包换，终身维修，每年还免费两次例行保养维护，解除您的后顾之忧，相信您能做出明智的选择。"

第五节　肢体语言技巧

商务谈判不仅是口头语言的交流，同时也是肢体语言的交流。在商务谈判中，谈判人员常常通过人的目光、形体、姿态、表情等非发音器官来与对方沟通，传递信息、表达态度、交流思想。世界著名的非语言传播专家伯德维斯泰尔指出：两个人之间一次普通的谈话，口头语言部分传播的信息不到35%，而非语言部分传播的信息达到65%。因此，作为一个优秀的商务谈判人员，除了具有丰富的有声语言技巧外，还应该具有丰富的行为语言技巧。在谈判过程中留意观察谈判对手的一颦一笑、一举一动，就有可能通过肢体语言窥视谈判对手的心理世界，把握谈判的情势，掌握谈判获胜的主动权。在商务谈判中，肢体语言有着有声语言所无法替代的作用，但肢体语言必须有一定的连续性才能表达比较完整的意义，单独的一个动作难以传递丰富、复杂、完整的意义。

一、肢体语言在商务谈判中的作用

1. 增强有声语言的表达力

人们运用语言行为来沟通思想、表达情感，往往有词不达意或词难进意的感觉，因此需要同时使用非语言行为来进行帮助，或弥补语言的局限，或对言辞的内容加以强调，使自己的意图得到更充分、更完善的表达。例如，当别人在街上向正在行走的你问路时，你一边说明一边用手指点方向，可以帮助对方领会道路方向，达到有效的信息沟通。

2. 代替有声语言

在一定条件下，肢体语言还具有能够取代有声语言，而且无法被有声语言取代的独特作用。如《三国演义》中的诸葛亮面对司马懿兵临城下，命令打开城门，让一群老弱残兵清扫街道，而自己却稳坐城楼之上饮酒弹唱，神态自若，曲调悠扬。司马懿反复观察，思考再三，认为城中必定设有伏兵，便急忙引兵撤退。空城计的成功，充分显示了肢体语言具有的有声语言不可取代的独特作用。

3. 能迅速传递、反馈信息，增加互动性

在沟通交流时，非语言行为可以维持和调节沟通的进行。如点头则表示对对方的肯定；皱眉则表示有疑问；当眼睛不注视对方时，意味着谈话结束。简而言之，调节肢体语言动作可帮助交谈者控制沟通的进行。因此，非语言暗示，如点头、对视、皱眉、降低声音、改变距离等，所有这些都可传递信息。

二、肢体语言的观察

学会观察是运用肢体语言的前提，因此只有留心观察才能学会运用。有一种比较好的观

察学习方法，就是通过摄像机提供具体生动的素材，并在专业人员或有丰富谈判经验人员的帮助或提示下进行分析；也可以在自然条件下直接观察他人运用的各种行为语言，分析其意思。

(一) 面部表情

1. 目光语

"眼睛是心灵的窗户"道出了眼睛具有反映内心世界的功能，眼视的方向、方位不同，能产生不同的眼神，传达和表达不同的信息。在谈判过程中，谈判组员之间可能会相互使眼色，这样，谈判人员就必须注意眼睛对信息传递的作用，而来自不同文化背景、国家的人在交流时，注视对方眼睛的时间是不同的：欧美国家的人们注视对方眼睛的时间要比亚洲国家长。在谈判过程中，如果对方与己方目光相交的时间较长，一般意味着两种可能：第一种可能是，他对于己方的谈话很感兴趣，如果是这样的话，他的瞳孔会扩张；第二种可能是，他对己方怀有敌意，或是在向己方传递挑衅的信号，在这种情况下他的瞳孔会收缩。因此，有一些企业家在谈判中喜欢戴上有色眼镜，就是因为担心对方察觉到他瞳孔的变化。

2. 微笑语

不管面部表情如何复杂微妙，在商务谈判和交往活动中最常用，也是最有用的面部表情之一就是笑容。愿不愿、会不会恰到好处地笑，实际上能完全反映我们适应社会、进行社交和成功谈判的能力如何。微笑应该发自内心、自然坦诚。在谈判桌上，谈判双方可以从微笑中获得这样的信息："我是你的朋友""你是值得我微笑的人"。微笑虽然无声，但它表达了很多意思：高兴、欢悦、同意、赞许、尊敬。作为一名优秀的谈判人员，要注意时时刻刻把笑意写在脸上。而在谈判陷入僵局时，微笑可以缓和气氛，有助于谈判顺利进行。

(二) 姿态动作

1. 点头动作

由于肢体语言是人们的内在情感在无意识的情况下所做出的外在反应，所以，如果对方怀有积极或者肯定的态度，那么他在说话时就会频频点头。反过来说，假如说话时刻意做出点头的动作，那么内心同样会体验到积极的情绪。因此，可以通过观察对方的点头动作来判断对方的反应，而恰当的点头动作在建立友善关系、赢得肯定意见和协作态度方面也有积极意义。

当谈判对方对谈话内容持中立态度时，往往会做出抬头的动作。通常随着谈话的继续，抬头的姿势会一直保持，只是偶尔轻轻点头。如果对方把头高高昂起，同时下巴向外突出，那就显示出强势、无畏或者傲慢的态度。压低下巴的动作意味着否定、审慎或者具有攻击性的态度。通常情况下，在低着头的时候往往会形成批判性的意见。例如，在一次招标中，投标方甲正在做产品介绍报告，起初，参与人员乙认真倾听，而后慢慢把后背靠在椅背上，抬起一条腿，手搁在扶手上。这样的身体姿势变化表现出乙对这份报告的态度明显地转向了漠不关心。

2. 手势

手势是人们在交谈中用得最多的一种肢体语言，主要通过手部动作来表达特定含义。在商务谈判中，手势的合理运用有助于表现自己的情绪，更好地说明问题，增加语言的说服力和感染力。手势的运用要自然大方，与谈话的内容、说话的语速、音调、音量以及要表达的情绪密切配合，不能出现脱节的滑稽情况。例如，两手手指并拢架成耸立的塔形并置于胸前，表明充满信心。这种动作多见于西方人，特别是会议主持人和领导者多用这个动作表示独断或高傲，以起到震慑与会者或下属的作用。

3. 腿部动作

腿部动作容易被人忽视，其实腿部是人最先表露意识的部位，也正因为如此，人们在谈判时常常用桌子来遮掩腿部的位置。例如，对方与我们初次打交道时架腿并仰靠在沙发靠背上，通常是带有倨傲、戒备、怀疑、不愿合作等意思。而上身前倾同时又滔滔不绝地说话，则意味着对方是个热情但文化素质较低的人，或者是对谈判内容感兴趣。

而在不同的文化背景中，相同的姿势具有不同的含义，会引起不同的反应，这需要进行分析。事实上，有的姿态只是一种习惯性的反应，并没有特别的含义；有的令人难以接受的姿势则可能是由人的特殊身份造成的。为此，需要通过某些经过分析和验证的认识过程去了解。

★ 案例链接

低眼看地的波多黎各姑娘

有个十来岁的波多黎各姑娘在纽约的一所中学里读书。有一天，校长怀疑她和另外几个姑娘吸烟，就把她们叫了过去，尽管这个姑娘一向表现不错，也没有做错什么事的证据，但校长还是认为她做贼心虚，勒令其退学。他在报告中写道："她躲躲闪闪，很可疑。她不敢正视我的眼睛，她不愿意看着我。"校长查问时，她的确一直注视着地板，没有看着校长的眼睛。碰巧有一位出生于拉丁美洲家庭的教师，对波多黎各文化有所了解，他同波多黎各姑娘的家长谈话后对校长解释说，就波多黎各的习惯而言，好姑娘"不看成人的眼睛"，这种行为"是尊敬和听话的表现"。校长接受了这个解释，妥善处理了这件事情。

欧美国家的谈判人员，特别是女性，习惯于眼光旁顾，给东方人的感觉似乎是太冷淡、漠不关心或心中不满。而东方人特别是中国人习惯目光下垂，表示一种谦逊或恭敬的态度。欧美国家的谈判人员往往难以理解，他们甚至会认为，中国女子目光下垂是"中国大男子主义文化的间接凭证"。

丘吉尔的"V"形手势

在第二次世界大战中，领导英国进行战争的首相丘吉尔曾做了一个手势，在当时引起了轰动。丘吉尔出席一个盛大而重要的场合，他一露面，群众对他鼓掌欢呼。丘吉尔做了一个表示胜利（Victory）的"V"形手势——用食指和中指构成"V"形。做这个手势时，手心要对着观众。不知丘吉尔是不知道还是一时失误，把手背对着观众了。群众当中，有人鼓掌喝倒彩，有人发愣，有人忍不住哈哈大笑。这位首相所做的手势表示的不是"胜利"，而是一个不尊重人的动作。

手势可以帮助我们判断对方的心理活动或心理状态，同时也可以帮助我们将某种信息传递给对方。但动作稍有不同，意图就会大相径庭。

课后习题

【基本目标题】

一、单项选择题

1. 商务谈判中采用的那些常见的广泛征求意见的提问方法是指（　　）。

　　A. 封闭式提问　　B. 开放式提问　　C. 澄清式提问　　D. 强调式提问

2. 下列不符合商务谈判中提问原则的是(　　)。

 A. 提问的问题应不易迅速接近谈判目标

 B. 提问时态度要诚恳

 C. 提出问题要简明扼要

 D. 不问那些对方不愿回答或恶化双方关系的问题

3. 商务谈判中向对方提问:"运货方式有两种,贵方愿意海运还是陆运?"属于(　　)。

 A. 反诘式提问　　　B. 借助式提问　　　C. 模糊式提问　　　D. 选择式提问

4. 商务谈判中向对方提问:"你能接受这个价格吗?"此种提问属于(　　)。

 A. 证实式提问　　　B. 开放式提问　　　C. 封闭式提问　　　D. 诱导式提问

二、多项选择题

1. 下列运用商务谈判倾听技巧要求中正确的是(　　)。

 A. 非必要时,可以打断他人的谈话　　　B. 弄清楚各种暗示

 C. 清除谈判中外在与内在的干扰　　　D. 及时反对说话者的观点

 E. 抓住重点

2. 下列属于商务谈判中叙述技巧的是(　　)。

 A. 简洁法　　　　　B. 恰当停顿法　　　C. 多用主动语态　　　D. 用中性语言

 E. 穿插对方成员的名字

3. 下列属于商务谈判中常见的拒绝技巧的是(　　)。

 A. 借口法　　　　　B. 幽默法　　　　　C. 补偿法　　　　　D. 条件法

 E. 问题法

4. 在商务谈判中,肢体语言的沟通作用比较明显。主要表现在(　　)。

 A. 肢体语言补充有声语言,辅助表达

 B. 肢体语言有时代替语言表达的意图

 C. 表达难以表达的思想、情绪、意图、条件等

 D. 有时可以调节人的情绪

三、简答题

1. 商务谈判的用语原则有哪些?

2. 商务谈判中提问的技巧有哪些?

3. 商务谈判中的肢体语言有哪些?

4. 商务谈判中叙述的方法有哪些?

【升级目标题】

四、案例分析

  一位慈善家把他的大量时间和金钱都奉献给了心脏病研究,因而在这个圈子里享有一定的知名度。当时,美国参议院的一个委员会正在就建立全国心脏病基金会的可能性进行调查,要求这位慈善家到会做证。慈善家认为这是推进他最热心的事业的一个机会。他请教了一些最优秀的心脏病研究组织,准备了简明而又材料翔实的演说词。开听证会时,他发现自己被安排在第六个发言做证,前 5 个都是著名的专家——医生、科学家以及公共关系专家,这些人终生从事这方面的工作。委员会对他们每个人的资格都一一加以盘问,还会突然问:"你的发言稿是谁写的?"

轮到他发言时，他走到参议员们的面前说："参议员先生们，我准备了一篇发言稿，但我决定不用它了。因为我怎么能同刚才已发表过高见的那几位杰出人物相提并论呢？他们已向你们提供了所有的事实和数据，而我在这里，则是要为你们的切身利益向你们呼吁。像你们这样辛劳的人，是心脏病的潜在受害者。你们正处在生命最旺盛的时期，处在一生事业的顶峰。但是，你们也正是最容易得心脏病的人。也就是说，在社会中享有杰出地位的人最有可能得心脏病。"他一口气说了45分钟，那些参议员似乎还没有听够。不久，全国心脏病基金会就由政府创办了，他被任命为首任会长。

慈善家的劝说艺术体现在什么方面？

五、谈判实训

帕卡伦公司的一次电话交谈如下：

"您好！"

"您好！"

"请问是帕卡伦公司售后服务部门吗？"

"是的。"

"请问您是？"

"我是哈里·罗尔斯。我能帮您做什么？"

"罗尔斯先生，我上星期买了贵公司生产的冰箱，今天早上发现它已经不能制冷，存放的食品都变质了，气味实在难闻！"

"您肯定没有弄错开关或者插销什么的吗？"

"当然！"

"噢……我想是压缩机故障……"

"您能让人来看看吗？"

"24小时之内维修人员到达。"

"我要求换一台新的冰箱！我已经受够了！"

"我公司的规则是先设法维修……"

"好吧，好吧……我把地址告诉你们……"

"请等一等，我去取纸和笔……好了，请讲！"

"本市西区阿佩尔路121号……你记下了吗？"

"当然，噢，先生，您怎么称呼？"

"威廉·詹姆斯。"

"詹姆斯先生，您将发现我们的维修工是一流的……"

"我更希望贵公司的产品是一流的。"

"好吧，再见。"

"再见，祝你走运。"

罗尔斯在电话留言簿上记下："维修部卡特先生：顾客电话，今天西区阿佩尔路121号冰箱故障，主诉修理。哈里·罗尔斯。"

实训要求：2个同学一组，一人扮演威廉·詹姆斯，一人扮演哈里·罗尔斯，模拟一下通话的全过程。

分析罗尔斯在电话交流中有哪些不妥之处？试举出六个方面的问题，并从案例中找出相应语句。将罗尔斯在电话交流中的不妥之处校正之后继续试着通话沟通，认真体会语言技巧的魅力。

★补充阅读

发动机购买谈判

一位美国人前往日本东京参加一次为期 14 天的谈判，他少年得志，斗志昂扬。这次，他一心想大获全胜。在出发之前，他做了大量准备工作，包括看了一大堆关于日本人的精神、心理、文化传统方面的书。

飞机着陆后，两位等候已久的日本商人把他送上了一辆大轿车。美国人舒服地靠在轿车后面的丝绒沙发上，日本人则僵硬地坐在两张折叠椅上。美国人友好地说："过来一起坐吧，后面能坐下。"日本人回答："哦，不，您是重要人物，您需要好好休息。"美国人颇感得意。轿车开着，日本人问："您会讲日语吗？""不，不会"，美国人回答，"不过，我带了一本日文字典。"日本人又问："您是不是一定要准时搭机回国？我们可以安排这辆轿车送您回机场。"美国人心想：日本人真是考虑得周到。于是顺手掏出回程机票交给日本人，好让轿车准时去接他。实际上，这么一来，他已让日本人知道他拥有多少时间，而他根本不知道日本人这方面的情报。

日本人没有立即开始谈判，而是盛情招待他。从皇宫神庙、文化、艺伎、花道、茶道到用英语讲授佛教的学习班等，日本人总是将日程表排得满满的。每当美国人问及何时开始谈判，日本人总是喃喃地回答："时间有，有时间。"

直到第 12 天才开始谈判，但因为晚上有盛宴而早早结束了。第 13 天又开始谈判，也因为晚上有盛宴而早早结束。第 14 天早上，谈判重新开始，正谈到紧要关头，送美国人去机场的那辆轿车到了。美日双方在轿车中继续谈判。到达机场前，协议达成。该协议被日本人称为"偷袭珍珠港后的又一次胜利"。日本人之所以能够在谈判中获胜，是因为他们知道美国人拥有多少时间，知道他无法空手而回，知道他无法向上级汇报这 14 天的经历，知道他不能改变归期。

注重商务谈判礼仪

本任务共分两节，主要介绍商务谈判礼仪的内涵、基本特征、作用和原则，以及商务谈判过程中的个人基本礼仪、接送礼仪、会场礼仪和签字礼仪。

在正确理解商务谈判礼仪内涵、基本特征和基本礼仪的基础上，理解学习商务谈判礼仪的重要意义，并掌握商务谈判各环节需注意的礼仪。

熟练掌握商务谈判礼仪的内涵、基本特征、作用和原则等相关知识，树立正确的商务礼仪理念，把握其精髓，学会在商务社交场合使用正确的礼仪。

教学重点：

1. 商务谈判礼仪的内涵。
2. 商务谈判礼仪的基本特征。
3. 商务谈判礼仪的作用和原则。
4. 商务谈判中的个人基本礼仪。

教学难点：

1. 会场礼仪。
2. 签字礼仪。

在人际交往当中，礼仪属于一个礼俗上的形式，它以一定的律己的方式，约束或者控制人们的衣着、交流、感情等。站在人的修养角度，礼仪也成为人们常说的一种素养的体现。站在人际交往角度，礼仪是一种艺术，一种交际的表现方式，也可以说是人们在交流当中互相尊重，表示友好、友爱的一种方式。站在传播角度，礼仪是人与人之间沟通的一种方式，也属于表达亲善、尊重的一个惯例。一般礼仪可以分为政务礼仪、商务礼仪、服务礼仪、社交礼仪、涉外礼仪五部分。

第一节　商务谈判礼仪概述

国际商务谈判实际上也可以说是人与人之间的交流活动。人们之间的交往要符合一定的礼仪规范。在商务谈判中，懂得必要的礼节与礼仪，是谈判人员必须具备的基本素质。

一、商务谈判礼仪的内涵

商务谈判礼仪是指商务人员在从事商务活动的过程中（即履行以买卖方式使商品流通或提供某种服务获取报酬职能的过程中）应使用的礼仪规范。在今天的商业社会里，由于竞争的加剧，行业内部以及相近行业间在产品和服务方面趋同性不断增强，公司与公司之间所提供的产品和服务并无太大差别，这样就使服务态度和商务谈判礼仪成为影响客户选择产品和服务的至关重要的因素。

在西方，礼仪一词最早见于法语的 Etiquette，原意为"法庭上的通行证"，但在英文中有礼仪的含义，即"人际交往的通行证"。礼仪是指人们在人际交往中为了互相尊重而约定俗成、共同认可的行为规范、准则和程序，它是礼貌、礼节、仪表和仪式的总称。

所谓商务谈判礼仪，是指人们在从事商品流通的各种经济行为中应当遵循的一系列行为规范。商务谈判礼仪与一般的人际交往礼仪不同，它体现在商务活动的各个环节之中。

二、商务谈判礼仪的基本特征

随着知识经济和信息技术的快速发展，经济全球化日益增强，现代商务环境的变化越来越大，商务交流的手段越来越多，商务谈判礼仪也出现了一些不同于以往的新特点。

（一）规范性

规范性是指待人接物的标准做法。商务谈判礼仪的规范性是一个舆论约束，它与法律约束不同，法律约束具有强制性。不遵守商务谈判礼仪，后果可能不会致命，但有可能会让我们在商务场合被人笑话。比如，在吃自助餐时，要遵守相应的基本规范，如多次少取，这是自助餐的标准化要求，若不遵守，就会弄巧成拙、贻笑大方。所以，在商务交往场合，一定要遵守商务谈判礼仪的规范性，如称呼客人、打电话、做介绍、交换名片、就餐等都是有一定之规的。

（二）普遍性

当今社会是商业的社会，各种商务活动已渗透到社会的每一个角落，可以说，只要是有人类生活的地方，就存在各种各样的商务活动，就存在各种各样的商务谈判礼仪。

（三）差异性

差异性即"到了什么山上唱什么歌"，跟什么人说什么话。在不同的文化背景下，所产生的礼仪文化也不尽相同。商务谈判礼仪的主要内容源自传统礼仪，因此具有差异性的基本特征。

在商务交际场合，要根据对象的不同，采用不同的礼仪规则。如在宴请客人时，优先考虑的应该是菜肴的安排，要问清对方不吃什么，有什么忌讳。不同民族有不同的生活习惯，我们必须尊重。如西方人就有六不吃：

（1）不吃动物内脏。

（2）不吃动物的头和脚。

（3）不吃宠物，尤其是猫和狗。

（4）不吃珍稀动物。

（5）不吃淡水鱼，淡水鱼有土腥味。

（6）不吃无鳞无鳍的鱼、蛇、鳝等。

除了民族禁忌之外，还要注意宗教禁忌，比如伊斯兰教禁忌动物的血；佛教禁忌荤腥、韭菜等。

（四）技巧性

商务谈判礼仪强调操作性，这种操作是讲究技巧的，这种技巧体现在商务活动的一言一行、一举一动中。比如招待客人喝饮料，就有两种问法：一是"请问您想喝点什么？"二是"您喝××还是××？"第一种问法是开放式的，给客人选择的空间是无限的，这种方式可能会产生一种后果，即当客人的选择超出你的能力范围时会带来尴尬和不便；第二种是封闭式的，就是一种技巧性比较强的方式，可以有效地避免上述情况的出现。

（五）发展性

时代在发展，商务谈判礼仪文化也在随着社会的进步不断发展。例如，20世纪七八十年代，人们一般通过电报、信件等传递各种商务信息，而在今天，人们常用的则是电子邮件、电视、电话等。

★案例链接

据报道，一次，辽宁省政府组织驻该省的外资金融机构的20余名代表考察该省的投资环境，整个考察活动是成功的。然而，给这些外资金融机构代表们留下深刻印象的除了各市对引进资金的迫切心情及良好的投资环境外，还有一些令他们费解，同时也令国人汗颜的小片段。在某开发区，在向考察者介绍开发区的投资环境时，不知是疏忽，还是有意安排，由开发区的一位副主任做英语翻译。活动组织者和随行记者都认为一位精通英语的当地领导一定会增强考察者们的投资信心。哪知，这位副主任翻译起来结结巴巴、漏洞百出，几分钟后，不得不换另外一位翻译，但水平同样糟糕。而且，外资金融机构的代表们一个个西装革履、正襟危坐，而这位翻译却穿着一件长袖衬衫，开着领口，袖子卷得老高。考察团中几乎所有的中方人员都为这蹩脚的翻译及其近乎随便的打扮感到难为情。外方人员虽然没有说什么，但下午在某市市内考察，市里另安排了一位翻译时，几个外方考察人员都对记者说："这个翻译的水平还行。"其言外之意不言而喻。

考察团在考察一家钢琴厂时，厂长介绍钢琴的质量如何好，在市场上如何抢手，其中一个原因就是他们选用的木材都是从大兴安岭林场中专门挑选的一个品种，而且这个品种的树木生长缓慢。一位外资金融机构的代表顺口问道："木材这么珍贵，却拿来做钢琴，环保问题怎么解决?"没想到旁边一位当地陪同人员竟说:"中国人现在正忙着吃饭,还没顾上搞环保。"一时间,令所有听到这个回答的考察团中方人员瞠目结舌。事后,那个提问的外方金融机构的代表对记者说:"做钢琴用不了多少木头,我只是顺口问问,也许他没想好就回答了。"虽然提问者通情达理,然而作为那位"率直"的回答者口中的"正忙着吃饭"的中国人,却不能不感到羞愧。

在某市,当地安排考察团到一个风景区游览,山清水秀的环境的确令人心旷神怡。外资金融机构的代表刚下车,一位中方陪同人员却把一个带着的或许是变质了的西瓜当着这些外资金融机构代表的面扔到了路旁。这大煞风景的举动令其他中方人员感到无地自容。

三、商务谈判礼仪的作用和原则

(一)商务谈判礼仪的作用

自古以来,我国就有"礼仪之邦"的美称,崇尚礼仪是我国人民的传统美德。随着我国现代经济的高速发展,礼仪已渗透到社会生活中的方方面面。尤其在商务活动中,礼仪发挥着越来越重要的作用。

1. 规范行为

礼仪最基本的功能就是规范各种行为。在商务交往中,人们相互影响、相互作用、相互合作,如果不遵循一定的规范,双方就缺乏协作的基础。在众多的商务规范中,礼仪规范可以使人明白应该怎样做、不应该怎样做,哪些可以做、哪些不可以做,有利于确定自我形象,尊重他人,赢得友谊。

2. 传递信息

礼仪是一种信息,通过这种信息可以表达出尊敬、友善、真诚等感情,使别人感到温暖。在商务活动中,使用恰当的礼仪可以获得对方的好感、信任,进而有助于事业的发展。

3. 增进感情

在商务活动中,随着交往的深入,双方可能都会产生一定的情绪体验。它表现为两种情感状态:一是感情共鸣,另一种是感情排斥。讲究礼仪容易使双方互相吸引,增进感情,促进良好的人际关系的建立和发展;如果不讲礼仪,粗俗不堪,那么就容易产生感情排斥,造成人际关系紧张,给对方造成不好的印象。

4. 树立形象

一个人讲究礼仪,就会在众人面前树立良好的个人形象;一个组织的成员讲究礼仪,就会为该组织树立良好的形象,赢得公众的赞赏。现代市场竞争除了产品竞争外,更体现在形象竞争。一个具有良好信誉和形象的公司或企业,容易获得社会各方的信任和支持,就可在激烈的竞争中处于不败之地。所以,商务人员时刻注重礼仪,既是个人和组织良好素质的体现,也是树立和巩固良好形象的需要。

★ 案例链接

案例1　某市有一个重要招商引资项目,市领导和外商进行谈判后,未果。几经打听,方知外商因中方领导穿夹克衫出席会议,认为是对自己的不尊重,故而取消了投资。领导听后大呼冤枉，说：我精心选择了最好的一件夹克衫，还是鳄鱼牌的呢！

案例2　一位企业高级主管去参加一个商业酒会，她换上了一套准备好的西服套裙，然后携带日常上班用的绒布提包去了饭店。到了酒会上她才发现，别的女士大都拎的是羊皮手提包或缎面的小包，她的提包看上去与现场气氛不协调，这令她觉得浑身都不自然。

（二）商务谈判礼仪的原则

任何事物都有自己的原则，商务谈判礼仪也不例外，凝结在商务谈判礼仪规范背后的共同理念和宗旨就是商务谈判礼仪的原则，是我们在操作每一项商务谈判礼仪规则的时候应该遵守的共同法则，同时也是衡量我们在不同场合、不同文化背景下的礼仪是否正确、得体的标准。同样的礼仪在不同的场合会带来不同的结果；同样的场合却因人的不同而有不同的含义，所以，要想在纷繁复杂、瞬息万变的商场环境中立于不败之地，就需要掌握商务谈判礼仪的基本原则。

1.“尊敬”原则

“恭敬之心，礼也”（《孟子·告子上》），尊敬是礼仪的情感基础。在现实社会中，人与人是平等的，尊重长辈，关心客户，这不但不是自我卑下的行为，反而是一种至高无上的礼仪，说明一个人具有良好的个人素质。“敬人者人恒敬之，爱人者人恒爱之”，“人敬我一尺，我敬人一丈”，“礼”的良性循环就是借助这样的机制而得以生生不息的。当然，礼待他人也是一种自重，不应以伪善取悦于人，更不可以富贵骄人。尊敬人还要做到入乡随俗，尊重他人的喜好与禁忌。总之，对人尊敬和友善，这是处理人际关系的一项重要原则。

2.“真诚”原则

商务人员的礼仪主要是为了树立良好的个人和组织形象，所以礼仪对于商务活动的目的来说，不仅在于其形式和手段层面上的意义，同时更应注重从事商务、讲求礼仪的长远效益。只有恪守真诚原则，着眼于将来，经过长期潜移默化的影响，才能获得最终的利益。也就是说，商务人员与企业要爱惜其形象与声誉，不应仅追求礼仪外在形式的完美，更应将其视为商务人员情感的真诚流露与表现。

3.“谦和”原则

“谦”就是谦虚，“和”就是和善、随和。谦和不仅是一种美德，更是社交成功的重要条件。《荀子·劝学》中曾说道：“礼恭，而后可与言道之方；辞顺，而后可与言道之理；色从，而后可与言道之致”，即只有举止、言谈、态度都谦恭有礼时，才能从别人那里得到教诲。

“谦和”，在社交场合中表现为平易近人、热情大方、善于与人相处、乐于听取他人的意见，显示出虚怀若谷的胸襟，因而谦和的人对周围的人具有很强的吸引力，有着较强的调整人际关系的能力。

当然，我们此处强调的谦和并不是指过分的谦虚、无原则的妥协和退让，更不是妄自菲薄。应当认识到过分的谦虚其实是社交的障碍，尤其是在与西方人的商务交往中，不自信的表现会让对方怀疑己方的能力。

4.“宽容”原则

“宽”即宽待，“容”即相容。宽容就是心胸坦荡、豁达大度，能设身处地地为他人着想，谅解他人的过失，不计较个人得失，有很强的容纳意识和自控能力。中国传统文化历来重视并提倡宽容的道德原则，并把宽以待人视为一种为人处世的基本美德。从事商务活动，也要求宽以待人，在人际纷争问题上保持豁达大度的品格或态度。在商务活动中，出于各自的立场和利益，难免出现误解和冲突。遵循宽容原则，凡事想开一点，眼光放远一点，善解人意、体谅别人，才能正确对待和处理好各种关系与纷争，争取到更长远的利益。

5. "适度"原则

在人际交往中要注意各种不同情况下的社交距离，也就是要善于把握沟通时的感情尺度。古话说"君子之交淡如水，小人之交甘若醴"，此话不无道理。在人际交往中，沟通和理解是建立良好人际关系的重要条件，但如果不善于把握沟通时的感情尺度，即人际交往缺乏适度的距离，结果会适得其反。例如，在一般交往中，既要彬彬有礼，又不能低三下四；既要热情大方，又不能轻浮谄媚。所谓适度，就是要注意感情适度、谈吐适度、举止适度。只有这样才能真正赢得对方的尊重，达到沟通的目的。

总之，掌握并遵行礼仪原则，在人际交往、商务活动中就有可能成为待人诚恳、彬彬有礼之辈，并受到他人的尊敬和尊重。

第二节　商务谈判中的礼仪

一、谈判人员个人基本礼仪

1. 谈判人员的仪表

仪表是谈判人员形象的重要方面，主要是指人的形貌外表，包括人的身材、发型、容貌和服饰等，不仅反映其个人的精神面貌和礼仪素养，同时还使人联想到一个人的处事风格。美好、整洁的仪表给人一种做事认真、有条理的感觉。因此良好的仪表对谈判人员的交际和工作起重要的作用。

谈判人员的仪表反映了谈判人员的精神面貌和礼仪素养，显示了谈判人员在谈判中所充任的角色，对商务谈判的成功有着不容忽视的作用。

仪表的修饰不仅体现出谈判人员的自尊、自爱，同时还体现出对对方的尊重，而得体的修饰不仅反映出谈判人员个人的风采和魅力，也反映出谈判人员个人的形象。

仪表是谈判人员洽谈成功的通行证。在商务谈判中，谈判人员的仪表对谈判能否成功有一定的影响。谈判人员的仪表，不但能够影响双方相互间的印象，影响谈判的节奏和效率，还能够影响周围人的态度和商务谈判的成败。在商务谈判中，特别是初次谈判，最初印象的形成主要是通过谈判人员的外部因素和信息。

（1）仪表的修饰。仪表的修饰是指对人的仪表、仪容进行修整妆饰，以使其外部形象达到整洁、大方、美观的基本做法。修饰是形成谈判人员个人良好形象的手段。适当的修饰，可以使谈判人员保持健康的身体和活力。修饰可以体现一个人的修养、气质和追求，从而对谈判人员的心理与情绪产生较大的影响。通过适当的修饰，可以发现自身的美，从而增加信心。具体讲，谈判人员的修饰主要有以下几方面。

①头发。应保持头发的清洁，不能有头屑。发型要整齐，散乱的头发给人以精神萎靡不振的感觉。一般来讲，男士的头发不宜留得过长，以两边的头发不超过两耳为准，并且不宜

留大鬓角。女士的头发没有长短的要求，只是刘海不要太低、遮住眉毛，因为眉毛既可以传情达意，还可以体现一个人的个性。

②面部。面部要保持清洁。男士要剃净胡须，女士应该化妆，化妆以示对他人的尊重，同时也可以增强自信心。

③口腔。主要有两方面的内容：一是除去口腔的食物残渣，最好的办法是饭后漱口刷牙；二是除去口腔异味，最好的办法是喝茶或嚼口香糖。

④手。保持双手的清洁，注意不留长指甲，并清除指甲内的污垢。如果戴有手套，手套也应保持清洁。

⑤脚。脚的修饰主要是指鞋的修饰，鞋要擦去灰尘，并保持皮鞋的光亮。

（2）女士化妆。女士要适当化妆，漂亮的妆容不仅让人赏心悦目，还能给自己一个好的心情。在化妆时选择浓淡适宜的妆是比较重要的。场合不同，对化妆的浓淡要求也不一样，总的来讲，白天适合化淡妆，晚上适合化浓一点的妆。不同年龄段的人也不一样，中年女性的妆应该浓一点，年轻女性的妆应该淡一点。与关系比较熟的客户进行谈判时，可以化淡妆，与初次打交道的人谈判时，可以适当化浓一点的妆。

2. 谈判人员的服饰

在商务活动中，能够理解并充分利用服饰的功能，对于商务活动的有效及顺利进行是非常重要的。得体的着装不仅反映一个人的修养与气质，也表现了对他人的尊重。因此每个商务谈判人员都应该注重着装礼仪。

（1）谈判人员的着装原则。

①合身。谈判人员着装第一要符合自己的身材，第二要符合自己的年龄，第三要符合自己的职业身份。

②合意。谈判人员的着装第一要使自己满意，第二要考虑到谈判对象的习惯和所在地的风俗，恰当地表现自己的个性。

③合时。谈判人员的服饰要符合时代的特色、环境、场所和季节的要求。

（2）谈判人员的服饰选择。

★案例链接

瑞士某财团副总裁率代表团来华考察合资办药厂的环境和商洽有关事宜，国内某国营药厂出面接待安排。第一天洽谈会，瑞方人员全部西装革履，穿着规范，而中方人员有穿夹克衫布鞋的，有穿牛仔裤运动鞋的，还有的干脆穿着毛衣外套。结果，当天的会谈草草结束后，瑞方连考察的现场都没去，第二天找了个理由，匆匆地就打道回府了。

①男性谈判人员的服装选择。西装是男性谈判人员在正式场合着装的优先选择，也是男性谈判人员必备的礼服。在选择西装时应注意：

a. 西装的选择：

面料：质地要好，首选毛料。

色彩：应该选择庄重、正统的西装，以深色为佳。

图案：应选择无图案的。

款式：选择三件套（一衣、一裤、一马甲）。

造型：选择适合自己的款式。

尺寸：大小合身，宽松适度。

场合：正装适合正式场合，休闲装适合非正式场合。

b. 正确穿着：

拆除衣袖上的商标。

熨烫平整。

扣好纽扣。

少装东西。

②女士服装的选择。

a. 套裙。女士在商务谈判中以裙装为佳，西式套裙为首选。套裙应该成套穿着，要注意颜色少、款式新，不适合穿着色彩的亮度过高的裙装。套裙应选择那些质地滑润、平整、匀称、光洁、挺括的上乘面料，并且弹性好、不起褶皱，图案以简洁为最佳，可以选择格子、条纹和圆点等图案。

b. 旗袍。在商务活动中穿旗袍，可以更好地体现东方女性特有的气质。旗袍的开衩不能过高，以膝上一至两寸为佳。

c. 鞋子与袜子。女士的正装鞋是高跟或半高跟浅口皮鞋，袜子的颜色以肉色为佳，不能穿带图案和网眼的袜子，应注意袜口不能露出裙摆。

3. 谈判人员的举止

举止是指人的动作和表情。举止是一种无声的"语言"，人们的举手投足都传递着信息。因此，在商务谈判中，保持规范、得体的姿态是比较重要的。这就要求谈判人员具有良好的站姿、坐姿和走姿。

（1）正确的站姿。站姿是人体的静态造型动作，是其他人体动态造型的基础和起点。在出席各种商务场合时，谈判人员的站姿会首先引起别人的注意，优美挺拔的站姿能显示出个人的自信、气质和风度，给他人留下美好的印象。正确的站姿的要点是挺拔、直立。具体要求为头正，双目平视，嘴唇微闭，下颌微收，双肩放松、稍向下沉，身体有向上的感觉，呼吸自然，躯干挺直，收腹、挺胸、立腰，双臂自然下垂于两侧，手指并拢并自然弯曲，双腿并拢立直，膝、两脚跟靠紧，脚尖分开呈45°，身体重心放在两脚中间；男性的双腿可以分开，但两脚之间的距离最多与肩齐。正确的站姿会给人挺拔、大方、精力充沛的感觉。站立要避免：身体东倒西歪，重心不稳；双腿交叉站立，随意抖动或晃动，双脚叉开过大或随意乱动；倚墙靠壁，耸肩；双手叉在腰间或环抱在胸前，盛气凌人。

（2）正确的坐姿。端庄典雅的坐姿可以展现商务谈判人员的气质和良好的教养。入座时要轻而稳，走到座位前，转身后轻轻地坐下，双肩平正放松，两臂自然弯曲放在腿上，亦可放在椅子或是沙发扶手上，以自然得体为宜。女士双膝并拢，男士两膝之间可分开一定的距离，但不要超过肩宽，入座后，应至少坐满椅子的2/3，谈话时应根据交谈者方位，上身可以略倾向对方，但上身仍保持挺直。女子入座时，若是裙装，应用手将裙子稍稍拢一下，再慢慢坐下，避免坐下后再拽拉衣裙。正式场合一般从椅子的左边入座，离座时也要从椅子左边离开。各种坐姿的要求：

①正坐。两腿并拢，上身坐正，小腿应与地面垂直。女士应双手叠放，置于腿上；男士应将双手放在膝上，双腿微分，两膝之间的距离保持在一拳到一拳半。

②侧坐。首先坐正：男士小腿与地面垂直，上身倾斜，向左或向右，左肘或右肘支撑在扶手上；女士应双膝靠紧，上身挺直，两脚脚尖同时向左或向右，双手叠放在左腿或者右腿上。

③交叉式坐姿。两腿向前伸，一腿置于另一腿上，在踝关节处交叉成前交叉坐式。也可以小腿后屈，前脚掌着地，在踝关节处交叉成后交叉坐式。

（3）正确的走姿。正确的走姿，能体现一个人的风度和韵味。从一个人的走姿可以了解到其精神状态、基本素质和生活节奏。

走路时的要点是：

右脚完全着地，左脚跟抬起一半左右，身体重心完全移到右脚上，左脚脚跟抬起，左脚脚尖完全离地，重心往前移，左脚脚跟着地。然后再回到第一步的姿势。

走路时应当身体直立，收腹直腰，两眼平视前方，双臂自然下垂、在身体两侧自然摆动，脚尖微向外或向正前方伸出，跨步均匀，两脚之间相距约一只脚到一只半脚长，步伐稳健、步履自然，要有节奏感。起步时，身体微向前倾，身体重心落于前脚掌，行走中身体的重心要随着移动的脚步不断向前过渡，而不要让重心停留在后脚，并注意在前脚着地和后脚离地时伸直膝部。男步稍大，步伐应矫健、有力、潇洒、豪迈，展示阳刚之美；女步略小，步伐应轻捷、娴雅、飘逸，体现阴柔之美。

4. 谈判人员的表情

表情是指谈判人员的面部情态。主要是通过面部的眼、嘴、眉、鼻动作和脸色的变化来表达谈判人员的内在意识。表情在商务活动中起着十分重要的作用。

（1）目光。当商务谈判人员初次与别人相识或者不很熟悉时，特别是面对异性，应使自己的目光完全在许可范围之内，否则会很失礼。目光的最大许可范围是以额头为上限，以对方上衣的第二颗纽扣为下限，左右以两肩为限，表示对对方的关注。

眼睛是心灵的窗户，是人深层心理情感的一种自然表现。目光的表现形式是多种多样的：炯炯有神的目光，体现出对事情的坚定和执着；呆滞的目光，体现着对生活的厌倦；明澈坦荡的目光，体现的是为人正直、心胸开阔。在商务活动中，恰到好处的目光是：友善坦荡、真诚热情、炯炯有神。

双方在交谈中，应注视对方的眼睛或脸部，以示尊重别人，但是，当双方缄默无语时，不要长时间注视对方的脸，以免造成尴尬。

在与多人进行交谈时，要经常用目光与听众进行沟通，不要只与一个人交谈，冷落其他人。在公共场合，注视的位置是以两眼为上限，以唇部为底线，构成一个倒三角，这种目光带有一定的情感色彩，亲切友好。不要总是回避对方的目光，这样会使对方误认为我们心里有鬼或者在说谎。

（2）微笑。微笑是最富有吸引力的面部表情。微笑可以消除冷漠，温暖人心，使人际关系变得友善、和谐、融洽。微笑能使人对自己以及自己的生活充满信心，特别是在遇到挫折和不幸时，微笑能给人力量，使人重新找回生活的乐趣。微笑不仅是脸上的表情，真正的、受人欢迎的微笑是发自内心的，笑得自然真切。爱心使人友好，理解使人宽容，微笑只有充满爱心和理解，才能感染他人。充满自信的人，才能在不同的场合对不同关系的人保持微笑。亲切、温馨的微笑能使不同文化、不同国度的人快速缩短彼此的心理距离，创造一个良好的沟通氛围，但不要失去庄重和尊严。

在商务活动中，要力戒憨笑、傻笑等不成熟的笑容，要力戒奸笑、冷笑、皮笑肉不笑等不诚恳的笑容，要力戒大笑、狂笑等不稳重的笑容。

5. 谈判人员的风度

风度是人们在一定程度上的思想修养和文化涵养的外在表现，它的美是通过人的外在行为显现出来的。风度也是一种魅力。风度美是一种综合的美、完善的美，这种美应是身体各部分器官相互协调的整体表现，同时包括一个人内在素质与仪态的和谐。

风度是模仿不来的，风度往往是一个人独有的个性化标志。风度是因为具有了一定的实力才显现出来的。风度来自良好的道德修养和丰富的文化内涵。一个人要拥有翩翩的风度，应该注重培养，在谈判活动中，要做到"五要"。

（1）要有饱满的精神状态。一个人精力充沛，自信而富有活力，就能在商务活动中激发对方的交往欲望，活跃现场气氛。如果一个人精神萎靡不振，给人敷衍的感觉，即使对方有交往的欲望或诚意，也会因一方的原因而终止。

（2）要有诚恳的待人态度。谈判人员与谈判对手坐在一起的时候，要让对方感觉到谈判人员是一位亲切、温和、诚恳的人。在与对方交往的过程中，要端庄而不矜持冷漠，谦逊而不矫揉造作。

（3）要有健康的性格特征。性格是表现人对现实的态度和行为方面比较稳定的心理特征，往往会通过行为表现出来。要加强性格的修养，做到大方而不失理，自重而不自傲，豪放而不粗俗，自强而不偏执，谦虚而不虚伪，直爽活泼而不幼稚轻佻。

（4）要有幽默文雅的谈吐。幽默不仅能显示人的智慧，而且在紧张的谈判环境中能够创造轻松、风趣、和谐的氛围。幽默并不代表庸俗，庸俗是没有修养的表现，在商务谈判中要避免庸俗。

（5）要有得体的仪态和表情。谈判人员的仪态表情，是沟通当事人情感的交流手段，是风度的具体表现。需要谈判人员刻意追求，但要自然地显示出来，没有生硬的矫揉造作，没有刻意的模仿，仿佛是漫不经心，但都是精心追求的结果。优美的风度令人向往和羡慕，美好的风度来自优秀的品格，有了优秀的品格，才有照人的风度。

★知识链接

西装穿着禁忌

禁忌袖口商标不除。一般在名牌西装上衣的左袖上都有一个商标，有些西装还有一个纯羊毛标志，在穿着之前必须先去除。

禁忌内穿多件羊毛衫。只能穿一件薄型 V 领的素色羊毛衫，适合穿衬衫打领带。

禁忌颜色过于杂乱。穿着西装要讲求"三色原则"，即全身的颜色不能多于三种，其中同一色系中深浅不同的颜色算一种颜色。

禁忌三个部位不同色。穿西装时为了体现男士的风度，必须使皮鞋、腰带、公文包这三种饰品同色。

禁忌腰部挂东西，如手机、钥匙等。

此外，西装的选择还应区分场合。正式的商务场合应选择穿着单色、深色西装，蓝色为首选，其次为灰色，面料最好是纯毛的；普通的社交场合可以选择休闲西装，对于面料和颜色的要求也都相对较低。

★ 知识链接

女士配饰注意要点

女士有时为了衬托自己的服装，体现出自己的个性，就需要佩戴各类装饰品。通常，佩戴装饰品也是个性化的体现，因此，有时很难完全具体地讲述饰品的选择和佩戴。在商务谈判中，一般应注意如下问题：

如果是白天参加谈判，选择的饰品不要过于夸张，避免给人张扬的感觉。

选择的饰品应与自己的肤色、服装、气质和环境相适宜。

选择的饰品与季节性的服装相配合。

（1）戒指。戒指主要有黄金、白金、钻石、宝石等类型。戒指一般只佩戴一枚。戒指应戴在左手上，戴在不同的手指上其含义不同，暗示佩戴者的婚姻和择偶状况。一般来讲，戴在食指上表示想结婚或已经求婚，戴在中指上表示已有恋人，戴在无名指上表示已订婚或结婚，戴在小指上则表示是独身者。

（2）项链。项链种类繁多，主要有黄金、白银、珍珠和宝石项链。在正式的商务场合，以佩戴金银项链为最佳，忌佩戴有宗教信仰的项链。

（3）耳环。耳环的佩戴应与服装相协调。一般来讲，服装的颜色与佩戴耳环的效果有关，服装的颜色鲜艳，耳环装饰效果就差，因此佩戴耳环时应选择颜色淡雅的服装。同时注意，佩戴耳环应与服装类型、色调相适宜。

（4）手袋。女士出席各种社交与商务场合时，无论是出于美观还是方便，都应携带一个手袋。可以烘托出职业女性的干练与柔美。手袋的颜色应与服装色调协调，二者颜色相同是最理想的搭配。手袋的颜色最好选择中性色，比如黑色、白色等，这样的手袋可以搭配任何颜色的服装。商务谈判人员在出席各种商务场合时，男女都可在公文包或手袋中放置一些必备品，以备急用。

在公务套装中不可以出现多余的纽扣、上衣背后的腰带、颜色怪异的缝线、前胸口袋里的方巾等物件。

二、商务谈判中的社交礼仪

社交礼仪是社会交往中使用频率较高的日常礼节。一个人生活在社会上，要想让别人尊重自己，首先要学会尊重别人。掌握规范的社交礼仪，能为交往创造出和谐融洽的气氛，建立、保持、改善人际关系。社交礼仪的基本原则是尊重、遵守、适度、自律。

（一）问候礼仪

问候是见面时最先向对方传递的信息。对不同环境里所见的人，要用不同方式的问候语。和初次见面的人问候，最标准的说法是"你好""很高兴认识您""见到您非常荣幸"等。如果对方是有名望的人，也可以说"久仰""幸会"；与熟人相见，用语可以亲切、具体一些，如"可见着你了"。对于一些业务上往来的朋友，可以使用一些称赞语，如"你气色不错""你越长越漂亮了"等。

（二）称呼礼仪

在社交中，人们对称呼一直都很敏感，选择正确、恰当的称呼，既反映自身的教养，又体现对他人的重视。

称呼一般可以分为职务称、姓名称、职业称、一般称、代词称、年龄称等。职务称包括经理、主任、董事长、医生、律师、教授、科长、老板等；姓名称通常是以姓或姓名加"先生、女士、小姐"；职业称是以职业为特征的称呼，如秘书小姐、服务先生等；代词称是用"您""你们"等来代替其他称呼；年龄称主要以"大爷、大妈、叔叔、阿姨"等来称呼。

使用称呼时，一定要注意主次关系及年龄特点，如果对多人称呼，应以年长为先、上级为先、关系远为先。

（三）介绍礼仪

在商务场合，每天都可能认识新面孔，结交新朋友。初次见面，总少不了介绍，介绍自己，介绍别人，或被介绍给别人。想给对方留下良好的第一印象，需要留意以下礼仪。

1. 自我介绍的礼仪

慎重选择自我介绍的时间。在对方空闲时、心情好时，或对方主动请求认识你时，这都是自我介绍的最佳时机。

自我介绍时，要自信，表情自然，注视对方。对方可以通过你的眼神、微笑和自然亲切的面部表情感受到你的热情。

在不同的场合，自我介绍的内容也不尽相同。工作会友时，姓名、工作单位、职务是自我介绍的三大要素。正式而隆重的场合，内容除了三大要素外，还应附加一些友好、谦恭的话语。如"大家好！在今天这样一个难得的机会中，请允许我做一下自我介绍。我叫×××，来自××公司，任职公关部经理。今天是我第一次来到美丽的西双版纳，这里美丽的风光一下子深深地吸引了我，我很愿意在这多待几天，很愿意结识在座的各位朋友，谢谢！"得体而精彩的自我介绍也是一种自我展示、自我宣传。

2. 为他人介绍的礼仪

如果你是公关礼仪人员、单位领导、主办方或与被介绍双方都相识的人，都是社交和商务场合中合适的介绍人。

介绍人在做介绍之前必须了解被介绍双方各自的身份、地位以及双方有无相识的愿望，或衡量一下有无为双方介绍的必要性，再择机介绍。

介绍人在做介绍时要先向双方打招呼，使双方都有思想准备。同时谨记"尊者一方有了解另一方的优先权"原则，介绍的先后顺序是：把男士介绍给女士；把晚辈介绍给长辈；把客人介绍给主人；把未婚者介绍给已婚者；把职位低者介绍给职位高者；把个人介绍给团体；把后到者介绍给先到者。这种介绍顺序的共同特点是"尊者居后"被介绍，以表尊敬之意。介绍语宜简明扼要，在较正式的场合，应使用敬辞。例如，可以说："尊敬的威廉·匹克先生，请允许我向您介绍一下……"或者："王总，这就是我和您常提起的晏博士。"在介绍中要避免过分赞扬某人，不要给人留下厚此薄彼的感觉。

不建议介绍人在介绍后随即离开，可给双方的交谈提示话题，可有选择地介绍双方的共同点，如相似的经历、共同的爱好和相关的职业等，待双方开始交谈后，再去招呼其他人。当双方正在交谈时，也尽量避免介绍其他人给双方或其中一方认识。善于为他人做介绍，可以使你在朋友中享有更高的威信和影响力。

3. 被他人介绍的礼仪

当介绍人为双方介绍后，被介绍人应向对方点头致意，或以握手为礼，并以"您好""很高兴认识您"等友善的语句问候对方，还可互递名片，表现出想结识对方的诚意。被介绍时，除女士和年长者外，一般应起立并面向对方。但在宴会桌上、谈判桌上可不必起立，被介绍的双方只要微笑点头，相距较近可以握手，较远可举右手致意。

由他人做介绍时，如果你处于尊者一方，如为身份高者、长者或主人等，在听到他人的介绍后，应立即与对方互致问候，表示欢迎对方的热忱，如"你好！小张。"

如果你是另一方，即身份低者或晚辈等，当尚未被介绍给对方时，应耐心等待；当自己被介绍给对方时，应根据对方反应做出相应反应，如对方主动伸手，你也应及时伸手相握，并适度寒暄。被介绍时得体的表现，有助于你在人际交往中赢得正面印象。

（四）握手礼仪

握手是沟通思想、交流感情、增进友谊的一种方式。握手时应注意不用湿手或脏手，不戴手套和墨镜，不交叉握手，不摇晃或推拉，不坐着与人握手。若一个人要与许多人握手，顺序是：先长辈后晚辈，先主人后客人，先上级后下级，先女士后男士。握手时要用右手，目视对方，表示尊重。男士同女士握手时，一般只轻握对方的手指部分，不宜握得太紧太久。右手握住后，左手又搭在其手上，是我国常用的礼节，表示更加亲切，更加尊重对方。

1. 握手的标准方式

行至距握手对象 1 米处，双腿立正，上身略向前倾，伸出右手，四指并拢，拇指张开与对方相握，握手时用力适度，上下稍晃动三四次，随即松开手，恢复原状。与人握手，神态要专注、热情、友好、自然，面含笑容，目视对方双眼，同时向对方问候。

2. 握手的先后顺序

男女之间握手，男方要等女方先伸手后才能握手，如女方不伸手，无握手之意，方可用点头或鞠躬致意；宾主之间，主人应向客人先伸手，以示欢迎；长幼之间，年幼的要等年长的先伸手；上下级之间，下级要等上级先伸手，以示尊重。多人同时握手切忌交叉，要等别人握完后再伸手。握手时精神要集中，双目注视对方，微笑致意，握手时不要看着第三者，更不能东张西望，这都是不尊重对方的表现。

3. 握手的力度

握手时为了表示热情友好，应当稍许用力，但以不握痛对方的手为限度。在一般情况下，握手不必用力，握一下即可。男子与女子握手不能握得太紧，西方人往往只握一下妇女的手指部分，但老朋友可以例外。

4. 握手的时间

握手的时间长短可根据握手双方亲密程度灵活选择。初次见面者，一般应控制在 3 秒以内，切忌握住异性的手久久不松开。即使握同性的手，时间也不宜过长。但时间过短，会被人认为傲慢冷淡，敷衍了事。

5. 握手的禁忌

不要在握手时戴着手套或戴着墨镜，另一只手也不能放在口袋里。只有女士在社交场合可以戴着薄纱手套与人握手。握手时不宜发长篇大论、点头哈腰、过分客套，这只会让对方不自在，不舒服。与基督教徒交往时，要避免交叉握手。这种形状类似十字架，在基督教信徒眼中，被视为不吉利。与阿拉伯人、印度人打交道时，切忌用左手与他人握手，因为他们认为左手是不洁的。除长者或女士，坐着与人握手是不礼貌的，只要有可能，都要起身站立。握手还含有感谢、慰问、祝贺或相互鼓励的表示。

（五）名片礼仪

在社交场合，名片是自我介绍的简便方式，是一个人身份的象征，当前已成为人们社交活动的重要工具。

1. 递送名片

递送时应将名片正面面向对方，双手奉上。眼睛应注视对方，面带微笑，并大方地说："这是我的名片，请多多关照。"名片的递送应在介绍之后，在尚未弄清楚对方身份时不应急于递送名片，更不要把名片视同传单随便散发。与多人交换名片时，应依照职位高低或由近及远的顺序依次进行，切勿跳跃式地进行，以免使人有厚此薄彼之感。

2. 接受名片

接名片时应起身，面带微笑注视对方。接名片时应说"谢谢"并微笑阅读名片。然后回敬一张本人的名片，如身上未带名片，应向对方表示歉意。在对方离去之前或话题尚未结束时，不必急于将对方的名片收藏起来。

3. 存放名片

接过别人的名片切不可随意摆弄或扔在桌子上，也不要随便地塞进口袋或丢在包里，应放在西服左胸的内衣袋或名片夹里，以示尊重。

★知识链接

恰到好处地交换名片的方法

1. 交易法

"将欲取之，必先予之"。例如，一个人想要史密斯先生的名片，他可以先把自己的名片递给史密斯先生："史密斯先生，这是我的名片。"在人际交往中，会有一些地位落差，有的人地位身份高，你把名片递给他，他跟你说声谢谢，然后就没下文了。这种情况时常存在，你要担心出现这种情况的话，即跟对方有较大地位落差的时候，不妨采用下一个方法。

2. 激将法

"尊敬的威廉斯董事长，很高兴认识您，不知道能不能有幸跟您交换一下名片？"这话跟他说清楚了，不知道能不能有幸跟他交换一下名片，他不想给你也得给你，如果对方还是不给，那么可以再采取下一种方法。

3. 联络法

"史玛尔小姐，认识你非常高兴，以后到德国来，希望还能够见到你，不知道以后怎么跟你联络比较方便？"她一般会给，如果她不给，意思就是她会主动跟你联系，更深刻含义就是这辈子不会跟你联系。

（六）电话礼仪

1. 打电话的礼仪

（1）时间选择。通话要选择效率高的时间，尽量避免晚上10点后或早上7点前、就餐时间、节假日时间谈重要的事情。

（2）空间选择。如果是谈一些深层次的话题，请找一个无第三人在场的地方交谈，也主动提醒对方到无第三人在场的地方接电话。

（3）喜悦的心情。打电话时要保持良好的心情，即使对方看不见你，从欢快的语调中也会被你感染，给对方留下极佳的印象。由于面部表情会影响声音的变化，所以即使在电话中，请保持"对方看着我"的心态去应对。

（4）打电话过程中不要吸烟、喝茶、吃零食，即使是懒散的姿势对方也能够"听"得出来。如果你打电话的时候，弯着腰躺在椅子上，对方听你的声音就是懒散的、无精打采的，若坐姿端正，所发出的声音也会亲切悦耳，充满活力。因此打电话时，即使对方看不见对方，也要当作对方就在眼前，尽可能注意自己的姿势。

（5）通话时长。宜短不宜长。长话短说，废话不说。

（6）通话内容。如果可以，请记住要在电话的开头介绍自己，说明本次电话的目的或主要事宜，把最重要的事放在前面。

（7）打错电话要主动道歉，发祝福短信最好带署名。

2. 接电话的礼仪

（1）接听时间。听到电话铃声，不要过早过晚接，铃声响三声再接；不随便让别人代替自己接电话。电话铃响一声大约 3 秒，若长时间无人接电话，让对方久等，是很不礼貌的，对方在等待时心里会十分急躁，有可能对你公司产生不好的印象。

（2）代接电话。首先告诉对方他找的人不在，然后再问对方是谁。

（3）如果有外人在和你谈话，来电话也要接，接电话时要说明身边有谁在，暗示对方不能说深层次问题，然后主动提出要让对方选择一个时间打给他。

（4）对方打错分机。首先提示对方拨错了电话，再询问对方要找的人或部门，最后帮忙转接或告知正确的分机号。

（5）记录。随时牢记"5W1H"技巧，所谓"5W1H"是指 When（何时）、Who（何人）、Where（何地）、What（何事）、Why（为什么）、How（如何进行）。

3. 其他电话礼仪

（1）如果想暗示对方结束通话，可以重复说一次要点。

（2）地位高者先挂，长辈先挂。

（3）不使用电话传送重要信息，重要信息最好面谈。

（4）公众场合手机设置成振动；不要在公众场合打电话；不要使用手机乱拍别人。

（5）如果是座机，请轻放电话，否则产生的声响将抹杀你之前建立的好印象。

（6）如果自己按了免提要告诉对方。

★ 案例链接

在日本，手机也被认为是产生噪声的根源之一。在公共场合保持安静似乎是日本社会的常识和规矩。不仅是打手机，在电车和公共汽车里大声说话的人也很少。这是因为：一是人们认为公共场合和私人场合有所不同，应该"公私分明"；二是自己谈的事不喜欢让没有关系的人听到，可能也跟"害羞"心理有点儿关系；三是担心会给别人的闭目养神或看书造成干扰。所以在公共汽车或火车上，车厢里有"请大家不要使用手机"的警示。车内广播经常会有如下提示：由于有可能给使用医疗器的乘客造成不良影响，有手机的乘客请在车上关掉手机电源，恳请各位合作。如果需要接打电话，请按下手机的"礼貌通话钮"，在车厢之间的空当通话。

不只是在乘坐火车的时候，日本的一般餐厅多半也禁用手机，很少在餐厅里听到手机此起彼伏的尖叫，就算要接电话，也绝对不会听到有人以高亢的声音说"听不清楚，喂，喂，大声一点儿"，更不会有人用手机聊天，在公共场合高谈阔论。甚至在有些剧场或会议室内接不到手机信号，因为安装了反接收器，就是为了防止有人忘了关闭手机。

三、商务谈判中的工作礼仪

工作礼仪是基层公务员的日常工作中必须遵守的基本礼仪规范。具体而言，注重服饰美、强调语言美、提倡交际美、推崇行为美是基层公务员所应遵守的工作礼仪的基本内容。

（一）接待礼仪

1. 引导的礼仪

接待人员带领客人到达目的地，应该有正确的引导方法和引导姿势。

（1）在走廊的引导方法。接待人员在客人两三步之前，配合步调，让客人走在内侧。

（2）在楼梯的引导方法。当引导客人上楼时，应该让客人走在前面，接待人员走在后面；若是下楼，应该由接待人员走在前面，客人在后面。上下楼梯时，接待人员应该注意客人的安全。

（3）在电梯的引导方法。引导客人乘坐电梯时，接待人员先进入电梯，等客人进入后关闭电梯门；到达时，让客人先走出电梯。

（4）客厅里的引导方法。当客人走入客厅，接待人员用手指示，请客人坐下，看到客人坐下后，才能行点头礼后离开。如客人错坐下座，应请客人改坐上座（一般靠近门的一方为下座）。

2. 接待来访的礼仪

接待上级来访要周到细致，对领导交代的工作要认真听、记。领导前来了解情况，要如实回答。如领导是来慰问，要表示诚挚的谢意。领导告辞时，要起身相送，互道"再见"。接待下级或群众来访要亲切热情，除遵照一般来客礼节接待外，对反映的问题要认真听取，一时解答不了的要客气地进行解释。来访结束时，要起身相送。

3. 引见介绍的礼仪

对来办公室与领导会面的客人，通常由办公室的工作人员引见、介绍。在引导客人去领导办公室的途中，工作人员要走在客人左前方数步远的位置，忌把背影留给客人。在进领导办公室之前，要先轻轻叩门，得到允许后方可进入。进入房间后，应先向领导点头致意，再把客人介绍给领导。如果有几位客人同时来访，要按照职位的高低，按顺序依次介绍。介绍完毕走出房间时应自然、大方，保持较好的行姿，出门后回身轻轻把门带好。

4. 乘车行路的礼仪

工作人员在陪同领导及客人乘车外出时，要主动打开车门，让领导和客人先上车，待领导和客人坐稳后再上车，关门时切忌用力过猛。一般车的右门为上、为先、为尊，所以应先开右门，陪同客人时，要坐在客人的左边。

（二）同事礼仪

1. 领导对下属礼仪

对下属亲切平和、尊重下属是领导对下属的基本礼仪。接受下属服务时，应说"谢谢"；当下属与领导打招呼时，应点头示意或给予必要的回应；当下属出现失礼时，应以宽容之心对待，对下属出现的失误要耐心批评指正；与下属谈话时，要善于倾听和引导，提问语言和声调应亲切、平和，对下属的建议和意见应虚心听取，对合理之处及时给予肯定和赞扬。

2. 下属对领导礼仪

尊重领导、维护领导威望是下属对领导的基本礼仪。遇到领导要主动打招呼，进门时主动礼让。与领导会面时，说话要注意场合和分寸，不能失礼和冒犯，不要在背后议论领导是非。向领导汇报工作，要遵守时间，进入领导办公室应轻轻敲门，经允许后方可进入。汇报时要文雅大方、彬彬有礼、吐字清晰，语调、声音大小要恰当。汇报结束后，领导如果谈兴犹存，应等领导表示结束时才可告辞。

3. 同事之间礼仪

同事之间要彼此尊重，见面时主动打招呼，说话时语气要亲切、热情。在与同事交流和沟通时，不可表现得过于随便或心不在焉。不要过于坚持自己的观点，要懂得礼节性的捧场。不要随便议论同事的长短，对同事所遇到的困难要热心帮助。

（三）会务礼仪

1. 会场安排礼仪

要提前布置会场，对必用的音响、照明、空调、投影、摄像设备布置完好。将需用的文具、饮料预备齐全。凡属重要会议，在主席台每位就座者面前的桌子上，应事先摆放写有其姓名的桌签。

排列主席台座次的惯例是：前排高于后排，中央高于两侧，左座高于右座。当领导同志人数为奇数时，1号领导居中，2号领导排在1号领导左边，3号领导排右边，其他依次排列；当领导同志人数为偶数时，1号领导、2号领导同时居中，2号领导依然在1号领导左手位置，其他依次排列。听众席的座次，一是按指定区域统一就座，二是自由就座。

签字仪式，主人在左边，客人在右边。双方其他人数一般对等，按主客左右排列。合影时人员排序与主席台安排相同。

2. 会场服务礼仪

要安排好与会者的招待工作。对于交通、膳宿、医疗、保卫等方面的具体工作，应精心、妥当地做好准备。在会场之外，应安排专人迎送、引导、陪同与会人员。对与会的年老体弱者要重点照顾。会议进行阶段，会议的组织者要进行例行服务工作。

3. 与会者礼仪

无论参加哪一类会议，衣着整洁、举止大方都是必要的礼仪。与会者要准时到场，进出井然有序。在会议中，要认真听讲，切忌与人交头接耳、哈欠连天。每当发言精彩或结束时，都要鼓掌致意。中途离开会场要轻手轻脚，不影响他人。会议进行时禁止吸烟，应将手机关闭或调整到振动状态。

会议主持人要注重自身形象，衣着应整洁、大方，走向主席台时步伐应稳健有力。如果是站立主持，双腿应并拢，腰背挺直。持稿时，右手持稿的底中部，左手五指并拢自然下垂。双手持稿时，应与胸齐高。坐姿主持时，应身体挺直，双臂前伸，两手轻按于桌沿。在主持过程中，要根据会议性质调节会议气氛，切忌出现各种不雅动作。在会议期间，主持人对会场上的熟人不能打招呼，更不能寒暄闲谈，会议开始前或休息时间可点头、微笑致意。

会议发言有正式发言和自由发言两种，前者一般是领导报告，后者一般是讨论发言。正式发言者，应注意自己的举止礼仪，走向主席台步态应自然、自信、有风度。发言时应口齿清晰、逻辑分明。如果是书面发言，要时常抬头环视一下会场，不要只是"埋头苦读"。发言完毕，应对听者表示谢意。自由发言则较为随意，但要讲究顺序、注意秩序，不能争抢发言。与他人有分歧，态度应平和，不要与人争论不休。如果有参加者提问，发言人应礼貌作答，对不能回答的问题，应巧妙地回应，不能粗暴拒绝。

（四）乘车礼仪

乘客乘车、船时应依次排队，对妇幼、弱及病残者要照顾谦让。不携带易燃易爆危险品或有碍安全的物品上车。上车后不要抢占座位，遇到老弱病残孕及怀抱婴儿的乘客应主动让座。乘车时不要吃东西、大声喊叫或把头伸出窗外。不随地吐痰、乱丢纸屑果皮，不要让小孩随地大小便。乘坐飞机时要自觉接受和配合安全检查，登机后不要乱摸乱动，不使用手机、笔记本电脑等可能干扰无线电信号的物品。

1. 上下车

上车时，应让车子开到客人跟前，帮助客人打开车门，站在客人身后等候客人上车。若客人中有长辈，还应扶其先上，自己再行入内。下车时，则应先下，打开车门，等候客人或长辈下车。

2. 座次

车内的座次，后排的位置应当让尊长坐（二人坐后排，右边为尊；若为三人，坐中间者为尊，右边次之，左边再次），晚辈或地位较低者，坐在副驾驶位。如果是主人亲自开车，则应把副驾驶位让给尊长，其余的人坐在后排。

（五）电梯礼仪

（1）通过较窄的楼梯或自动扶梯，上行时，引导者在后，下行时在前，并注意客人脚下，一旦踏空，可给予帮助。

（2）在乘电梯时，客人先上，下时也应客人在先。在电梯里应避免背对外宾挡在前面，也不要面对面站立。如果电梯人多，不要分开众人让身份高的人先下，可以顺其自然或根据情况采取一些相应措施。

四、主、客座谈判的礼仪

主场谈判、客场谈判在礼仪上习惯称为主座谈判和客座谈判。主座谈判因在己方所在地进行，为确保谈判顺利进行，己方（主方）通常需做一系列准备和接待工作；客座谈判因到对方所在地谈判，己方（客方）则需入乡随俗，入境问禁。主座谈判，作为东道主一方出面安排谈判各项事宜时，一定要在迎送、款待、场地布置、座次安排等各方面精心、周密地准备。在商务谈判过程中，自始至终都贯穿一定的礼仪规范，每一个细节都不能忽略。

★案例链接

王先生是国内一家大型外贸公司的总经理，为一批机械设备的出口事宜，携秘书韩小姐一行赴伊朗参加最后的商务洽谈。

王先生一行在抵达伊朗的当天下午就到交易方的公司进行拜访，然后正巧遇上他们祷告时间。主人示意他们稍作等候再进行会谈，以办事效率高而闻名的王先生对这样的安排表示出不满。东道主为表示对王先生一行的欢迎，特意举行了欢迎晚会。秘书韩小姐希望以自己简洁、脱俗的服饰向众人展示中国妇女的精明、能干、美丽、大方。她上穿白色无袖紧身上衣，下穿蓝色短裙，在众人略显异样的眼光中步入会场。为表示敬意，主人向每一位中国来宾递上饮料，当习惯使用左手的韩小姐很自然地伸出左手接饮料时，主人立即改变了神色，并很不礼貌地将饮料放在了餐桌上。

令王先生一行不解的是，在接下来的会谈中，一向很有合作诚意的东道主没有再和他们进行任何实质性的会谈。

伊朗信奉伊斯兰教，伊斯兰教教规要求每天做五次祷告，祷告时工作暂停，这时客人绝不可打断他们的祈祷或表示不耐烦。王先生对推迟会晤表示不满，显然是不了解阿拉伯国家的这一商务习俗。伊朗人的着装比较保守，特别是妇女，一般情况下会用一大块黑布将自己包裹得严严实实，只将双眼露在外面，即便是外国妇女也不可以穿太暴露的服装。韩小姐的无袖紧身上衣和短裙，都是伊朗人所不能接受的。在伊朗左手被视为不洁之手，一般用于洁身之用，用左手递接物品或行礼被公认为是一种蓄意侮辱别人的行为。

综上所述，致使王先生的公司失去商务机会的原因，是他们访问前未对对方的商务习俗、宗教信仰、风俗习惯等方面进行认真的调研准备，在尊重对方、入乡随俗等方面做得不够。

（一）主座谈判接待礼仪

1. 主座谈判的接待准备

主座谈判时，作为东道主一方出面安排各项谈判事宜，一定要在迎送、款待、场地布置、座次安排等方面精心周密准备，尽量做到主随客便，主应客求，以获得客方的理解、信赖和尊重。

（1）成立接待小组。成员由后勤保障（食宿方面）、交通、通信、医疗等环节的负责人员组成，涉外谈判还应备有翻译。

（2）了解客方基本情况，收集有关信息。可向客方索要谈判代表团成员的名单，了解其性别、职务、级别及一行人数，以作为食宿安排的依据。

掌握客方抵离的具体时间、地点、交通方式，以安排迎送的车辆和人员及预订、预购返程车船票或飞机票。

（3）拟订接待方案。根据客方的意图、情况和主方的实际，拟订出接待计划和日程安排表。日程安排还要注意时间上紧凑，日程安排表拟出后，可传真给客方征询意见，待客方无异议确定以后，即可印刷。如涉外谈判，则要将日程安排表译成客方文字，日程安排表可在客方抵达后交由客方副领队分发，亦可将其放在客方成员住房的桌上。

主座谈判时，东道主可根据实际情况举行接风、送行、庆祝签约的宴会或招待会，客方谈判代表在谈判期间的费用通常都是由其自理的。

2. 主座谈判迎送工作

主方人员应准确掌握谈判日程安排的时间，先于客方到达谈判地点，当客方人员到达时，主方人员在门口迎候。亦可指定专人在门口接引客人，主方人员只在谈判室门口迎候。对于客方身份特殊或尊贵的领导，还可以安排献花。

迎接的客人较多时，主方迎接人员可以按身份职位的高低顺序列队迎接，双方人员互相握手致意，问候寒暄。如果主方主要领导陪同乘车，应该请客方主要领导坐在其右侧。最好客人从右侧门上车，主人从左侧门上车，避免从客人座前穿过。

（二）客座谈判的礼仪

所谓客座谈判，指的是在谈判对象单位所在地举行的谈判。一般来说，这种谈判显然会使谈判对象占尽地主之利。"入乡随俗、客随主便"，对一些非原则性问题采取宽容的态度，以保证谈判的顺利进行。要明确告诉主方自己代表团的来意、目的、成员人数、成员组成、抵离的具体时间、航班车次、食宿标准等，以方便主方的接待安排。

谈判期间，对主方安排的各项活动要准时参加，通常应在约定时间的5分钟之前到达约定地点。到主方公司做公务拜访或有私人访问要先预约，对主方的接待，在适当的时间以适当的方式表示感谢。客座谈判有时也可视双方的情况，除谈判的日程外，自行安排食宿、交通、访问、游览等活动。

五、商务宴请及酒会基本礼仪

★案例链接

某四星级酒店承接了一大型国际商贸洽谈会的接待任务，为迎合各国经贸代表团的不同口味要求，工作午餐采用自助餐的形式，让宾客们各取所需。开幕式那天中午，自助餐厅虽人头涌动却也秩序井然。突然，日本经贸团几个领导成员情绪激动地离开餐厅，并声称要带团退出洽谈会。经了解，原来是因为酒店没有为他们安排专门的就餐区。日本商界等级森严，讲究地位尊卑，对酒店的安排极不满意。

因此，商务接待要充分了解客方的情况，并采取相应的接待形式和方法。

（一）宴请的分类

宴请是一种常见的礼仪社交活动。就宴请的形式而言，有宴会、冷餐（或称自助餐）和酒会。宴会又有国宴（普通百姓不涉及）、晚宴、午宴、早餐、工作餐之分。自助餐和酒会有时统称为招待会（Reception）。

在西方，晚宴一般以邀请夫妇同时出席为好。午宴的正式程度不如晚宴。但有时因日程安排较紧，也有在午间举行正式宴请的。一般的工作餐多在午间举行。冷餐招待会（或称自助餐）是一种比较方便灵活的宴请形式，现在比较流行。

（二）宴请的时间选择

宴请的时间选定，应以主客双方方便为标准。注意不要选择对方重大的节假日、有重要活动或有禁忌的日子和时间。例如，对信奉基督教的人士不要选13号；伊斯兰教在斋月内白天禁食，宴请宜在日落后举行。小型宴请的时间，应首先征询主要客人的意见，主宾同意后再约请其他宾客。

（三）招待宴请的礼仪

（1）准备招待客人时，较正式的宴请要提前一周左右发请柬，已经口头约好的活动，仍应外送请柬。

（2）作为主人在客人到达之前，要安排好座位以便客人来了入座。

（3）招待客人时要注意仪表。

①穿正式的服装，整洁大方。

②要适当化妆，显得隆重、重视、有气氛。

③头发要梳理整齐。

④夏天穿凉鞋时要穿袜子。

⑤宴会开始之前，主人应在门口迎接来宾。

（4）进入餐厅时，男士应先开门，请女士进入。如果有服务员带位，也应请女士走在前面。入座、餐点端来时，都应让女士优先。就算是团体活动，也别忘了让女士走在前面。

（5）招呼客人进餐。菜一上来，主人应注意招呼客人进餐，与同桌的人交谈，要遍及每一个人。

（6）有些宴请如安排正式讲话，应在热菜之后，甜食之前进行，主人先讲。亦可入席即讲。

（7）吃完水果后，主人与主宾离座，宴会即告结束。

（8）客人离去时，主人应送至门口，热情送别。在比较正式的场合，在门口列队欢迎客人的人，此时还应当列队于门口，与客人们一一握手话别，表示欢送之意。

（四）出席宴请的礼节

（1）如接到必须赴约的宴会邀请，应尽早答复对方，以便主人安排。接受邀请后不要随意改动，不能出席，应尽早向主人解释、道歉。

（2）到达宴请地点后，应主动前往主人迎宾处，向主人问好。按西方习惯，可向主人赠送花束。

（3）入座之前，先了解自己的桌位、座位。如邻座是年长者或女士，应主动为其拉开椅子，协助他们先坐下。邻座如不相识，可先做自我介绍。应热情有礼地与同桌的人交谈，不应只同熟人或一两个人说话。

（4）最得体的入座方式是从左侧入座。当椅子被拉开后，身体在几乎要碰到桌子的距离站直，领位者会把椅子推进来，腿腕碰到后面的椅子时，就可以坐下来。就座时，身体要端正，手肘不要放在桌面上，不可跷足，与餐桌的距离以便于使用餐具为佳。餐台上已摆好的餐具不要随意摆弄。将餐巾对折轻轻放在膝上。

（5）在致祝酒词时，一般是主人和主宾先碰杯。身份低或年轻者与身份高或年长者碰杯时，应稍欠身点头，杯沿比对方杯沿略低则表示尊敬。在主人和主宾致祝酒词时，应暂停进餐，停止交谈，注意倾听，不应借此机会抽烟。

（6）客人应待主人招呼后，再开始进餐。

（7）一般吃水果后，宴会即结束，此时，主人向主宾示意，主宾做好离席准备，然后从座位上起立。这是让全体起立的信号。女主人邀请女宾退席后，男宾可留下到休息厅吸烟。正式宴会吃饭过程中不吸烟。

(8) 宴会后，应有礼貌地向主人握手道谢。通常是男宾先与男主人告别，女宾先与女主人告别，然后交叉再与其他人告别。一般是在主宾离席后陆续告辞。如确有事需提前退席，应向主人说明及客人致歉后悄悄离去，不必惊动太多客人，影响整个宴会气氛。

课后习题

【基本目标题】
一、单项选择题

1. 在一般的交往应酬之中，握手的标准伸手顺序是(   )。
   A. 地位低的人先伸手
   B. 男士和女士握手时，应该是女士先伸手，女士有主动选择是否有进一步交往的权利
   C. 晚辈和长辈握手时，应该是晚辈先伸手
   D. 上级和下级握手时，应该是下级先伸手

2. 下面关于谈话礼仪的错误描述是(   )。
   A. 不可用手指指人
   B. 谈话者之间应保持一定距离
   C. 在公共场合，男女之间不要耳鬓厮磨
   D. 可陪同非亲属关系的异性长时间攀谈、耳语

3. 馈赠礼物时应该注意的礼仪有(   )。
   A. 注意礼品的包装
   B. 注意赠礼的场合
   C. 注意赠礼时的态度、动作和言语表达
   D. 注意强调礼品的价值

4. 在洽谈活动中较合适的空间距离为(   )。
   A. 0.5 米   B. 1~1.5 米   C. 2 米   D. 2.5 米

5. 在西方，谈判人员谈判时拉下领带，解开衬衫纽扣，卷起衣袖会使对方产生(   )。
   A. 你同对方很亲近的感觉   B. 你已经厌烦谈判的感觉
   C. 你怀有敌意的感觉   D. 你不修边幅的感觉

二、多项选择题

1. 关于名片的制作，正确的说法是(   )。
   A. 名片不能随意涂改   B. 名片上不提供私宅电话
   C. 名片上提供的头衔越多越好   D. 名片应该放在钱包里

2. 以下关于接听电话的礼仪，正确的是(   )。
   A. 电话铃响后，要迅速拿起电话问候"您好"
   B. 电话内容讲完，应等对方放下话筒之后，自己再轻轻放下
   C. 应备有笔记本，对重要的电话做好记录
   D. 大声与来电者长时间聊天

3. 正确的受礼礼仪有(   )。
   A. 受礼者应在赞美和夸奖声中收下礼品，并表示感谢
   B. 双手接过礼品

　　C. 拒收礼品

　　D. 可当面打开礼品

4. 在商务谈判中，要做到对事不对人，应该把握的原则是(　　)。

　　A. 正确处理和对方的人际关系　　　B. 正确理解谈判对手

　　C. 注重立场，而非利益　　　　　　D. 控制好自己的情绪

　　E. 创造双赢的解决方案

三、简答题

1. 在正式的商务谈判场合，女士应该如何着装?

2. 接打手机的礼仪有哪些?

【升级目标题】

四、案例分析

1. 某工厂的副总裁吉拉德突然中风，英国总公司第二天派了一位高级主管凯瑟琳直飞利雅得接替他的职务。凯瑟琳到沙特阿拉伯还身兼另一个重要任务就是介绍公司的一项新产品并在当地制造销售。凯瑟琳赶到利雅得正赶上当地的斋月，接待她的贝格先生是沙特阿拉伯国籍的高级主管，年约50岁的传统生意人。虽然正值斋月，他还是尽地主之谊请凯瑟琳到他家为她洗尘。因为时间紧迫，凯瑟琳一下飞机就直接赴约，当时饥肠辘辘，心想在飞机上没吃东西，等一会儿到贝格家好好吃一顿。

　　见面之后一切还好，虽然是在斋月，贝格先生仍为她准备了吃的东西。凯瑟琳觉得饭菜非常合口，于是大吃起来，然而她发觉主人却一口不吃，就催促主人和她一起享用。狼吞虎咽间她问贝格是否可在饭后到她办公室谈公事，她说："我对你们的设施很好奇，而且迫不及待地想介绍公司的新产品。"虽然凯瑟琳是个沉得住气的人，然而因为习惯偶尔会双脚交叠上下摇动脚尖。贝格一一看在眼里，在她上下摇动脚尖时他还看到凯瑟琳那双黑皮鞋的鞋底，顷刻间刚见面的那股热情消失得无影无踪。

　　(1) 贝格先生的那股热情为何在顷刻之间便消失得无影无踪?

　　(2) 如果你是凯瑟琳，与贝格见面后应该如何表现?

2. 某市文化单位计划兴建一座影剧院。一天，公司经理正在办公，家具公司李经理上门推销座椅。一进门便说："哇! 好气派。我很少看见这么漂亮的办公室。如果我也有一间这样的办公室，我这一生的心愿就满足了。"李经理就这样开始了他的谈话。然后他又摸了摸办公椅扶手说："这不是香山红木吗? 难得一见的上等木料呀。""是吗?"王经理的自豪感油然而生，接着说："我这整个办公室是请深圳装潢厂家装修的。"于是亲自带着李经理参观了整个办公室，介绍了计算比例、装修材料、色彩调配，兴致勃勃，自我满足溢于言表。如此，李经理自然可拿到王经理签字的座椅订购合同。同时，互相都得到一种满足。

　　请分析李经理推销成功的原因。

3. 小张是一家物流公司的业务员，口头表达能力不错，对公司的业务流程很熟悉，对公司的产品及服务的介绍也很得体，给人感觉朴实又勤快，在业务人员中学历是最高的，可是他的业绩总是上不去。小张自己非常着急，却不知道问题出在哪里。小张从小有着大大咧咧的性格，不爱修边幅，头发经常是乱蓬蓬的，双手指甲长长的也不修剪，身上的白衬衣常常皱巴巴的并且已经变色，他喜欢吃大饼卷大葱，吃完后却不知道去除异味。小张的大大咧咧能被生活中的朋友包容，但在工作中常常过不了与客户接洽的第一关。

五、技能训练

谈判人员商务谈判礼仪测试。

目的：通过测试使谈判人员了解自己对商务谈判礼仪的掌握，并不断培养和提高商务谈判礼仪技巧。

要求：分组扮演不同角色，练习握手与名片交换礼仪。练习中各小组设置 1~2 名督导，对每位同学的练习进行打分（商务谈判礼仪评分表可由教师自拟），如条件许可可以录像，实训后一同观赏，找出自己的不足，共同学习进步。

★补充阅读

宴请背后的"糖衣炮弹"

有一家美国公司的总经理，为了一桩十分重要的生意，亲自飞往日本准备参加两个公司的谈判。经过 13 个小时的飞行，总经理早已筋疲力尽，对他的随行人员说："我现在最需要的是痛痛快快地洗个热水澡，然后美美地睡上一觉，所以下飞机后，咱们哪儿都不去，直接去宾馆。"没想到，刚一下飞机的舷梯，日本公司的一位穿戴十分讲究的年轻人迎上前来，非常热情地说："我们公司的总经理已经为您准备了欢迎晚宴，现已恭候多时，请您一定赏光。"一边说一边不停地鞠躬施礼，其盛情实在难以推却，该美国公司的总经理只好无可奈何地前去赴宴。

宴会上，不但酒菜十分丰盛，而且东道主也表现得特别热情，不知从哪里来的那么多的负责人，一个一个轮流来劝酒，也不知道从哪里找来那么多的理由，把客人捧得晕头转向。这位美国公司总经理觉得这个晚上过得很痛快，所以直到深夜才返回宾馆休息。

第二天一早，美国公司的总经理还在睡梦中，日方人员便来人敲门，说日方的谈判代表已经等候多时，这位总经理匆匆忙忙地洗漱、穿戴完毕，来到谈判桌前。谈判期间，日方的谈判代表精神焕发，双眼有神，头脑清醒，口齿伶俐，而这位总经理和他的随行人员还酒醉未醒，满脸倦意，结果在对方一阵凌厉的攻势下败下阵来。

用良好的礼仪、酒宴招待客人，并非都有恶意。但是日本商人在谈判前安排的这次盛宴中，却暗藏"杀机"，虽不能置对手于死地，却是要诱其失败。这是利用"友好和善"的礼仪手段，间接"杀人"，属于笑里藏刀的"糖衣炮弹"。

任务十

了解国际商务谈判

★任务简介

本任务共分三节，主要介绍国际商务谈判的类型、特点和要点，以及国际商务谈判的环境，并详细介绍世界主要国家的商务谈判风格。

★基本目标

在熟悉国际商务谈判类型、特点和要点的基础上，了解国际商务谈判的政治环境、经济环境、法律环境和文化环境，掌握世界主要国家的商务谈判风格。

★升级目标

在实际谈判中，能灵活应对不同国家的商务谈判风格。

★教学重点与难点

教学重点：
1. 国际商务谈判的类型、特点和要点。
2. 国际商务谈判的环境。
教学难点：
部分国家的商务谈判风格。

随着经济全球化的发展，各国之间的贸易往来越来越频繁。尽管不少人认为交易所提供的商品是否优质、技术是否先进、价格是否低廉决定了交易是否能达成，但事实上交易的成败往往在一定程度上取决于谈判的成功与否。特别是随着全球经济一体化的发展，产品质量、技术、价格的差异越来越小，这样，交易能否产生就在更大程度上取决于利益主体之间的磋商和协调的成功与否。国际商务谈判已经成为对外经济贸易工作中不可或缺的重要环节。

第一节　国际商务谈判概述

国际商务谈判是指处于不同国家和地区的当事人为了实现国际货物买卖，劳务、技术交易，国际投资等多种形式的国际经济合作而进行的信息交流，并就交易的各项条件进行协商的过程。国际商务谈判是国际商务活动的重要组成部分，是国内商务谈判的延伸和发展。

一、国际商务谈判的类型

根据不同的标准，国际商务谈判可以划分为不同的类型。

（一）按参加谈判的主体数量划分

按参加谈判的主体数量可分为双边谈判和多边谈判。所谓双边谈判，是指只有两个当事方参加的谈判，如不同的国家或地区的两个公司或企业之间的谈判。所谓多边谈判，是指有三方或三方以上的当事方参加的谈判，如合资经营谈判中，出现中方一家企业与数家外方企业洽谈共同设立一家合资企业的谈判，就属于多边谈判。以上提到的当事方指的是以正式的利益主体身份参与谈判的各方。

（二）按谈判的规模划分

按谈判规模可分为大、中、小三种类型谈判。所谓谈判规模，一般是指包括谈判项目、谈判内容、谈判人员等的数量和范围的大小。根据英国谈判学家比尔·斯科特的划分方法，大、中、小三种类型的谈判标准如表 10-1 所示。

表 10-1　谈判类型

类型	项目金额	内容	各方参与谈判的人员数量
大	很多	复杂	超过 12 人
中	较大	较复杂	4~12 人
小	一般	一般	少于 4 人

（三）按谈判方式划分

按谈判方式可分为函电谈判、面对面谈判、横向谈判和纵向谈判。

（1）函电谈判。函电谈判是指谈判各方的意思表示是通过信函、电报、电传、电子邮件等形式所进行的谈判。

（2）面对面谈判。面对面谈判也称口头谈判，是指谈判各方直接见面用口头语言进行磋商的谈判。一般来说，面对面谈判均为有计划、有组织、有安排的谈判。

（3）横向谈判。横向谈判指谈判各方首先将所有的议题全面铺开，确定要解决的若干个问题，然后逐次讨论每个问题，如果某个问题一时解决不了，可暂时放一放，先讨论其他的问题，这样周而复始地协商下去，直到所有的问题谈妥为止的谈判。

（4）纵向谈判。纵向谈判指谈判各方首先将所有的议题全面铺开并整理成一个系列，按问题系列的逻辑要求，依顺序逐个进行协商，前面的问题不彻底解决，就绝不谈后面的问题的谈判。

（四）按谈判地点划分

按谈判地点可分为主场、客场、中立地及主客轮流谈判。

所谓主场谈判，是指在当事人所在地进行的谈判。所谓客场谈判，是指在谈判对手所在地进行的谈判。所谓中立地谈判，是指在谈判各方当事人所在地以外的地方进行的谈判。所谓主客轮流谈判，是指在谈判各方当事人所在地之间轮流进行的谈判。

（五）按谈判当事人所采取的策略和方针划分

按谈判当事人所采取的策略和方针可分为让步型和立场型谈判。

所谓让步型谈判，是指谈判人员在谈判中不以获利为目标，而以达成协议、建立长期合作关系为最终目标的谈判。所谓立场型谈判，又可称为传统的谈判模式，是指谈判人员在谈判中把注意力集中在如何维护己方的利益，如何去否定对方立场的谈判。

二、国际商务谈判的特点

国际商务谈判是国内商务谈判的延伸和发展。因此，国际商务谈判首先具备国内商务谈判的特征。与国内商务谈判相比，国际商务谈判的特征有如下五个方面。

（一）国际性

国际性又称跨国性，是国际商务谈判的最大特点。其谈判主体属于两个或两个以上的国家或地区，谈判人员代表了不同国家或地区的利益。国际商务谈判的结果会导致资产的跨国转移，因而要涉及国际贸易、国际结算、国际保险、国际运输等一系列问题。国际商务谈判要以国际商法为准则，并以国际惯例为基础。国际商务谈判的这一特点是其他特点的基础。

（二）跨文化性

国际商务谈判不仅是跨国的谈判，而且是跨文化的谈判。不同国家的谈判代表有着不同的社会、文化、经济、政治背景，谈判各方的价值观、思维方式、行为方式、交往模式、语言和风俗习惯等各不相同。

（三）复杂性

由于国际商务谈判的谈判人员代表了不同国家和地区的利益，这就需要谈判人员花更多的时间与精力来适应环境及其多变性。国际商务谈判的这种复杂性体现在若干差异上，如语言及其方言的差异、沟通方式的差异、时间和空间概念的差异、决策结构的差异、法律制度的差异、谈判认识的差异、经营风险的差异、谈判地点的差异等。

各国的海关制度及贸易法规各不相同，运输方式多样，保险及索赔技术不易掌握，使谈判的影响因素更加复杂，谈判的难度加大。

（四）政策性

由于国际商务谈判常常涉及谈判主体所在国家之间的政治和外交关系，所以政府会经常干预或影响商务谈判。在国际商务谈判的整个过程中，谈判人员必须贯彻执行国家的有关方针政策，特别是对外经济贸易的一系列法律和规章制度。

（五）困难性

国际商务谈判协议签订之后的执行阶段，如果出现纠纷或其他意外，需要协调的关系多，经历的环节多，解决起来相当困难。谈判人员要事先估计到某些可能出现的不测事件并进行相应的防范准备。

三、国际商务谈判要点

国际商务谈判是国内商务谈判的延伸和发展，它们之间并不存在本质的区别。但是如果谈判人员以对待国内谈判对手和国内商务活动的逻辑与思维去对待国际商务谈判的对手和遇到的问题，显然难以取得预期效果。因此，为了做好国际商务谈判工作，谈判人员除了要掌握商务谈判的基本原理和方法外，还必须掌握一些国际商务谈判要点。

（一）树立正确的国际商务谈判意识

国际商务谈判意识是促使谈判走向成功的灵魂。谈判人员的谈判意识，将直接影响到谈判方针的确定、谈判策略的选择，影响到谈判中的行为准则。正确的国际商务谈判意识主要包括：谈判是协商，不是"竞技比赛"；谈判中既存在利益关系，又存在人际关系，良好的人际关系是实现利益的基础和保障；国际商务谈判既要着眼于当前的交易谈判，又要放眼未来，考虑今后的交易往来。

（二）做好开展国际商务谈判的调查和准备

国际商务谈判的复杂性，要求谈判人员在开展正式谈判之前做好相关的调查和准备工作。首先，要充分地了解和分析潜在的谈判对手，明确对方企业状况和可能的谈判人员的个人状况，分析政府介入的可能性，以及一方或双方政府介入可能带来的问题。其次，要调研商务活动的环境，包括国际政治、经济、法律、社会意识形态等，评估各种潜在的风险及其可能产生的影响，拟订各种防范风险的措施。再次，合理安排谈判计划，选择较好的谈判地点，针对对方的策略开展反策略的准备。最后，反复分析论证，准备多种谈判方案，应对情况突变。

（三）正确认识并对待文化差异

国际商务谈判的跨文化特征要求谈判人员必须正确认识和对待文化差异。世界上不同国家和不同民族的文化没有高低贵贱的分别。文化习俗的差异，反映了不同文化中的民族与自然、地理环境等斗争的历史。尊重对方的文化是对国际商务谈判人员最起码的要求。

（四）熟悉国家政策、国际商法和国际惯例

国际商务谈判的政策性特点要求谈判人员必须熟悉国家政策，尤其是外交政策和对外经济贸易政策，把国家和民族的利益置于崇高的地位。除此之外，还要了解国际商法，遵守国际商务惯例。

（五）善于运用国际商务谈判的基本原则

在国际商务谈判中，要善于运用国际商务谈判的一些基本原则来解决实际问题，取得谈判效果。在国际商务谈判中，要运用技巧，尽量扩大总体利益，使双方都多受益；善于应对公开、公平和公正的竞争局面，防止暗箱操作；要明确谈判目标，学会妥协，争取实质利益。

（六）具备良好的外语技能

语言是交流磋商必不可少的工具。良好的外语技能有利于提高双方的交流效率，减少或避免沟通过程中的障碍和误解。许多国家的人都认为，对方懂得自己的语言是对自己民族的尊重。学好外语，能够更好地了解对方的民族文化，语言本身就是文化的重要组成部分。

第二节　国际商务谈判的环境

国际商务谈判要面对的谈判对象来自不同国家或地区。国际商务谈判环境分析就是对影响国际商务谈判的所有因素的相关信息进行收集、整理、评价，是商务谈判策划的依据。这些因素主要有政治形势、经济状况、法律规定、文化背景、商业习惯、社会风俗、宗教信仰、基础设施、人员素质、地理环境和气候条件等。一般来说，谈判前要对下面四个环境因素的变化和发展情况做重点了解。

一、政治环境

所谓政治环境，主要指国际风云和双方所属国的政治状况及外交关系。政治环境的变化往往会对谈判的内容和进程产生一定影响。尤其在国际贸易中，谈判双方都非常重视对政治环境的分析，特别是对有关国际形势变化、政局的稳定性以及政府之间的双边关系等方面的变化情况的分析。了解这方面的情况，有助于在谈判时分析双方合作的前景，正确地核算成本，制定相应的谈判策略。其主要内容有以下四个方面。

（一）国家政治体制

谈判双方国家政权的性质会影响双方谈判的内容及其表述。谈判双方国家政局的稳定性还会影响双方签约后能否顺利地履行。比如，在实际业务中，有一些合同因为一方国家的政局不稳定难以履行，如政府面临政治危机、大规模的种族冲突等。对此类问题，则应该对事态的发展趋势及其对合同履行的影响做出分析，然后再决定是否进行谈判和在谈判中对这些问题提出有针对性的解决方法，以免到时合同无法履行，造成损失。

（二）政治的稳定性

国际形势的变化，如发生战争、地区关系紧张等，都会影响谈判的内容和进程。比如中东地区是世界石油的主要出口地，如果中东地区局势紧张，甚至发生大规模战争，就会对世界市场上的石油及其制品的价格产生影响。如果商品的运输要通过交战地区，则很可能因为战争的爆发而无法通过。因此，在进行价格、支付、运输、保险等合同条款的谈判时，都应考虑国际形势变动的影响。

（三）国际关系

国家之间的政治关系会影响彼此的经济关系，即双方政府的关系主要是指双方的政治关系，比如是否加入了国际的合作组织，是否相互给予最惠国待遇，是否签订双边贸易协定，相互之间有无采取经济制裁措施等。

（四）国家和企业的关系

国家的一些规定、条款、政策等，国家的发展方向等也会对企业谈判带来不同程度的影响。例如随着中国加入世界贸易组织，许多中国的商品和文化走向世界，产品的出口与文化的发展都会受到政府政策上的支持；医疗体制改革对产业发展起到火箭式的助推作用，无疑会成为健康产业及保健产业巨大发展的推动力。

二、经济环境

经济环境包括经济软环境和经济硬环境。经济环境有大小之分。所谓大环境，指的是与谈判内容有关的经济形势的变化情况，如经济周期、国际收支、外贸政策、金融管理等；所谓小环境，就是供求关系的状况。经济环境的变化对商务谈判的影响也是明显的，在谈判前应对上述内容及其变化情况做认真的了解，并分析它对谈判带来的影响。

经济周期是再生产各环境运行状况的综合体现，谈判前通过对当前经济周期发展情况进行了解，有助于我们客观地分析经济形势和谈判双方的需要，选择不同的谈判策略。例如，若谈判对手的国家正处在经济萧条阶段，则表明该国的生产停滞、市场需求不足，此时他们对购进商品比较审慎，而对推销他们的商品则会比较积极。

国际收支能反映一国的对外结算情况。一国的国际收支状况如何，会影响到该国的国际支付能力，很多国家的政府在制定国际贸易政策时，都把国际收支状况当作一个重要的因素来考虑。通过对谈判对手国家的国际收支状况进行了解，有助于我们分析该国的对外支付能力、货币币值的升降趋势和预测该国汇率的变动情况，为在谈判中明确支付条件、选择结算货币提供参考。

各国根据国际形势和对外贸易情况的变化，经常对其对外贸易政策进行调整。如果对这方面的情况不了解，是会吃亏的。因此，在谈判前，应对双方国家与谈判内容有关的外贸政策，如国别政策、配额管理、许可证管理、最低限价等方面的最新变化情况进行了解，并据此来调整谈判方案和谈判策略。

对金融管理方面的了解，主要包括了解谈判双方国家的货币政策、外汇管理、汇率制度、贴现政策等方面的变化情况，可以为谈判时选择结算货币、支付形式等提供依据。

三、法律环境

谈判的内容和合同的签订只有符合法律的规定，才能受到法律的保护。因而，在谈判前，必须对与谈判内容有关的各项法律规定的变化情况进行了解和分析，以便根据这些变化来确定谈判方案，预见谈判的结果，确定法律的适用情况和纠纷解决方式。

主要应注意以下几个方面：该国的法律制度是什么，是依据何种法律体系制定的，是英美法还是大陆法；在现实生活中，法律的执行程度如何；该国法院受理案件的时间长短如何；该国对执行国外的法律仲裁判决有什么程序，要了解跨国商务谈判活动必然会涉及两国法律适用问题，必须清楚该国执行国外法律仲裁判决需要哪些条件和程序。

四、文化环境

文化是指一个国家或民族的历史、地理、风土人情、传统习俗、生活方式、文学艺术、行为规范、思维方式、价值观念等。它包含信仰、知识、艺术、习俗、道德等社会生活的各个方面。

在国际商务谈判中，谈判人员要和许多不同文化背景的人交往，他们的价值观、道德规范以及世代相传的风俗习惯都有所不同。文化差异广泛地说，是指世界上不同地区的文化差别，即指人们在不同的环境下形成的语言、知识、人生观、价值观、道德观、思维方式、风俗习惯等方面的不同。文化差异（尤其是东西方文化差异）导致了人们对同一事物或同一概念的不同理解与解释。

在与外商进行谈判时，若对他的宗教信仰、风俗习惯和文化背景有所了解，就有利于促进彼此之间的沟通，了解对方的谈判作风。针对不同的对手，施展不同的策略，才能更好地实现谈判目标。

第三节　国际商务谈判风格

谈判风格是指谈判人员在谈判时，无论是谈判的用语、举止、仪态，还是在谈判的控制和价值观的取向等方面所表现出来的迥异于他人的，相对稳定的，与众不同的，带有清晰的民族、文化、个人标志的谈判态度和行为所体现的气质和作风。由于各国的文化、政治、宗教、商业做法等差异巨大，谈判人员所表现的谈判风格也相去甚远。谈判人员只有了解各国商人的谈判风格，熟悉基本的谈判流程，才能在国际商务谈判中游刃有余，采用适当的谈判策略，取得谈判的成功。

一、欧洲人的谈判风格

欧洲人在国际谈判中讲究文明礼貌，但比较固执；自立性强，态度谦恭，平和、坦率、沉着，愿意主动提出建设性意见以求做出积极的决策；法律观念强；工作态度严肃认真，办事计划性强，属于务实型。下面具体来看欧洲几个主要国家的谈判风格。

（一）英国人的谈判风格

英国是工业化最早的国家，早在 17 世纪，它的贸易就遍及世界各地，但英国人的民族性格是传统、内向、谨慎的。英国尽管从事贸易的历史较早，范围广泛，但是商务谈判的特点不同于其他欧洲国家。

1. 等级观念较强，不轻易与对方建立个人关系

在对外商务交往中，英国人的等级观念使这些人比较注重对方的身份、经历、业绩、背景。所以，在必要的情况下，派较有身份地位的人参加与英国人的谈判，会有一定的积极作用。

言行持重的英国人不轻易与对方建立个人关系，即使本国人个人之间的交往也比较谨慎，很难一见如故。一般不在公共场合外露个人感情，也绝不随意打听别人的事，未经介绍不轻易与陌生人交往，不轻易相信别人或依靠别人。初与英国商人交往，开始总感觉有一段距离，让人感到这些人高傲、保守。但慢慢地接近，建立起友谊之后，这些人会十分珍惜、长期信任你。

2. 谨慎、保守

英国人对谈判本身并不十分看重，对谈判的准备并不充分。但英国人谈判稳健，善于简明扼要地阐述立场、陈述观点，之后便是更多的沉默，表现平静、自信而谨慎。在谈判关键时刻，英国人往往表现得既固执又不肯花大力气争取，使对手颇为头痛。英国人认为，追求生活的秩序与舒适是最重要的，勤奋与努力是第二位的。所以，英国人愿意做风险小、利润少的买卖。

3. 时间观念强

英国人严格遵守约定的时间，通常与他们进行商务活动要提前预约，并提早到达，以取得他们的尊重和信任。在商务活动中，接待客人的时间往往较长，当受到英国商人款待后，要给对方写信以表示感谢，否则会被视为不懂礼貌。因为英国人做生意颇讲信用，凡事要规规矩矩。

4. 灵活性差

在谈判中，与英国人讨价还价的余地不大。有时这些人采取非此即彼的态度。在谈判中假如遇到纠纷，英国商人会毫不留情地争辩。书面协议的法律问题和细节问题是很重要的，如果以后有争端或者争执，英国人通常都依靠合同条款来解决问题，如果他们的对手提出合同上没有规定的问题，英国人可能就会产生怀疑。

总的来说，在与英国客商进行磋商时要十分注重礼节，谈判人员的个人修养、风度以及等级的对等都会获得对方的好感，有利于谈判的顺利进行。可以利用英国商人自信心强、喜欢摆架子的特性，适当给予宣扬，把对方吹捧得越高，就越容易在谈判中得到利益。在谈判中，尤其是初次交往中，要特别注意尊重英国商人的习惯，严格区分商业活动和私人生活。

（二）德国人的谈判风格

德国是世界著名的工业大国。对于德国人来讲，互相了解是交流的首要目标，他们为自己表达思想的能力感到自豪。虽然注重关系的人经常使用间接的交流方式，但德国人更看重直接的、坦白的甚至是直言不讳的语言。德国人的直率和唐突并不意味着冒犯。

1. 自信，信守诺言

德国的工业极其发达，生产效率高，产品质量堪称世界一流。这主要是由于企业的技术标准十分精确、具体，这一点德国人一直引以为豪。因此，他们购买其他国家的产品时，往往把本国产品的生产标准作为参考。如果要与德国人谈生意，务必要使他们相信自己的产品可以满足德国人要求的标准。当然，他们也不会盲目轻信对方的承诺。从某种角度说，德国人对谈判对手在谈判中表现的评价，取决于谈判对手能否令人信服地说明其将信守诺言。

2. 办事效率高

德国人在办事效率上享有盛誉，他们信奉的座右铭是"马上解决"，他们不喜欢对方支支吾吾、拖拖拉拉的谈判风格。他们具有极为认真负责的工作态度、高效率的工作方式。所以，在德国人的办公桌上，看不到搁置很久、悬而未决的文件。德国人认为，一个谈判人员是否有能力，只要看其经手的事情是否能快速有效地处理清楚即可明白。德国人在做出一项重要的决定之前，会跟一些值得信赖的同事进行商讨。

3. 准备充分，计划性强

德国人在谈判前会做充足的准备工作，不仅要研究购买产品的问题，而且研究包括销售产品的公司及其所处的环境、信誉、资金状况、管理状况、生产能力等问题。面对说服和压力战术始终坚定不移地坚持自己的谈判立场，论述富有系统性和逻辑性，总是强调自己方案的可行性。

4. 重合同，守信用

德国人很善于商业谈判，他们的讨价还价与其说是为了争取更多的利益，不如说是工作认真、一丝不苟。他们严守合同承诺，认真研究和推敲合同中的每一句话和各项具体条款。他们一旦达成协定，很少出现毁约行为，所以合同履约率很高，在世界贸易中有着良好的信誉。大多数德国人更喜欢符合实际的初始报价，而不喜欢典型的"先高后低"策略。因此，与德国人谈判时可以考虑为开始的出价留一点余地来防止意外事件的发生，但是要注意避免出价过高。

总之，针对德国人自信固执的特点，注意以柔克刚、以理服人，要以友好礼貌的方式，以事实和科学的论证为依据进行说服、劝导，避免针锋相对，使谈判陷入僵局。

（三）法国人的谈判风格

法国是一个历史悠久的资本主义国家。法国人具有浓厚的民族意识和强烈的民族文化自豪感。他们性格开朗、热情，对事物比较敏感，工作态度认真，十分勤劳，也善于享乐。法国是一个讲究等级制度和社会地位的国家。在法国，受教育程度、家庭背景以及财产数量共同决定了人们社会地位的高低。如著名高等学府毕业的学生通常会在政府或产业部门担任较高的职务。

1. 珍惜人际关系

法国人是重视人际关系的，同时法国又是奉行个人主义的国家。尽管"平等主义"一词来自法语，但是法国仍然是欧洲国家当中社会等级制度最为明显的国家。法国人的个人友谊甚至会影响生意。一些谈判专家认为，如果与法国公司的负责人或谈判人员建立了十分友好、相互信任的关系，就建立了牢固的生意关系。法国人是十分容易共事的伙伴。在实际业务中，许多人发现，与法国人不要只谈生意上的事，在适当的情况下，一起聊聊社会新闻、文化、娱乐等方面的话题，更能融洽双方的关系，创造良好的会谈气氛。这都是法国人所喜欢的。

2. 坚持使用法语

法国人具有人所共知的特点，就是坚持在谈判中使用法语，即使他们英语讲得很好，也是如此。他们在这一点上很少让步。因此，专家指出，如果能让一个法国人在谈判中使用英语，那么这可能是争取到的最大让步。之所以会这样，原因有很多，这可能是法国人爱国的一种表现，也有可能是说法语会使他们减少由语言不通产生的误会。

3. 重视个人力量

法国的管理者在管理公司的时候具有独裁主义的风格。管理者要有很强的能力，他们甚至需要知道具体每一个问题的解决办法。他们不愿意采取委托管理的方式。他们重视个人的力量，很少有集体决策的情况，这是由于他们组织机构明确、简单，实行个人负责制，个人权力很大。在商务谈判中，也多是由个人决策，所以谈判的效率较高。专业性很强的谈判，他们往往能一个人独当几面。

4. 偏爱横向谈判

法国人喜欢先为谈判协定勾画出一个大致的轮廓，然后再达成原则协议，最后再确定协议中的各项内容。法国人不像德国人那样签订协议时认真、仔细地审核所有具体细节。法国人的做法是：签署协议的大概内容，如果协议执行起来对他们有利，他们就会若无其事；如果协议对他们不利，他们就会要求修改或重新签署协议。

总之，在同法国商人的谈判中，一般只要注意顾及法国商人的面子，使其自尊心不受伤害，再请外交官员出面，往往能挽回僵局。针对法国商人的谈判风格，要注意在谈判初期应坚持自己的立场，不宜过早放弃，尽管法国商人会一再坚持。

（四）意大利人的谈判风格

1. 性格外向

意大利人性格外向，情绪多变，喜怒都常常表现出来。在谈话中，他们的手势也比较多，肩膀、胳膊、手甚至整个身体都随说话的节奏而扭动，以至于有人认为，与意大利人说话，简直是一种欣赏。在商务谈判中，最好不要谈论国体政事，但可以和他们谈谈其家庭、朋友。当然，前提是与他们有了一定的交情。他们对自己的国家和家庭感到十分骄傲与自豪。

2. 崇尚节约

意大利人有节约的习惯，与产品质量、性能、交货日期相比，他们更关心的是产品的价格，希望能够花较少的钱买到质量、性能都说得过去的产品。如果他们是卖方，只要能有理想的售价，他们会千方百计地满足用户的要求。

3. 时间观念不强

在欧洲国家中，意大利人并不像其他国家的人们那样对时间特别看重。他们约会、赴宴经常迟到，而且习以为常。即使是精心组织的重要活动，他们也不一定能保证如期举行，但如果他们特别重视与对方的交易，则另当别论。

4. 注重非语言交流

意大利人习惯身体接触，意大利人之间的身体接触非常多，但是谈判对方不应该首先拥抱或是亲吻意大利人，而要等到意大利人首先表示拥抱或者亲吻时，再做出回应，这样才比较合适。在意大利，如果电梯里只有两个乘客，他们之间的距离会非常近。无论在社交还是商务场合，意大利人站立时，两人之间的距离都要近一些。

总之，针对意大利人时间观念不强的特点，作为谈判人员，在谈判前需要有心理准备，要有足够的耐性才行。意大利商人喜欢讨价还价，他们不相信谈判对手不能让价，所以与意大利商人谈判要做好让价的准备，要学会巧妙设计报价策略、让价策略。

（五）俄罗斯人的谈判风格

俄罗斯与我国有较长的边境线，双方贸易的历史较为悠久，贸易比较频繁。在"一带一路"倡议背景下，双方合资合作的范围不断扩大，我国东北地区已经把对俄贸易作为发展对外贸易的重要组成部分。

1. 墨守成规、办事效率低

随着俄罗斯经济体制改革的不断深入，国际贸易的不断扩大，墨守成规、办事效率低的情况有所改观。但是，在涉外谈判中，一些俄罗斯人还是带有明显的计划经济体制的烙印，在进行正式谈判时，他们喜欢按计划办事，如果对方的让步与他们原定的具体目标相吻合，则容易达成协议；如果有差距，则很难使他们让步。甚至他们明知自己的要求不符合客观标准，也拒不妥协让步。尽管他们有时处于劣势，如迫切需要外国资金、外国的先进技术设备，但是他们还是有办法迫使对方让步，而不是自己让步。在俄罗斯，谈判人员往往要对所经办商品的质量和技术等的决策负全部责任，这也是导致他们异常谨慎的原因。而且俄罗斯人谈判时往往要带上各种专家，这样不可避免会减慢谈判的节奏。

2. 讲究礼仪

在人际交往中，俄罗斯人素来以热情、豪放、勇敢、耿直而著称于世。在社交场合，他们习惯和初次会面的人行握手礼。但对于熟悉的人，在久别重逢时，他们则大多要与对方热情拥抱。良好的文化素质使俄罗斯人非常重视自身的仪表、举止。在社交场合，他们总是站有站相，坐有坐姿。他们不论等候时间长短，都不蹲在地上，也不席地而坐。因此，在与俄罗斯人谈判时，要注重自己的言行举止，既表示对俄罗斯文化的尊重，又会给谈判创造良好的氛围。

3. 讨价还价能力强

俄罗斯人十分善于与外国人做生意。说得简单一点，他们非常善于寻找合作与竞争的伙伴，也非常善于讨价还价。为了能够通过较少的资金，引入更好的技术，俄罗斯人常常采用招标的方式进行国际贸易。如果他们想要引进某个项目，首先要对外招标，引来数家竞争者，然后不慌不忙地进行选择，并采取各种手段，让竞争者之间竞相压价，相互竞争，最后他们从中谋利。

4. 喜欢易货贸易的形式

易货贸易的形式比较多，如转手贸易安排、补偿贸易、清算账户贸易等，使贸易谈判活动变得十分复杂。由于俄罗斯缺少外汇，他们喜欢在对外贸易中采用易货贸易的形式。

俄罗斯人采用易货贸易的形式比较巧妙。一开始并不一定提出货款要以他们的产品来支付。他们在与外国商人谈判时，拼命压低对方的报价后，才开始提出用他们的产品来支付对方的全部或部分货款。由于谈判对手已与他们进行了广泛的接触，谈判的主要条款都已商议妥当，所以当他们使出这一招时，往往使谈判对手感到很为难，也容易妥协让步。

总之，在与俄罗斯商人谈判前，要进行充分的准备，陈述应详尽，信息要真实，人员配备要整齐，保证能够回答俄罗斯商人提出的各个方面的问题。对俄罗斯商人的报价，要公开说明在报价中含有一定比例的溢价，并说明理由。

二、亚洲人的谈判风格

（一）日本人的谈判风格

日本是一个人口密集的岛国，自然资源相对匮乏，日本人普遍有民族危机感，因此，他们讲究团队与协作精神。日本文化受中国文化的影响很深，儒家思想中的等级观念、忠孝观念、宗教观念深深影响日本人。不过日本人又在中国文化的基础上创造出其独特的东西，现代日本人兼有西方文化观念。他们讲究礼仪、注重人际关系；等级观念强，性格内向，不轻易相信外人；有责任感，团队意识强；工作认真、有耐心；精明能干，进取心强，勇于开拓；讲究实际，能吃苦耐劳，富有实干精神。

1. 讲究礼仪

日本是一个礼仪之国，日本人所做的一切，都要受严格的礼仪的约束。在待人接物方面，见面鞠躬，日本人习以为常。"对不起"几乎成了日本人的口头禅。日本人做事一丝不苟，认真。因此，在与日本人的谈判中，应该理解和尊重他们的礼仪，这样才能得到他们的重视，获得他们信任和好感，进而使谈判获得成功。

日本人的等级观念较强，讲究自己的身份、地位等，甚至同等职位的人，都具有不同的地位和身份。因此，在交易过程中，一定要注意自己的地位、身份，以及对方的地位和身份。谈判人员的官职、地位最好比日方高些，这样才能赢得主动。对于不同身份、地位的人，要给予不同程度的礼遇，处理要适当。日本人在谈判中的团队意识较强，一般的谈判人员会激烈辩论、讨价还价，最后由"头面人物"出面稍做让步，以此达到谈判的目的。

赠送各种礼品是日本社会常见的现象。送礼表示对对方的重视，希望加深友谊，既表示一种礼貌、款待客人的热情，又表示一种心意。但是给日本人送礼要根据对方职位的高低，确定礼品价值的大小。

2. 有耐心

日本人在谈判中的耐心是世人皆知的。在许多谈判场合，日本人非常有耐心，不愿意率先表达自己的观点和意见，而是耐心等待，静观事态的发展。耐心不是缓慢，而是准备充分，考虑周全，有条不紊，谨慎小心。为了达成一笔理想的交易，他们可以毫无怨言地等待两三个月，只要能达到他们预期的目标，或取得更好的结果。

3. 重视人际关系和信誉

日本人把与谁做生意和怎样做生意看得同样重要。他们往往将相当一部分时间、精力花在人际关系上，愿意与熟悉的人做生意，并建立长期友好的合作关系。他们不习惯直接而纯粹的商务活动，如果有人不愿意开展人际交往活动而直接进入实质性的商务谈判活动，那正好验证了"欲速则不达"。日本人在谈判过程中更注重人际关系的建立，因此会有相当一大部分的时间和精力花在人际关系处理上。因此和日本人谈判之前，应该尽力地回忆一下双方以前的交往，这对以后谈判的顺利进行有很大的好处。在与日本人的初次谈判中，首先进行的不是正式谈判，而是双方的负责人互相拜会，这种拜会不是企业的商务活动，不谈重要的事项，也不涉及具体的实质性内容，仅仅是双方友好的会面。

4. 注重团队意识

日本人的团队精神也是世人皆知的，体现在谈判中就是集体决策、集体负责。日本企业并未实行高层集权，而是采用自上而下的决策流程，任何个人都不能对谈判全过程负责，也无权不征求组内其他人的意见而单独同意或否决一项提议。由于日本人的决策是集体制定的，且任何决策只有在全组人员均认可后才能付诸实施，故他们的决策过程和决策时间往往很长。

总之，针对日本商人的谈判风格，谈判人员要清楚日方谈判人员的信息，派出与日方相对应的人员，以示对对方的尊重和对谈判活动的重视。尊重日方的礼仪和习惯，谈判用语避免使用直接否定的回答，以减少误会，增进友谊。在日方没有做出最终决策之前，不要催促，由于日本集体决策制度运行缓慢，涉及组织的各个层面，因此在和日本人谈判时要有耐心。

（二）韩国人的谈判风格

韩国国土面积狭小，自然资源贫乏，市场规模较小，其经济对国际市场和资源的依赖程度相当高。韩国实行政府主导的外向型经济发展战略，倡导"以贸易立国"。韩国利用国际市场的有利条件，克服国内资源贫乏、市场狭小的不利因素，实现了经济腾飞。

1. 重视商务谈判前的准备

韩国商人在谈判前十分重视对对方进行了解。他们一般是通过海内外有关咨询机构了解对方情况，比如经营范围、经营规模、资金状况、谈判作风等。如果对对方没有一定程度的了解，他们肯定不会同对方坐在谈判桌前进行谈判。

2. 重视创造谈判氛围

韩国商人很注意选择谈判场所，一般会选择有名气的酒店、饭店。如果谈判地点是韩国商人选择的，他们一定会准时到达；而如果由对方选择，他们往往会推迟一点时间到达。在进入谈判会场时，往往是地位最高的人或主谈人员走在最前面。

3. 讲究谈判技巧

韩国商人谈判开始往往是开门见山，直接与对方洽谈主要议题，而且主要涉及阐明意图、报价、讨价还价、协商、签订合同五项内容。

总之，在和韩国商人谈判时，要有耐心，要注意应对各种策略。韩国商人时常采用声东击西、先苦后甜、疲劳战术等一系列策略，加之横向谈判与纵向谈判的交叉运用，很容易使人中计，对此应加以充分注意，保持清醒头脑，及时识破和破解其计谋。

（三）阿拉伯人的谈判风格

由于地理、宗教和民族等问题的影响，阿拉伯人以宗教划派，以部落为群。阿拉伯人比较保守，家族观念、等级观念很强，不轻易相信别人，整个民族具有较强的凝聚力。

1. 遵守伊斯兰教教义与习俗

阿拉伯人信奉伊斯兰教，因此伊斯兰教教义对阿拉伯商人的经商行为有着很大的影响。在他们看来，朋友之情为上，小节不必计较。在与阿拉伯商人进行商务交往时，要注意物品禁忌、颜色禁忌、图案禁忌。

2. 喜欢讨价还价

出于追求团体利益和个人利益的目的，阿拉伯人在谈判过程中有讨价还价的习惯。在他们看来，一场谈判如果没有讨价还价，就不是一场严肃的谈判。

3. 时间观念不强

阿拉伯商人缺乏守时观念，尽管双方事先已约好了谈判时间，但他们迟到的现象司空见惯。当然，也不排除有的阿拉伯商人故意这样做，以使谈判对手在心理上处于不利地位，以期做成一笔对他们较为有利的交易。

4. 通过代理做生意

阿拉伯商人一般通过代理商进行商务谈判，几乎所有阿拉伯国家的政府都坚持让外国公司通过代理商来开展业务，代理商从中获取佣金。一个好的代理商对业务的开展大有裨益，他可以帮助雇主与政府有关部门取得联系，促使有关方面尽早做出决定，帮助安排货款收回、劳务使用、物资运输、仓储等诸多事宜。

总之，与阿拉伯商人谈判的人员，应尽量掌握阿拉伯语言，甚至懂得伊斯兰教教义。谈判过程中不要对宗教问题妄加评论，注意在称谓上尊重对方，忌用左手握手、分拿食物等。在充分进行市场调研的基础上，区分阿拉伯客商讨价还价的真实意图，做出适当让步还是坚守阵地的选择。鉴于代理商在阿拉伯国家经商中的重要性，与阿拉伯人谈判前必须选好、选准代理商。

三、美洲人的谈判风格

（一）美国人的谈判风格

在美国历史上，大批拓荒者曾冒着极大的风险从欧洲来到美洲，寻求自由和幸福。顽强的毅力和乐观向上、勇于进取的开拓精神，使他们在一片完全陌生的土地上建立了新的乐园。他们性格开朗、自信果断，办事干脆利落，重实际，重功利，事事处处以成败来评判每个人，加上美国人在当今世界上取得的巨大经济成就，形成了美国商人独特的谈判风格。

1. 干脆坦率，直截了当

美国人属于性格外向的民族，他们的喜怒哀乐大多通过他们的言行举止表现出来。在谈判中，他们精力充沛，热情洋溢，不论在陈述己方观点还是对对方的态度方面，都比较直接坦率。如果他们不能接受对方提出的建议，就会毫不隐讳地直言相告。所以，他们对日本人和中国人的表达方式表示明显的异议，他们常对中国人在谈判中的迂回曲折、兜圈子感到莫名其妙，对于中国人在谈判中用微妙的暗示来提出实质性的要求，他们感到十分不习惯。

2. 自信心强，自我感觉良好

美国人充满了自信，随时能与别人进行滔滔不绝的长谈。他们总是十分自信地进入谈判大厅，不断地发表意见。美国人的这些特点，很多都与他们取得的经济成就有密切的关系。他们有一种独立行动的传统，并把实际物质利益上的成功作为获胜的标志。他们总是兴致勃勃地开始谈判，并以这种态度谋求经济利益。美国人不但崇拜力量，并且深信这套美国式的理性思考可以通行于世界各地。他们认为只有自己的决定才是正确的，因而没有心情去聆听对的意见。磋商阶段，他们精力充沛，能迅速把谈判引导至实质性阶段。他们十分赞赏那些精于讨价还价，为取得经济利益而施展手法的人。他们本身就精于使用策略去谋得利益，同时也希望别人具有这种才能。

美国人的自信还表现在他们坚持公平合理的原则上。他们认为两方进行交易，双方都要有利可图。在这一原则下，他们会提出一个合理的方案，并认为是十分公平合理的。他们的谈判方式是喜欢在双方接触的初始就阐明自己的立场、观点，推出自己的方案，以争取主动。在洽谈中他们充满自信，语言明确肯定，计算也科学准确。由于美国人的自信，美国企业的决策特点常常是以个人（或少数人）为主，自上而下地进行，在决策中强调个人的责任。美国社会呈现出强烈的个人主义色彩，美国人常以自我为中心，不择手段地利用他人以实现自己的理想。在他们看来，旁人的想法无关轻重，为了提高成绩，必须拼命地表现自己。同事之间也是竞争胜于一切，唯有如此，方能取得成功。

3. 讲究效率，注重经济利益

美国人重视效率，喜欢速战速决。这是因为，美国经济发达，生活、工作节奏快，使美国人养成了信守时间、遵守进度和期限的习惯。在谈判过程中，他们不会多花一分钟去进行无聊的谈话，十分珍惜时间、遵守时间。美国人常常抱怨其他国家的人拖延时间，缺乏工作效率，而其他国家的人则抱怨美国人缺少耐心。

美国人认为，最成功的谈判人员能熟练地将一切事情以最简洁、最令人信服的语言迅速表达出来。因此，美国谈判人员为自己规定的最后期限往往很短。在谈判中，他们十分重视办事效率，开门见山，报价及提出的具体条件也比较客观，水分较少。

美国人做生意更多考虑的是做生意所能带来的实际利益，而不是生意人之间的私人交情。美国人谈生意即直接谈生意。他们不注意在谈判中培养双方的感情，而且力图把生意和友谊清楚地分开，所以他们在谈判中显得比较生硬。私交再好，甚至是父子关系，在经济利益上也是绝对分明的。因此，美国人对中国人的一些传统观念，比如对老朋友提供更多优惠，表示难以理解。

4. 注重合同，法律意识强

美国是一个高度法制的国家。他们这种法律观念在商业交易中也表现得十分明显。美国人认为，交易最重要的是经济利益。为了保证自己的利益，最公正、最妥善的解决办法就是依靠法律，依靠合同，而其他的都是靠不住的。因此，他们特别看重合同，在谈判中会十分认真地讨论合同条款，以及违约的赔偿条款。一旦双方在执行合同条款中出现意外情况，就必须按双方事先同意的责任条款处理。因此，美国人在商业谈判中对于合同的讨论特别详细、具体，并特别关心合同适用的法律，以便在执行合同时能顺利地解决各种问题。在他们看来，如果签订合同不能履约，就要严格按照合同的违约条款支付赔偿金和违约金，没有再协商的余地。所以，他们也十分注重违约条款的洽商与执行。

　　总之，针对美国商人坦率、真挚、热情的谈判风格，谈判人员可充分利用之，以加速谈判进程，节省时间，创造成功机会。谈判人员可从美方谈判人员自信而滔滔不绝的讲述中了解和掌握更多更有价值的信息。抓住美国商人务实与重利的特点，在务实中体现公正，实现利益最大化。

（二）加拿大人的谈判风格

　　加拿大人随和、友善、讲礼貌而不拘礼节。加拿大商人中有 90% 是英裔和法裔，英裔加拿大商人正统严肃，比较保守；法裔加拿大商人和蔼可亲，易于接近。英裔加拿大商人往往是生意导向型，他们办事作风直接，不太讲究礼仪，非常保守，并且相对强调时间观念。多数的法裔加拿大商人则更讲究礼仪，属于关系导向型，他们等级观念强烈，善于表达情感，但时间观念不很强。

　　在商务谈判时，加拿大商人都更喜欢缓和的推销方式，不喜欢过分进攻激进的推销方式。因此，与加拿大人打交道时，要避免夸大和贬低产品的宣传，同时注意不要过分抬高己方产品的最初价格，因为许多加拿大购买商厌烦高报价策略。比较合适的做法是，对欲进入市场的产品预留一定的利润空间，保证未来的发展，但是，利润不要预留过多。

　　总之，针对加拿大商人的谈判风格，对于英裔商人要有耐心，不可急于求成；对于法裔商人则力求慎重，详细审核合同条款后方可签约。

课后习题

【基本目标题】

一、单项选择题

1. 特别喜欢使用本国语言与对方谈判的是(　　)的谈判风格。
   A. 日本人　　　　　　B. 法国人　　　　　　C. 加拿大人　　　　　　D. 韩国人
2. 同英国人交谈时较安全的话题是(　　)。
   A. 爱尔兰的前途　　　　　　　　　B. 旅游
   C. 大英帝国的崩溃原因　　　　　　D. 英国的继承制度

二、多项选择题

1. 德国人的谈判风格主要有(　　)。
   A. 自信　　　　　　B. 准备充分　　　　　　C. 态度严谨　　　　　　D. 守信用
2. 日本人的谈判风格主要有(　　)。
   A. 讲究礼仪　　　　B. 耐心　　　　　　　　C. 态度严谨　　　　　　D. 团队意识强

三、简答题

1. 什么是国际商务谈判？
2. 国际商务谈判的主要类型有哪些？
3. 国际商务谈判环境包括哪些？
4. 美国人的谈判风格是什么？
5. 俄罗斯人的谈判风格是什么？

【升级目标题】

四、案例分析

美国某公司向我国某公司出口了一套设备，安装后调试工作还没有结束，时间就到圣诞节了，美国专家都要回国过节，于是生产设备的调试工作要停下来，我国公司要求对方留下来等一切工作完成后再回国，但美国专家拒绝了，因为美方人员过节是法定的。但这样我国公司将付出一定的代价。最终，美方人员还是回国过节了。

(1) 为什么美国人一定要回去过节？

(2) 我国公司应该如何处理所付出的代价？

(3) 你认为为什么会出现这样的情况？

(4) 此时你应该怎么办？

★ 补充阅读

谈判风格差异险酿悲剧

美国有家石油公司的经理曾经与石油输出国组织的一位阿拉伯代表谈判石油进口协议。谈判中阿拉伯代表兴致渐浓时，身体也逐渐靠拢过来，直到与美方经理只有 15 厘米的距离才停下来。美方经理稍感不舒服，就向后退了一退，使二人之间保持约 60 厘米的距离。只见阿拉伯代表的眉头皱了一下，略为迟疑后又边谈边靠了过来。美方经理并没有意识到什么，因为他对中东地区的风俗习惯不太熟悉，所以他随即又向后退了退。

这时，他突然发现他的助手正在焦急地向他摇头示意，用眼神阻止他这样做，美方经理虽然并不完全明白助手的意思，但他终于停止了后退。于是，在阿拉伯代表感到十分自然，美方经理感到十分别扭的状态下达成了使双方满意的协议，交易成功了。

参 考 文 献

[1] 樊建廷. 商务谈判 [M]. 大连：东北财经大学出版社，2001.

[2] 冯华亚. 商务谈判 [M]. 北京：清华大学出版社，2006.

[3] 贾蔚，栾秀云. 现代商务谈判理论与实务 [M]. 北京：中国经济出版社，2006.

[4] 郭芳芳. 商务谈判教程 [M]. 上海：上海财经大学出版社，2012.

[5] 白远. 国际商务谈判 [M]. 北京：中国人民大学出版社，2002.

[6] 田玉来. 国际商务谈判 [M]. 北京：电子工业出版社，2008.

[7] 杜海玲，许彩霞. 商务谈判实务 [M]. 第 2 版. 北京：清华大学出版社，2014.

[8] 毛晶莹. 商务谈判 [M]. 北京：北京大学出版社，2010.

[9] 袁其刚. 商务谈判学 [M]. 北京：电子工业出版社，2014.

[10] 赵莉. 商务谈判 [M]. 北京：电子工业出版社，2013.

[11] 方其. 商务谈判：理论、技巧、案例 [M]. 第 3 版. 北京：中国人民大学出版社，2011.

[12] 李爽，于湛波. 商务谈判 [M]. 第 2 版. 北京：清华大学出版社，2011.

[13] 汪华林. 商务谈判 [M]. 北京：经济管理出版社，2010.

[14] 张国良，赵素萍. 商务谈判 [M]. 杭州：浙江大学出版社，2010.

[15] 杜宇. 商务谈判 [M]. 哈尔滨：哈尔滨工业大学出版社，2011.

[16] 秦勇. 商务谈判教程 [M]. 北京：中国发展出版社，2017.

[17] 吴琼. 商务谈判 [M]. 北京：清华大学出版社，2017.

[18] 叶伟巍，朱新颜. 商务谈判 [M]. 杭州：浙江大学出版社，2014.

[19] 王军旗. 商务谈判：理论、技巧与案例 [M]. 第 4 版. 北京：中国人民大学出版社，2014.

[20] 蒋小龙. 商务谈判与推销技巧 [M]. 北京：化学工业出版社，2015.

[21] 张照禄. 谈判与推销技巧 [M]. 第 4 版. 成都：西南财经大学出版社，2013.

[22] 姚凤云，龙凌云，张海南. 商务谈判与管理沟通 [M]. 第 2 版. 北京：清华大学出版社，2016.

[23] 杨群祥. 商务谈判 [M]. 第 5 版. 大连：东北财经大学出版社，2017.

[24] 石永恒. 商务谈判精华 [M]. 北京：团结出版社，2003.

[25] [美] 斯图尔特·戴蒙德. 沃顿商学院最受欢迎的谈判课 [M]. 杨晓红，李升炜，王蕾，译. 北京：中信出版社，2012.

[26] 赵益华. 国际市场开拓与商务谈判 [M]. 杭州：浙江大学出版社，2014.

[27] 王东升. 国际商务谈判与沟通 [M]. 北京：科学出版社，2010.

[28] 陈丽清，何晓媛，等. 商务谈判：理论与实务 [M]. 北京：电子工业出版社，2011.

［29］庞岳红．商务谈判［M］．北京：清华大学出版社，2011.

［30］丁衡祁，张静．商务谈判英语：语言技巧与商业习俗［M］．北京：对外经济贸易大学出版社，2005.

［31］甘长银．国际商务谈判语言研究［M］．上海：交通大学出版社，2002.

［32］Jeffrey Edmund Curry. 国际商务谈判［M］．上海：上海外语教育出版社，2000.

［33］席庆高．商务谈判［M］．成都：电子科技大学出版社，2013.

［34］庞爱玲．商务谈判［M］．大连：大连理工大学出版社，2012.